Autorenkollektiv

Wissenschaftliche Schulen

Band 2

WISSENSCHAFT UND GESELLSCHAFT

Herausgegeben
vom Institut
für Theorie, Geschichte
und Organisation
der Wissenschaft der
Akademie der Wissenschaften
der DDR
durch
Günter Kröber

Band 11-2

Akademie der Wissenschaften der UdSSR
Institut für Geschichte der Naturwissenschaft
und Technik

Akademie der Wissenschaften der DDR
Institut für Theorie, Geschichte
und Organisation der Wissenschaft

Wissenschaftliche Schulen

Band 2

Herausgegeben von
Semen R. Mikulinskij,
Michail G. Jaroševskij,
Helmut Steiner und
Rose-Luise Winkler
unter Mitarbeit von Peter Altner

AKADEMIE-VERLAG · BERLIN
1979

Titel der sowjetischen Ausgabe:
Школы в науке
Москва 1977 · Издательство „Наука“

Herausgegeben von:
S. R. Mikulinskij, M. G. Jaroševskij,
G. Kröber, H. Steiner

Erschienen in der Reihe:
Науковедение: Проблемы и исследования

Erschienen im Akademie-Verlag, DDR — 108 Berlin, Leipziger Str. 3—4
Lektor: Dr. Dorothea Fensch

Lizenznummer: 202 · 100/50/79
Umschlaggestaltung: Rolf Kunze
Gesamtherstellung: IV/2/14 VEB Druckerei »Gottfried Wilhelm Leibniz«,
445 Gräfenhainichen · 5314
Bestellnummer: 753 606 4 (2162/11/2) · LSV 0305
Printed in GDR
DDR 12,50

Inhaltsverzeichnis

IV. Charakteristika wissenschaftlicher Schulen in verschiedenen Wissenschaftsdisziplinen

Petr Vasilevič Bojarskij
Nikolaj Konstantinovič Gavrjušin

Die wissenschaftliche Schule als kollektives schöpferisches Bewußtsein

Die Untersuchung der Tätigkeit und der Traditionen einer beliebigen Hochschule, an der die Gemeinsamkeit von methodologischen Einstellungen, praktischen Aufgaben und theoretischen Zielen die Einheitlichkeit von Lehre und Forschung bestimmt und derzufolge auch eine Kontinuität in den wissenschaftlichen Ideen besteht, gestattet es, die Bedingungen zur Entwicklung und allseitigen Entfaltung verschiedener schöpferischer Individualitäten aufzuzeigen und darüber hinaus darzustellen, wie sich in ihnen bei all ihrer Vielfalt die notwendigen logischen Momente für das Entstehen des wissenschaftlichen Wissens realisieren, jene Momente, die so sehr miteinander verflochten sind und sich gegenseitig bedingen und auf Grund derer die Tätigkeit dieser Wissenschaftler als Ganzes, als die Arbeit eines einheitlichen, *kollektiven, schöpferischen Bewußtseins* angesehen werden kann.

In dieser Hinsicht ist zweifellos die französische École polytechnique ein einzigartiges Beispiel. Sie wurde im Jahre 1794, 5 Jahre nach der Revolution von 1789, aus der Notwendigkeit heraus gegründet, das Land technisch umzurüsten und wissenschaftliche Kader auszubilden, die vor allem praxisorientiert waren. Die École polytechnique kann als die wesentlichste Einrichtung des wissenschaftlichen Denkens der französischen Republik angesehen werden. Im vorliegenden Beitrag untersuchen wir einige charakteristische Merkmale der Tätigkeit dieser Schule am Beispiel von Wissenschaftlern, hauptsächlich Mechanikern, die entweder als Lehrkräfte an dieser Schule gewirkt haben oder aber Absolventen dieser Schule waren.

Zuvor jedoch einige Worte über die Entstehungsgeschichte der École polytechnique. Im Gefolge der bürgerlichen Revolution am Ende des 18. Jahrhunderts war in Frankreich u. a. ein großer Bedarf an qualifizierten Militär- und Zivilingenieuren entstanden. In dieser Situation entwickelten Lamblardie (1747–1797) und G. Monge (1746–1818) die Idee, eine Hochschule zur Ausbildung von Spezialisten für die verschiedenen Ingenieurschulen zu gründen. Am 11. März 1794 faßte der Konvent den Beschluß über die Gründung der „Zentralen Schule für öffentliche Arbeiten" (École centrale des travaux publics) und am 28. September 1794 wurde das Projekt dieser neuen Schule einstimmig angenommen. Der Schule wurde die Aufgabe gestellt, Ingenieure verschiedener Fachgebiete auszubilden und die Lehrtätigkeit auf dem Gebiet der exakten Wissenschaften wieder aufzunehmen, die durch die Ereignisse der vorangegangenen Jahre unterbrochen worden war. Das Statut der Schule wurde von Monge verfaßt, worin die von ihm geschaffene darstellende Geometrie zum Hauptfach im Lehrprogramm erklärt wurde.

Erster Direktor der Schule wurde Lamblardie. Die schwierige Situation innerhalb des Landes gestattete es nicht, mehr als 349 Studenten zum Beginn der Vorlesungen, am 21. Dezember 1794, in die Schule aufzunehmen. Der Ausbildungskurs an der Schule umfaßte drei Jahre. Außer der Hauptdisziplin – der darstellenden Geometrie – wurde im ersten Jahr Stereometrie, im zweiten Jahr Architektur und im dritten Fortifikation (Befestigungsbaukunst) gelehrt. Viel Zeit wurde für das Zeichnen aufgewendet. Die Studenten hörten Vorlesungen über mathematische Analysis, Physik und Chemie. Für die Lehre dieser Disziplinen wurden die bekanntesten französischen Wissenschaftler herangezogen: J. L. Lagrange, G. Monge, G. de Prony, J. Hassenfratz, A. de Fourcroy, L. N. Berthollet, J. Chaptal, G. de Morveau u. a.

Am 1. September und 22. Oktober 1795 wurden zwei Gesetze erlassen, in denen die Aufgaben und die Organisation der Schule festgelegt wurden.[1] Sie erhielt den Namen „École polytechnique", und die Gesamtzahl ihrer Hörer wurde auf 360 festgelegt. Von diesem Zeitpunkt an wurde an dieser Schule – als einziger im ganzen Land – die Grundausbildung aller künftigen Zivil- und Militäringenieure durchgeführt. Die übrigen Spezialschulen wurden verpflichtet, nur Absolventen der École polytechnique aufzunehmen. Außerdem, und das ist sehr wichtig, wurde der theoretischen Arbeit auf dem Gebiet der exakten Wissenschaften große Bedeutung beigemessen, so daß sich ein Teil der Absolventen mit diesen Fragen beschäftigen konnte.

Die ausgezeichnete wissenschaftliche und Ingenieurausbildung dieser Schule konnte schon bald unter Beweis gestellt werden. Im Mai 1798 beschloß Napoleon I., als er eine Expedition nach Ägypten unternahm, eine Gruppe von Wissenschaftlern mitzunehmen, die aus fünf Professoren und 39 Studenten der Schule bestand. Nach der Revolution des 18. Brumaire, am 9. November 1799, ernannte Bonaparte P. S. de Laplace zum Innenminister. Monge, der nach dem Tode Lamblardies (1797) Direktor an der Schule war, nutzte diese Ernennung aus und erreichte neue Veränderungen im Statut der Schule. So wurde die Zahl ihrer Studenten auf 300 verringert und die Ausbildungsdauer auf 2 Jahre verkürzt. Ferner hatten die Studierenden bereits noch vor dem Eintritt in die Schule ein Fachgebiet zu wählen. Das Ausbildungsprogramm wurde um einen Kurs für Hafenanlagen erweitert. Damit war die Reorganisation der Schule in den ersten Jahren jedoch nicht beendet. Durch ein Dekret vom 16. Juli 1804 wurde die École polytechnique,

[1] J.-P. Callot: Histoire de l'École polytechnique, Paris 1958, S. 21.

trotz der scharfen Proteste von Monge und Fourcroy, zu einer Militärhochschule und nicht nur dem Innenminister, sondern auch dem Kriegsminister unterstellt. In dem Dekret wurde festgelegt, daß die Studierenden in Kasernen unterzubringen sind.

Ihre größte Bedeutung erlangte die École polytechnique im zweiten Jahrzehnt des 19. Jahrhunderts. Aus ihr gingen 17 künftige Akademiemitglieder hervor, und die Schule selbst wurde weit über die Grenzen Frankreichs hinaus als größtes Zentrum für die Ausbildung von Wissenschaftlern und Ingenieuren bekannt. Ihre Lehrmethodik wurde zur Grundlage der Ausbildung von wissenschaftlichen und Ingenieurkadern in anderen Ländern.

So läßt sich in Kürze die rein formelle, äußerliche Seite der Entstehung dieser einmaligen wissenschaftlichen Vereinigung charakterisieren, in der die Ausbildung von Spezialisten und die Lösung von Forschungsaufgaben organisch miteinander verbunden wurden, um die dem Lande gestellten praktischen Aufgaben so schnell wie möglich zu lösen. Dank der Gründung der École polytechnique konnten sich eine Reihe wissenschaftlicher Zweige intensiv entwickeln. In erster Linie gilt das für die angewandte Mechanik, die sich bis dahin noch nicht zu einer selbständigen Disziplin konstituiert hatte. Es waren zwar schon vor der Gründung der Schule von ihren künftigen Professoren, Monge und Prony, Traktate über angewandte Mechanik erschienen[2], jedoch war die endgültige Herausbildung dieser Disziplin erst im Rahmen der École polytechnique möglich, für deren Tätigkeit von Anfang an das Prinzip der Praxisorientiertheit von Lehre und Forschung charakteristisch war. In dieser Zeit entstanden auch die Elastizitätstheorie und die Werkstoffkunde, die sich auf die von Laplace entwickelten Vorstellungen vom Aufbau der Materie stützten. Auf diese Weise trug die Schule zur Festigung und Verstärkung jener wissenschaftlichen Bestrebungen bei, die von den Lehrkräften bereits vor der Gründung der Schule entwickelt wurden.

Die Bildung der École polytechnique unterstützte auch die Entwicklung allgemeiner wissenschaftlicher Tendenzen, die zugleich für die Festigung ihrer inneren Beziehungen wesentlich waren. Eine der wichtigsten Aufgaben, die Ende des 18. Jahrhunderts vor den exakten Wissenschaften standen, war die Schaffung einer einheitlichen mathematischen Sprache und einer einheitlichen Methodik für die Lösung von Aufgaben. Durch die Entwicklung einer solchen Sprache werden die wissenschaftliche Kommunikation und die Kontakte der Wissenschaftler erleichtert sowie eine beschleunigte Lösung zentraler Probleme durch die Forscher möglich. Erst die Entwicklung einer einheitlichen Sprache ermöglicht es dem Wissenschaftlerkollektiv auch, als *ganzheitliches* schöpferisches Bewußtsein zu handeln, weil

[2] G. Monge: Traité élémentaire de statique à l'usage des École de la marine, Paris 1788; G. Prony: Nouvelle architecture hydraulique, 2 Bände, Paris 1790–1796.

die Ganzheitlichkeit eines jeglichen Bewußtseins vor allem durch die Einheitlichkeit seiner Sprache garantiert wird.

Die Bildung der École polytechnique trug zur Entwicklung, exakten Formulierung und Realisierung dieser Tendenz bei. So sagte zum Beispiel anläßlich einer der ersten Immatrikulationen an der Schule Professor Prony (1755–1839): „Wir sichern uns einen wertvollen Vorzug, indem wir in alle Teilgebiete der Mathematik eine methodische und, was das wichtigste ist, eine einheitliche Sprache einführen.“[3] Die Schule unterstützte die Tendenz zur Schaffung einer einheitlichen mathematischen Sprache und Methodik gerade *als Schule* – d. h. durch die Praxis ihrer täglichen Arbeit, durch den ständigen schöpferischen Kontakt zwischen den Lehrkräften und den Studenten. Hierbei darf nicht unerwähnt bleiben, daß die Tendenz zur Vereinheitlichung der mathematischen Sprache durch allgemeine gesellschaftliche Bedingungen und Erfordernisse gefördert wurde, und die künftigen Lehrer der Schule unterstützten diese Bestrebungen auch in ihrer öffentlichen Tätigkeit. So schlug zum Beispiel Ch. Talleyrand (1754–1858) im Jahre 1790 das Projekt eines *einheitlichen Maßsystems* für Frankreich vor, für dessen Ausarbeitung eine spezielle Kommission gebildet wurde. Mitglieder dieser Kommission wurden Lagrange, Monge und Laplace – die künftigen Professoren der Schule. Die gleiche Tendenz zur „Vereinheitlichung“ äußerte sich auch in einem neuen Verhältnis zum Bildungswesen. In der „Deklaration der Menschen- und Bürgerrechte“ (1793) wurde die Notwendigkeit betont, das Bildungswesen für alle zugänglich zu machen.[4] Zu diesem Zweck wurde für die Ausbildung der Mittelschullehrer am 30. Oktober 1794 in Paris die „Normalschule“ eingerichtet, in der nach einem einheitlichen Programm gelehrt wurde und zu deren Lehrkräften ebenfalls Lagrange, Laplace und Monge gehören.

Die Schaffung einer einheitlichen mathematischen Sprache und Methodik für die Lösung von Aufgaben war natürlich nicht nur durch gesellschaftliche Umstände bedingt, sondern auch Ausdruck der Logik der Wissenschaftsentwicklung selbst. So gab Lagrange (1736–1813) im Jahre 1788 die „Analytische Mechanik“ heraus, in der er, erstmalig nur analytische Methoden benutzend, konsequent die wichtigsten Gesetze und Prinzipien der Mechanik auf der Grundlage des allgemeinen Prinzips der virtuellen Geschwindigkeiten darlegte.[5]

Große Bedeutung maß dem einheitlichen mathematischen Herangehen an mechanische Probleme auch J. B. J. Fourier (1768–1830), ebenfalls Professor an der Schule, bei. Der Glaube der Polytechniker an die Univer-

[3] G. Prony: Introduction aux Cours d'Analyse pur et d'Analyse appliquée à la Mécanique, in: Journal de l'École polytechnique, Bd. 2, H. 2, 1799, S. 214.

[4] Vgl. N. A. Ljubimov: Padenie monarchii vo Francii, Moskau 1893.

[5] J.-L. Lagrange: Mécanique analytique, Paris 1788 (dtsch. Ausgabe: Analytische Mechanik, Berlin 1887).

salität des einheitlichen mathematischen Apparates, der auch mit der für diese Periode charakteristischen Sympathie für den mechanischen Determinismus zusammenhing, fand in dem berühmten Ausspruch von Laplace, das gesamte Weltgebäude in einer einzigen Formel ausdrücken zu können, seinen prägnantesten Ausdruck. „Eine Intelligenz, der in einem gegebenen Zeitpunkt alle in der Natur wirkenden Kräfte bekannt wären und ebenfalls die entsprechenden Lagen aller Dinge, aus denen die Welt besteht, könnte, wenn sie umfassend genug wäre, alle diese Daten der Analyse zu unterwerfen, in einer und derselben Formel die Bewegungen der größten Körper des Weltalls und die der leichtesten Atome zusammenfassen, nichts wäre für sie ungewiß, und die Zukunft wie die Gegenwart wäre ihren Augen gegenwärtig."[6] Dazu sei angemerkt, daß dieser Gedanke zuerst von dem jugoslawischen Gelehrten R. J. Boškovič geäußert wurde.[7]

Jedoch führte das Streben nach Einheitlichkeit der mathematischen Methoden nicht zu einer Standardisierung des schöpferischen Herangehens — im Gegenteil, jeder der Professoren der Schule bewahrte und entwickelte seine Individualität im wissenschaftlichen Denken. Lagrange, der bestrebt war, eine einheitliche Theorie über die mechanischen Erscheinungen zu entwickeln, führte konsequent eine Formalisierung der Lösung der wichtigsten Aufgaben der Mechanik durch, wobei er sich völlig von den anschaulichen Konstruktionen frei machte, die die geometrische Richtung kennzeichneten. Die letztere wurde vor allem durch Monge, ebenfalls Professor an der Schule, entwickelt, der im Vergleich zu dem Formalismus der Lagrangeschen Konstruktionen in seinen Arbeiten eine anschauliche, eng mit den Fragen der Technik verknüpfte Darlegung der Prinzipien der Statik und der Theorie der Maschinen gab.[8] Einen originellen Standpunkt hinsichtlich der Methoden von Lagrange und Monge vertrat Laplace. In seiner Darlegung wird der Formalismus der Lagrangeschen Vorstellungen durch den Versuch einer physikalischen Erklärung der wichtigsten Begriffe der Mechanik erweitert. Für Laplace war das *atomistische* Herangehen an die verschiedenen Naturerscheinungen charakteristisch, in derem Blickfeld punktförmige Kraftzentren standen. In dieser Hinsicht unterscheidet sich Laplace auch von Fourier, der von der *Kontinuität* der Materie ausging und das Hauptziel der Forschung in einer Beschreibung der Naturerscheinungen mit Hilfe von Differentialgleichungen sah. Somit war die Widersprüchlichkeit, die sich manchmal im individuellen schöpferischen Bewußtsein zeigte, auch dem kollektiven schöpferischen Bewußtsein imma-

[6] P.-S. Laplace: Philosophischer Versuch über die Wahrscheinlichkeit, Leipzig 1932, S. 1f.

[7] A. M. Godyckij-Cvirko: Naučnye idei Rudžera Iosifa Boškoviča, Moskau 1959, S. 81—93.

[8] G. Monge: Traité élémentaire de statique à l'usage des Écoles de la marine, Paris 1788; G. Monge: a. a. O., Paris 1811.

nent, wobei gerade im letzteren diese Widersprüchlichkeit ihren umfassenderen Ausdruck findet, da jede Seite des Widerspruchs durch ein psychologisch selbständiges individuelles Bewußtsein entwickelt wird. Jedoch die Widersprüche von der Art „Kontinuität – Diskretheit", die in diesem kollektiven schöpferischen Bewußtsein entstanden, störten in keiner Weise die Ganzheitlichkeit dieses Bewußtseins welches nicht nur durch die Einheitlichkeit der mathematischen Sprache, sondern auch durch die Gemeinsamkeit der wissenschaftlichen Überzeugungen gewährleistet wurde. Insbesondere Lagrange, Monge, Laplace, Fourier und andere Professoren der Schule verband die Anerkennung der Newtonschen Idee von der Fernwirkung. In dieser Hinsicht unterscheidet sich die Tätigkeit des Cartesianers N. L. S. Carnot (1796–1832) von ihnen, der, obwohl er nicht an der Schule lehrte, vor allem durch seine Arbeiten Einfluß auf ihre Absolventen ausübte. Dieser Gegensatz Carnots zu den Polytechnikern wurde durch einen äußerst interessanten Umstand kompliziert: Carnot führte die in der Wissenschaft am Ende des 18. Jahrhunderts gewachsene Tendenz zur vollständigen Befreiung der physikalischen Vorstellungen vom Einfluß der Metaphysik bis zum logischen Ende, als deren Ausdruck er die Ideen von der Fernwirkung ansah. Die Polytechniker, die ein gemäßigteres Verhältnis zu dieser Tendenz hatten, unterstützten deren Existenz entsprechend den für sie charakteristischen Besonderheiten ihres individuellen Denkens und ihrer schöpferischen Einstellungen. Lagrange zum Beispiel verlieh dem Prinzip der kleinsten Wirkung einen rein mathematischen Sinn. Er betrachtete es nicht metaphysisch und verzichtete auch auf theologische Schlüsse, auf die sich Maupertius bei seiner Begründung stützte, sondern maß ihm konkret-praktische Bedeutung im Zusammenhang mit der Projektierung von mechanischen Vorrichtungen bei.

Auch das wissenschaftliche Schaffen von A. Ampère (1775–1836) und G. de Prony, die beide als Professoren an der Schule seit ihrer Gründung tätig waren, unterscheidet sich von dem Charakter der Forschungsarbeiten von Lagrange, Laplace, Monge und Fourier. Für die Arbeiten Ampères und Pronys war vor allem die Synthese verschiedener Ideen anderer Wissenschaftler der École polytechnique charakteristisch. Sie legten den Grundstein für die Zusammenführung verschiedener Methoden und Verfahren, die bei der zielstrebigen Entwicklung der Mechanik in den Arbeiten der Absolventen dieser Schule eine hervorragende Rolle gespielt hat.

Pronys Arbeiten zeugen anschaulich von der Nähe und der Möglichkeit einer weiteren Annäherung der in der Mechanik jener Zeit bestehenden zwei Richtungen: der angewandten, die Monge und Carnot entwickelten, und der abstrakten-analytischen, die Lagrange begründete. Prony gab zwei Traktate zur Mechanik heraus,[9] von denen das erste der Behandlung hydrau-

[9] G. Prony: Nouvelle architecture hydraulique, a. a. O.; G. Prony: Leçons de mécanique analytique, Paris 1810.

lischer Maschinen und Vorrichtungen, d. h. angewandten Fragen, und das zweite der Darlegung analytischer Methoden gewidmet ist, wie sie von Lagrange ausgearbeitet wurden. Im Vorwort zu dem Traktat „Nouvelle architecture hydraulique“ schrieb Prony: „Ich betrachte hier Verhältnisse, die der Natur entnommen wurden, die die Theorie mit der Praxis verbinden. Ich zeige, daß ihr wechselseitiger Einfluß ihren Fortschritt beinhaltet und daß die Gesellschaft daraus um so mehr Vorteile zieht, je enger sie miteinander verbunden werden. Die Trennung zwischen ihnen beginnt bereits zu verschwinden. Es ist notwendig, den Prozeß ihrer Vereinigung zu beschleunigen, indem Theoretiker und Praktiker ausgebildet werden, die eine gemeinsame Sprache sprechen.“ [10] Damit wird die Richtung der wissenschaftlichen und pädagogischen Tätigkeit Pronys deutlich, die auf die Studenten der Schule einen tiefgehenden Einfluß ausgeübt hat und die wie ein roter Faden die wissenschaftlichen Arbeiten jener durchzog, deren Arbeiten endgültig die industrielle Richtung in der Mechanik formulierten und welche sich nicht nur auf die neuesten praktischen, sondern auch auf theoretische Untersuchungen stützten.

Noch stärker ist das Bestreben zur Synthese und die Beeinflussung durch die Ideen anderer Professoren der Schule im Schaffen Ampères zu erkennen. In seinem wissenschaftlichen Nachlaß gibt es mathematische Arbeiten über die Anwendung der Analysis auf Probleme der Mechanik. Auch in ihnen zeigt sich die Verwandtschaft mit den Forschungsarbeiten Lagranges und Fouriers. Gleichzeitig wandte Ampère auch umfassend geometrische Methoden an, die dem Schaffen Monges eigen waren. In seiner Arbeit zur Klassifizierung der Wissenschaften schlug Ampère erstmalig vor, die Kinematik als ein selbständiges Gebiet zu behandeln, wobei er dies insbesondere mit den Zielen der Lehre begründete, da er sich um eine für die Studenten erleichterte Aneignung der theoretischen Mechanik bemühte. Auf diese Weise gelang es ihm, die Ziele der Wissenschaft und die Ausbildung der künftigen Spezialisten miteinander zu verbinden.[11]

Insgesamt kann man die Tätigkeit der ersten Professoren der École polytechnique als eine im weitesten Sinne *analytische* Tätigkeit charakterisieren: Sie förderte die Ausarbeitung und Gestaltung der wichtigsten Kategorien und Richtungen, die für das von uns betrachtete kollektive Bewußtsein charakteristisch waren.

Eine Weiterentwicklung der wichtigsten Kategorien und Richtungen erfolgte bereits in einer nächsten Etappe in den Arbeiten der Absolventen dieser Schule: L. Poinsot (1777–1859), Ch. Dupin (1784–1873), J. V. Poncelet (1788–1867), G. Coriolis (1782–1843), S. Poisson (1781–1840), C. Navier

[10] G. Prony: Nouvelle architecture hydraulique, a. a. O., S. V.

[11] Vgl. A. M. Ampère: Essai sur la philosophie des sciences, ou exposition analytique d'une classification naturelle des toutes les conaissances humaines, Paris 1836, S. 50–53.

(1785–1836) und A. Cauchy (1789–1857). Diese Periode kann in hohem Maße als *synthetische* bezeichnet werden, da in ihr eine Zusammenführung früher entgegengesetzter Richtungen und polarer Kategorien zu originellen theoretischen und angewandten Konstruktionen vollzogen wurde. Die sich in dieser Periode verstärkende praktische Ausrichtung der Arbeiten der Schule führte auf der Grundlage der bereits vorhandenen stabilen wissenschaftlichen Tradition zu einer Erhöhung der geistigen Beweglichkeit und des Erfindungsreichtums des schöpferischen Bewußtseins, und sie stimulierte die Ideenassoziation, in deren Gefolge sich stufenförmige Übergänge verschiedenster Art zwischen den früher unvereinbar erscheinenden Tendenzen herausbildeten. Der für die Professoren der Schule charakteristische wechselseitige Einfluß nahm unter den Absolventen noch mehr zu und führte zu einer Vertiefung und Erweiterung der von ihnen in den Arbeiten zur Mechanik entwickelten theoretischen Voraussetzungen und angewandten Verfahren.

Eine historische Vergleichsanalyse der Arbeiten von Poinsots zeigt nicht nur den Einfluß von Monge, sondern auch den der molekularen Vorstellungen von Laplace. Die Einführung der Theorie der einfachen Maschinen in die „Statik“ [12] war aber nicht nur eine Fortsetzung der Vorstellungen seiner Lehrer Monge und Carnot. Die Theorie der Maschinen war zugleich Poinsots Antwort auf die den Absolventen von der Leitung der Schule gestellte Forderung nach einer weiteren Entwicklung des Ingenieurcharakters ihrer wissenschaftlichen Arbeiten, für deren Ausnutzung in Technik und Industrie. Poinsot nahm aber nicht nur die Ideen seiner Lehrer auf, sondern beeinflußte selbst auch Monge: So übte zum Beispiel die Theorie der Kräftepaare, welche erstmalig von Poinsot in die Mechanik eingeführt wurde, einen so großen Einfluß auf Monge aus, daß dieser bei der Überarbeitung der fünften Auflage seines Lehrbuchs für Statik einen ganzen Abschnitt aufnahm, der dieser Theorie gewidmet war.[13] Gemeinsam mit Poinsot vollendete er den Aufbau der geometrischen Statik.

Poinsot wurde später selbst Lehrer der École polytechnique. Seine Ideen wurden vor allem von Charles Dupin weiterentwickelt. Dupin ging in der praktischen Ausrichtung der Arbeiten noch weiter als seine Lehrer, indem er sich Fragen der Umgestaltung des Industriepotentials Frankreichs zuwandte. Es ist nicht verwunderlich, daß gerade er als Schüler Monges in geometrischen Methoden zu einem der Begründer der industriellen Richtung in der Mechanik wurde. Die geometrischen Methoden entsprachen in jener Zeit den Bedürfnissen der Praxis am meisten, da sie anschaulicher waren als die analytischen Methoden. In seiner „Geometrie und Mechanik der Künste und des Handwerks“, in der Dupin die Ausarbeitung der geometri-

[12] L. Poinsot: Élémentes de statique, Paris, 1803.

[13] G. Monge: Traiteé élémentaire de statique, 5. Aufl., Paris 1811.

schen Methoden in der Mechanik fortsetzt, zeigt sich die immer mehr verstärkende Tendenz jener Periode, die theoretischen Ergebnisse beider Disziplinen für eine unmittelbare Unterstützung von Technik und Industrie auszunutzen.[14] Der Einfluß der Arbeiten Poinsots auf Dupin zeigt sich auch darin, daß sich Dupin in der Theorie der Maschinen bei der Klassifizierung der einfachen mechanischen Vorrichtungen auf Poinsot stützt. Außer Zweifel steht der Einfluß Dupins auf die Forschungsarbeiten solcher Wissenschaftler wie Poncelet und Coriolis, die seine Forschungen auf dem Gebiet der industriellen Mechanik unmittelbar fortsetzten.

Die geometrische Ausrichtung der mathematischen Arbeiten Poncelets wird vor allem dadurch erklärt, daß er an der École polytechnique unter dem Einfluß der wissenschaftlichen Ideen von Monge stand. Auch Poncelets Arbeiten sind mit den Untersuchungen Poinsots verbunden, jedoch nur durch das Streben nach Anschaulichkeit. Poncelet lehnte zwar die Methoden und Errungenschaften der analytischen Mechanik nicht ab, stellte sich aber selbst das Ziel, Ergebnisse der theoretischen Mechanik auf die Theorie der Maschinen und mechanischen Vorrichtungen anzuwenden.[15] Das entsprach den damaligen praktischen Bedürfnissen. So verlangte die Ingenieurpraxis Anschaulichkeit bei der Ausnutzung der Ergebnisse der theoretischen Mechanik, was wiederum das Verschmelzen der analytischen und der geometrischen Richtung zu einem einheitlichen Ganzen förderte. Hieran wird Praxisorientiertheit auf Prozesse der Durchsetzung bereits vorhandener Ansätze zur Synthese verschiedener Richtungen und Denkweisen der Wissenschaftler der École polytechnique besonders deutlich.

Die Traditionen von Monge, Carnot und Dupin in der Bearbeitung der Fragen der Mechanik sowie ihrer Anwendung auf die Technik und die Theorie der Maschinen wurden von Coriolis fortgesetzt.[16] Gleichzeitig wurden von ihm, in der Theorie der Maschinen, die Erfolge der analytischen Mechanik genutzt, worin sich auch der Einfluß der wissenschaftlichen Arbeiten Lagranges und dessen Nachfolger äußerte. Im Gegensatz zu ihnen war Coriolis aber bemüht, die in den Maschinen wirkenden Kräfte unter Berücksichtigung der konkreten Bedingungen zu untersuchen. Ein großes Verdienst Coriolis, Poncelets und ihrer Mitstreiter war die Entwicklung von Methoden für die Berechnung der in den verschiedenen Maschinenteilen verausgabten Arbeit.[17]

[14] Ch. Dupin: Geometrie et mécanique des arts et metiers et des beaux-arts, 3 Bde, Paris 1825–1826.

[15] Vgl. J. V. Poncelet: Traité de mécanique appliquée aux machines, Lüttich 1845.

[16] Vgl. G. Coriolis: Du calcul de l'effet des machines, Paris 1829.

[17] Vgl. G. Coriolis: Traité de la mécanique des corps solides et du calcul de l'effet des machines, Paris 1844; J. V. Poncelet: Mécanique industrielle, exposant les principes de statique et de dinamique, les organes mécaniques et les moteurs, Brüssel 1839.

Den größten Einfluß übten die molekularen Vorstellungen von Laplace auf die Schöpfer der Elastizitätstheorie, Poisson, Navier und Cauchy, aus. Poisson selbst wurde auch stark von den Untersuchungen von L. Euler beeinflußt. Er übernahm von ihm sowohl den Charakter als auch den Stil der Darlegung wissenschaftlicher Arbeiten. Jedoch konnte der Einfluß von Euler auf Poisson nicht dominant werden, weil Poisson in seinem analytischen Denkansatz unter dem starken Einfluß der analytischen Methoden Lagranges sowie der Ideen der Himmels- und molekularen Mechanik von Laplace stand. Poisson war Analytiker. In seinen Arbeiten verband er aber beide an der Schule vertretenen Richtungen: die rein formale, von Lagrange ausgehende, und die einerseits von der Laplaceschen angewandten Mathematik und andererseits von Monge und seinen Anhängern ausgehende angewandte Richtung.[18]

Im Unterschied zu Poisson kann man Navier nicht als ausgeprägten Mathematiker bezeichnen. Er vermochte aus den verhältnismäßig komplizierten mathematischen Gleichungen, die er in der Elastizitätstheorie erhielt, keine neuen interessanten Schlußfolgerungen zu ziehen. Möglicherweise gelangte er deshalb unter dem Einfluß von Laplace zu seinen Auffassungen von der molekularen Mechanik, die stark physikalisch orientiert waren und sich von den rein analytischen Auffassungen Lagranges sehr unterschieden.[19]

Navier kann man hier dem glänzenden Mathematiker Cauchy gegenüberstellen, der sich in der Elastizitätstheorie weitgehend auf die Vorstellungen eines dichten Mediums stützte. Der hier von Cauchy entwickelte Formalismus hängt vor allem mit seinen glänzenden mathematischen Fähigkeiten zusammen und zeigt sich auch in dem Bestreben, eher ein abgeschlossenes mathematisches System zu liefern, als dessen physikalisches Wesen aufzudecken. Zwischen Navier und Cauchy kann man Poisson, der ebenfalls ein erstklassiger Mathematiker war, einordnen. Dieser studierte in den Jahren an der Schule, als die analytischen Methoden Lagranges in der Lehre vorherrschten. Er stand jedoch unter dem Einfluß der molekularen Anschauungen von Laplace und gehörte somit zu der Richtung, die den mathematischen Formalismus mit einer physikalischen Interpretation der Erscheinungen verband.

Eine weitere Entwicklung erfuhr die Elastizitätstheorie in Cauchys Untersuchungen, der sich, als er Naviers „Untersuchungen zur Biegung elastischer Stäbe“ (1820) rezensierte, für Fragen der Elastizitätstheorie zu interessieren begann und selbst deren Bearbeitung aufnahm.[20] Cauchy,

[18] Vgl. S. D. Poisson: Traité de mécanique, Bd. 1,2., Paris 1811.

[19] Vgl. C. Navier: Mémoires sur les lois du mouvement des fluides, in: Mémoires de l'Academie Royale des Sciences de l'Institut de France, Bd. 6, Paris 1827, S. 375–393.

[20] A. Cauchy: Recherches sur l'équilibre et le mouvment interieur des corps

ein Schüler von Laplace und Anhänger seiner molekularen Ideen, ging häufig über diese hinaus, indem er das Herangehen an das Kontinuum auf die Elastizitätstheorie übertrug. Offensichtlich kam er hier nicht ohne die analytischen Methoden von Lagrange und die Fourierschen Vorstellungen aus. In seinen Auffassungen vom dichten Medium zeigte sich Lagranges Einfluß besonders in dem Bestreben nach größerer Klarheit, Konsequenz und Logik gerade des mathematischen Apparates. Cauchys Methode war jedoch weniger an physikalischen Vorstellungen orientiert, aber formaler als die von Laplace. Gerade darin zeigte sich der Zusammenhang von Cauchys und Lagranges Arbeiten. Man kann aber die Auffassung vom dichten Medium nicht als „Lagrangesche Vorstellung" bezeichnen, da der Schöpfer der „Analytischen Mechanik" sehr konsequent war und die Frage nach dem physikalischen Wesen der von ihm untersuchten Objekte umging. Daneben war Cauchy lebhaft an den Fragen der mathematischen Physik interessiert, die in Fouriers Untersuchungen einen hervorragenden Platz einnahmen. Bei der Darlegung der allgemeinen Grundlagen der Mechanik folgte Cauchy weitgehend der Methode der geometrischen Richtung, welche von Monge an der École polytechnique eingeführt worden war. In dem inhaltsreichen wissenschaftlichen Schaffen Cauchys spielten die von den ersten Lehrern der École polytechnique in der Mechanik vertretenen drei Hauptrichtungen eine Rolle: erstens die analytischen Methoden Lagranges, zweitens die Laplaceschen molekularen Anschauungen und drittens die geometrischen Methoden Monges. Auf der Grundlage der übernommenen Traditionen konnte Cauchy die Mechanik der deformierbaren festen Körper ausarbeiten und eine mathematische Theorie der Schwingungen und Wellen entwickeln.

So zeigt sich im Schaffen Cauchys besonders deutlich die schöpferische Umsetzung des in der École polytechnique vereinigten kollektiven Bewußtseins der in ihr tätigen Wissenschaftler, welches seinen Ausdruck in der Vollendung und Anwendung einer einheitlichen mathematischen Sprache in Lehre und Forschung sowie in der praktischen Ausnutzung der Ergebnisse der Mechanik fand.

solides ou fluides, élastiques, ou non élastiques, in: Bulletin scientifique de la sociéte philomatique, Paris 1823, S. 9.

Vladimir Petrovič Karcev

Die Eröffnung des Cavendish-Laboratoriums und die ersten Jahre der physikalischen Cavendish-Schule

Im Jahre 1874 wurde das Cavendish-Laboratorium an dem kurz davor an der Universität Cambridge gegründeten Lehrstuhl für experimentelle Physik offiziell eröffnet. Durch einen Beschluß des Senats der Universität waren sowohl dem Lehrstuhl als auch dem das Laboratorium leitenden „Cavendish-Professor“ die Aufgabe gestellt worden, „mit entsprechenden Demonstrationsexperimenten die Wärme, Elektrizität und den Magnetismus zu lehren; die Förderung dieser Wissenschaften zu unterstützen; das Studium dieser Wissenschaften an der Universität anzuregen“[1].

Somit verfolgte das Cavendish-Laboratorium von Anfang an ein zweifaches Ziel, einerseits Demonstrationsbasis für das Studium der Wärme, Elektrizität und des Magnetismus und andererseits experimentelle Basis für wissenschaftliche Forschungen auf diesen Gebieten zu sein. In Cambridge wurde in jenen Jahren ein System für die Verteidigung von Dissertationen eingeführt, demzufolge die besten Studenten, unabhängig davon, ob sie Vorlesungen über experimentelle Physik gehört hatten oder nicht, die Möglichkeit hatten, ein Thema für eine Dissertation auf eben diesem Gebiet zu wählen, indem sie im Cavendish-Laboratorium als „post-graduates“ oder, wie man heute sagen würde, als Aspiranten arbeiteten. Sowohl die Einführung der Vorlesungen über experimentelle Physik als auch die Eröffnung einer dem Wesen nach wissenschaftlichen Forschungseinrichtung an der Universität – des Cavendish-Laboratoriums – waren äußerst wichtige, man kann sagen, revolutionäre Ereignisse auf dem Gebiet der Physik, sowohl für die Lehre als auch für die Vervollkommnung der Forschung.

Welche Ursachen haben schließlich zur Gründung des Cavendish-Laboratoriums geführt? Die wichtigsten revolutionären Ereignisse in der Entwicklung der Physik zwischen 1860 und 1870 waren die Einführung statistischer Methoden in die Thermodynamik und die Ausarbeitung der Theorie des elektrischen Feldes durch Maxwell. Folgende Umstände sprechen dafür, daß die Gründung des Cavendish-Laboratoriums nicht mit der wissen-

[1] L. Campbell, W. Garnett: The life of J. C. Maxwell, London 1882, S. 382.

schaftlichen Revolution zusammenhing, die durch Maxwells Ansichten hervorgerufen worden war.

In jener Zeit war noch kein einziger Fakt aufgedeckt worden, der allein die Theorie Maxwells bestätigt und sich nicht in den Rahmen der mit ihr konkurrierenden Theorien der Fernwirkung eingepaßt hätte. Maxwells Theorie hatte wenige Anhänger, da sie eine Reihe noch niemals beobachteter Phänomene postulierte: die elektromagnetischen Wellen, den Strahlungsdruck usw. Diese Theorie erkannten nicht einmal seine engsten Freunde, die bekanntesten englischen Physiker jener Zeit, William Thomson (der spätere Lord Kelvin) und George Gabriel Stokes, an. Dessenungeachtet genoß Maxwell in Cambridge dank seiner anderen Arbeiten (Aufdeckung des Wesens der Saturnringe, des Farbsehens usw.) sehr große Autorität. Dafür, daß die Gründung des Cavendish-Laboratoriums nicht mit dem herausragensten wissenschaftlichen Ereignis in der Physik jener Zeit zusammenhing — mit der Entwicklung der Theorie des elektromagnetischen Feldes durch Maxwell —, spricht auch, daß zunächst für die Funktion des Cavendish-Professors und des Direktors des Cavendish-Laboratoriums Thomson und dann Helmholtz vorgeschlagen wurden. Erst, als beide aus verschiedenen Gründen ablehnten, wurde diese Funktion Maxwell angeboten.

Überzeugender scheint die These, daß die Forderungen nach einer Veränderung des Bildungssystems und der Organisation der Forschungsarbeiten durch die großen sozialen Veränderungen bedingt waren, die im 19. Jahrhundert in England vor sich gingen. Die starke Entwicklung der Industrie erzeugte einen dringenden Bedarf an immer neuen technischen Ideen und Anlagen sowie an Wissenschaftlern und Ingenieuren, die diese entwickeln und realisieren konnten.

In der Viktorianischen Gesellschaft wuchs das Interesse an der Wissenschaft, insbesondere an der Physik, außerordentlich, als dessen Ausdruck die englischen Exponate zu den Weltausstellungen sowie eine speziell organisierte und unter Schirmherrschaft der Königin Viktoria im Jahre 1876 durchgeführte Ausstellung wissenschaftlicher Geräte dienen können.

Damit die alten englischen Universitäten, vor allem Cambridge, mit der Zeit Schritt halten konnten, war es erforderlich, die zu der Zeit üblichen, auf Newton zurückgehenden Traditionen der Lehre von Mathematik und Physik in Cambridge zu verändern. Seit Newton spielte die Mathematik in der Ausbildung in Cambridge eine führende Rolle. Sie wurde auf höchstem Niveau gelehrt. Was aber das Studium der Physik anbetraf, so trug es einen zutiefst abstrakten Charakter und war den Newtonschen Traditionen entsprechend in der Hauptsache auf die Optik und in geringerem Maße auf die Hydrostatik konzentriert.

Praktische Demonstrationen wurden während der Vorlesungen über physikalische Experimente nicht durchgeführt. Schuster berichtet über den folgenden Fall, der sich bereits im Jahre 1875 in Cambridge abgespielt hat:

„Maxwell, der das angeborene Bestreben besaß, alles, was man sehen kann, mit eigenen Augen zu sehen, war sehr erregt, als es ihm gelang, in einer von ihm ausgeschnittenen und geschliffenen Platte eines doppelt brechenden Kristalls eine konische Refraktion zu zeigen. Dieser Versuch war schwierig, und als der erfreute Maxwell den Dozenten für Mathematik Todhunter traf, fragte er ihn: ‚Möchten Sie eine konische Refraktion sehen?' ‚Nein' antwortete der Professor, ‚ich habe sie mein ganzes Leben gelehrt und möchte überhaupt nicht, daß alle meine Vorstellungen umgestoßen werden, wenn ich sie sehe.'"[2] Todhunter behauptete, daß „für Studenten die Durchführung physikalischer Experimente nicht unbedingt notwendig sei. Der Student soll bereit sein, all dem zu glauben, was ihm sein Lehrer sagt".[3]

Diese „Rückständigkeit" Cambridges im Herangehen an die Lehre der Disziplinen des naturwissenschaftlichen Zyklus, die objektiv sowohl die Ausbildung von Kadern für die englische Industrie und Wissenschaft als auch die Entwicklung der Wissenschaft selbst behinderte, war längst von einigen weitsichtigen Vertretern der englischen Gesellschaft erkannt worden. So betonte der bekannte schottische Philosoph William Hamilton, Professor für Logik und Metaphysik an der Universität Edinburgh, an der Maxwell studierte, daß Cambridge in der Reihe der britischen Universitäten eine „Außenseiterrolle" spiele. Nach Hamiltons Auffassung „schaffen die in Cambridge eingeführten Prinzipien und Regelungen keine Stimuli für die Lehre und geben den kompliziertesten und wichtigsten wissenschaftlichen Fächern keinerlei Unterstützung. Die Lehrpläne Cambridges sind nach einem Schema aufgestellt, das in bezug auf Beschränktheit und Inadäquatheit in der ganzen Bildungsgeschichte nicht seines gleichen hat."[4]

Der Professor der Universität Cambridge, Adam Sedgwick, kritisierte in seinem Buch „Grundriß des Bildungswesens an der Universität Cambridge" jenes „beschränkte" Herangehen, welches sich in der Cambridger Lehre der Mathematik feststellen ließ. Sedgwick kritisierte insbesondere den Charakter des Physikstudiums, in dem man es „den besten Geistestrieben erlaubte, ungehindert zu verwelken"[5].

Im Jahre 1876 erschien der „Grundriß der liberalen Bildung" unter der Redaktion von Dr. Farrar, einem Freund Maxwells, worin der Aufruf zur Durchführung einer Reform mit noch größerem Nachdruck enthalten war.

In wissenschaftlichen Kreisen festigte sich allmählich der Gedanke, daß eine Lehre der Mathematik ohne deren „physikalische Durchdringung"

[2] J. C. Maxwell: Stat'i i reči, Moskau 1967, S. 361.
[3] E. Larsen: Cavendish Laboratory, London 1962, S. 13.
[4] J. B. Mullinger: A history of the University of Cambridge, London 1888, S. 202.
[5] Ebenda.

und ohne die weitere Entwicklung der Physik und die Ausbildung von Kadern für die englische Wissenschaft und Industrie ohne die Durchführung von Experimenten, ohne die Gründung spezieller physikalischer Laboratorien nicht weiter möglich sei. Als Beweis dafür kann die Eröffnung des Clarendon-Laboratoriums in Oxford im Jahre 1872 und des Cavendish-Laboratoriums in Cambridge im Jahre 1874 dienen. Wie bereits gesagt, übernahm James Clerk Maxwell die Leitung des Cavendish-Laboratoriums. Um ihn begann sich bald eine Gruppe von Aspiranten zu bilden.

Wir wollen einige der bedeutendsten Vertreter dieses neuen Kollektivs am Beginn seiner Tätigkeit charakterisieren und die Frage klären, ob eine „Maxwellsche Schule" existiert hat, sowie den persönlichen Einfluß von Maxwell auf die Entstehung bestimmter Traditionen der „physikalischen Cavendish-Schule" untersuchen.

James Clerk Maxwell war zu der Zeit, als sich um ihn die ersten „Cavendishianer" gruppierten (1876), 45 Jahre alt. Damals war er bereits Mitglied der Londoner und Edinburgher Königlichen Gesellschaft und Autor der Bücher „Theorie der Wärme" (1871) und „Traktat über Elektrizität und Magnetismus" (1873). Maxwell, der nach mehrjährigem zurückgezogenem Leben auf einem Landgut erneut in Cambridge war, hatte viele Verpflichtungen – Vorlesungen, Teilnahme an zahlreichen Kommissionen sowie die Herausgabe der unveröffentlichten Arbeiten von Henry Cavendish, „die traditionelle Pflicht eines Cavendish-Professors". Abends hielt er Vorlesungen an den „Arbeiter-Colleges" oder erörterte philosophische Probleme mit Mitgliedern des Eranus-Klubs.

Dieser Klub war ein Zirkel liberaler Richtung, und er setzte sich aus einigen Universitätsfreunden Maxwells zusammen. Auf den Sitzungen diese Zirkels, die jede Woche stattfanden, wurden philosophische, politische und religiöse Probleme erörtert.

In seiner Antrittsrede äußerte Maxwell sich als neuernannter Cavendish-Professor hinsichtlich der Aufgaben des neuen Cavendish-Laboratoriums folgendermaßen: „Der Charakter der gegenwärtigen Experimente – d. h., daß sie in der Hauptsache aus Messungen bestehen – ist so offensichtlich, daß die Meinung verbreitet ist, daß in einigen Jahren alle wichtigen physikalischen Konstanten mit hinreichender Genauigkeit bestimmt sein werden und es für die Wissenschaftler die einzige übrigbleibende Beschäftigung sein wird, bei weiteren Messungen die folgenden Zehnerstellen zu erreichen.

Wenn die wirkliche Lage der Dinge so aussieht, dann wird unser Laboratorium vielleicht durch seine gewissenhafte Arbeit und die Vollkommenheit der experimentellen Meisterschaft berühmt werden, es gehört jedoch in diesem Falle nicht an eine Universität und sollte besser den berühmten Werkstätten unseres Landes zugeordnet werden, wo ein derartiges Können auf nützlichere Ziele gerichtet ist.

Es ist möglich, daß auf einigen Gebieten die großen Naturforscher der

Vergangenheit tatsächlich von fast allem Wertvollen Besitz ergriffen haben, und mit den von ihnen übriggelassenen Bruchstücken wird sich eher ihrer geheimnisvollen Unverständlichkeit wegen, denn um des ihnen eigenen wahren Wertes beschäftigt. Die Geschichte der Wissenschaft zeigt jedoch, daß selbst im Verlaufe dieser Entwicklungsphase die Wissenschaft Fakten für eine Ordnung der Gebiete zusammenträgt, die unbekannt geblieben wäre, wenn sich die Wissenschaft mit den groben Methoden ihrer frühen Pioniere zufriedengegeben hätte. Ich könnte Beispiele aus jedem beliebigen Zweig der Wissenschaft anführen, die zeigen, wie die Arbeit an sorgfältigen Messungen durch Entdeckungen neuer Forschungsgebiete und die Entwicklung neuer wissenschaftlicher Ideen belohnt wurde."[6]

Besondere Aufmerksamkeit verdienen in diesem Zusammenhang Maxwells Denkstil sowie die Besonderheiten seines kategorialen Profils, sein „wissenschaftliches Gesicht". Da wir nicht die Möglichkeit haben, eine vollständige Charakteristik dieser ungewöhnlich vielseitigen Persönlichkeit zu geben, beschränken wir uns auf einige seiner Aussagen, die Maxwells Verhältnis zum Experiment, zur Physik und Mathematik widerspiegeln.

„Es gibt Menschen", schrieb Maxwell, „die ein beliebiges, in symbolischer Form ausgedrücktes kompliziertes Verhältnis oder ein Gesetz als Verhältnis zwischen abstrakten Größen völlig verstehen können. Solchen Menschen ist es gleichgültig, ob in der Natur wirklich Größen existieren, die diesen Verhältnissen entsprechen. Das gedankliche Bild der konkreten Realität stört eher ihre Überlegungen, als das es ihnen hilft.

Andere erfahren eine große Befriedigung, wenn sie den geometrischen Formen folgen, die sie auf das Papier zeichnen oder im leeren Raum vor sich aufbauen.

Andere dagegen sind so lange nicht zufrieden, bis sie die von ihnen geschaffene Situation in allen ihren physikalischen Größen beschreiben können. Sie wissen, mit welcher Geschwindigkeit ein Planet durch den Raum getragen wird, sie erfahren davon das Gefühl einer bezaubernden Erregung. Sie berechnen die Kräfte, mit denen sich die Himmelskörper anziehen, und sie fühlen, wie von der Kraft ihre eigenen Muskeln gespannt werden.

Für diese Menschen sind die Worte Moment, Energie und Masse nicht einfach der abstrakte Ausdruck der Ergebnisse einer wissenschaftlichen Untersuchung. Für sie haben diese Worte eine tiefe Bedeutung, und sie erregen ihre Seele wie Kindheitserinnerungen. Vielleicht existieren auch Mathematiker, die sich ausschließlich zu ihrer eigenen Zufriedenheit mit ihren Untersuchungen beschäftigen. Jedoch die meisten Menschen nehmen an, daß der Hauptnutzen der Mathematik in ihrer Anwendung zur Erklärung der Natur besteht."[7]

[6] J. C. Maxwell: Stat'i i reči, a. a. O., S. 24.
[7] Ebenda, S. 7f.

Eine weitere charakteristische Besonderheit des Maxwellschen Denkstils war seine ungewöhnliche, klar ausgeprägte Fähigkeit zu „physikalisieren". Von dieser Fähigkeit Maxwells sagte Tait folgendes: „Wenn man nur dem den Titel eines Mathematikers geben würde und das passiert ziemlich häufig, der leicht mit mathematischen Symbolen umgeht, ohne darauf zu achten, ob er die Bedeutung eines jeden Schrittes versteht oder nicht, dann hätte Clerk Maxwell natürlich niemals von sich aus versucht, in die ersten Reihen der Mathematiker zu kommen. Er zog es immer vor, eine geometrische oder physikalische Vorstellung von einem Problem zu haben, mit dem er sich beschäftigte, oder mit Hilfe dieser Vorstellungen einen jeden Schritt zu tun ..., in dieser Gewohnheit, sich ein gedankliches Bild von einem jeden Problem zu schaffen, liegt zweifellos ein wesentliches Geheimnis seines Forschertums verborgen. Dem muß man die außergewöhnliche Kraft, ein Problem zu durchdringen, und die ungewöhnliche Arbeitsliebe und den Eifer hinzufügen. Die Exaktheit seines geistigen Sehens kann man mit der von Faraday vergleichen, und in diesem (richtigen) Sinne des Wortes war er ein Mathematiker höchsten Ranges."[8]

Die breite Verwendung mechanischer Modelle und Analogien aller Art waren charakteristische Besonderheiten des Maxwellschen wissenschaftlichen Stils.

Es muß betont werden, daß Maxwells Ansichten zur damaligen Zeit längst nicht von allen geteilt wurden und diesen Ansichten eine solide Opposition gegenüberstand.[9]

Maxwells Schüler, deren Hauptgruppe sich im Jahre 1876 bildete, geriet sofort unter den Einfluß der großen Autorität des Gelehrten, des bedeutenden Professors, der einen hohen wissenschaftlichen und offiziellen Status besaß und originelle Ansichten vom Leben, von der Wissenschaft und der Forschung vertrat. Deshalb kann es nicht verwundern, daß sie trotz der Kürze ihres Umgangs mit Maxwell – er starb im Jahre 1879 – stark von ihm beeinflußt und später zu Anhängern und Verbreitern seiner Ansichten über Physik, Mathematik und das Experiment wurden. Sie teilten seine wissenschaftlichen Interessen, lösten die von ihm gestellten Probleme, übernahmen seine Prinzipien, Methoden, Verfahren, Kategorien und sogar seine Gewohnheiten. Von dem starken Einfluß Maxwells auf das Cavendish-Laboratorium zeugt auch das Maxwell-Museum im Laboratorium und sogar ein Studentenlied nach Versen von Maxwell, welche in die Traditionen des Cavendish-Laboratoriums eingegangen sind.[10]

Wer waren Maxwells „Rezipienten", wie ist ihr wissenschaftlicher Werdegang, und welchen Einfluß hatte Maxwell auf ihr Schöpfertum ausgeübt?

[8] Zitiert nach: F. Knott: Life and scientific work of P. G. Tait, Cambridge 1911, S. 262.

[9] E. Larsen: Cavendish Laboratory, a. a. O., S. 14.

[10] J. Thomson: Duch nauki, Moskau 1970, S. 30.

Richard Tatley Glazebrook (1854–1935), Aspirant, 22 Jahre – das Alter wird hier und im folgenden für 1876 angegeben –, Inhaber des „Fünften Platzes" – d. h., er nahm beim Prüfungsexamen in Mathematik den 5. Platz ein. Glazebrook wählte auf Maxwells Rat als Thema seiner Dissertation die Überprüfung der Fresnelschen Theorie der Wellenoberfläche auf einem zweiachsigen Aragonitkristall. Dieses Thema sollte zur Erhärtung und Anerkennung der Maxwellschen Theorie beitragen, da die elektromagnetische Lichttheorie direkt zur Fresnelschen Wellenoberfläche führte. Glazebrooks Erfolg in seinen Experimenten führte dazu, daß Maxwell entschied, sich selbst an dieser Arbeit zu beteiligen. Gemeinsam mit Glazebrook überprüfte er Fresnels Schlußfolgerungen an einem anderen Kristall. Fresnels Theorie und gleichzeitig mit ihr die Maxwellsche Theorie wurden glänzend mit einer Genauigkeit bis zu 0,00007 Prozent bestätigt. Das war Maxwells letzte experimentelle Arbeit.

Dabei sind in der uns interessierenden Hinsicht zwei Dinge wesentlich: Erstens, die Arbeit mit Glazebrook war die erste gemeinsame Arbeit, die Maxwell in seinem Leben mit einem seiner Schüler durchführte. Zweitens, es ist, wenn auch ein schwacher Einfluß eines jüngeren Mitglieds des Laboratoriums auf die Richtung der Forschungsarbeiten des Leiters vorhanden. Natürlich war der Einfluß Maxwells auf seinen Schüler im vorliegenden Falle unvergleichlich stärker. Glazebrook hat jedoch immer betont, daß seine frühen wissenschaftlichen Bestrebungen durch die Möglichkeit diktiert waren, einer wissenschaftlichen Richtung zu folgen und die wissenschaftlichen Erfolge Maxwells nutzen zu können.[11]

Glazebrook vollendete die mit Maxwell und Rayleigh begonnene Arbeit in bezug auf die Standardisierung der elektrischen Größen – zur Festlegung des Eichmaßes für den elektrischen Widerstand – des Ohm. Dieser Standard wurde von der sich entwickelnden elektronischen Industrie verlangt, was Maxwell klar erkannte. Glazebrook übernahm die Orientierung der wissenschaftlichen Interessen Maxwell's, der als großer Theoretiker auch bestrebt war, aktiv an der Lösung der von der Technik aufgeworfenen Probleme teilzunehmen.

Später hielt sich Glazebrook bei der Wahl seiner wissenschaftlichen Forschungsrichtungen immer an diese Linie. Nachdem er im Jahre 1899 der erste Direktor des nationalen physikalischen Laboratoriums Englands geworden war, richtete er seine wissenschaftlichen Interessen auf die wesentlichsten Bedürfnisse der Praxis aus. Im Jahre 1888 hatte er bereits Schiffsmodelle für die Schiffbauindustrie untersucht, und im Jahre 1904 überprüfte er im Luftkanal die Stabilität von Flugzeugmodellen (nebenbei bemerkt, garantierten diese Untersuchungen die hohen Flugeigenschaften der englischen Flugzeuge

[11] R. T. Glazebrook: Early days at the Cavendish Laboratory, in: Clerk Maxwell's Memorial Lectures, Cambridge 1931.

im ersten Weltkrieg von 1914–1918). Im Jahre 1910 führte er im Laboratorium auf Wunsch von Leitern metallurgischer Betriebe Untersuchungen durch. Glazebrooks Forschungsarbeiten beruhten, wie man sehen kann, auf der breiten Anwendung von Modellen und Analogien.

William Napier Shaw (1854–1945) war ein 22jähriger Aspirant, der bei der Suche nach einem Thema für die Dissertation gemeinsam mit Glazebrook und Pointing ins Cavendish-Laboratorium gekommen war. In der Liste derer, die das mathematische „Tripos“ mit Auszeichnung abschlossen, steht er an 16. Stelle. Unter dem Einfluß Maxwells und dessen kinetischer Gastheorie interessierte er sich für Molekularphysik, Hydrometrie und Verdampfungsprozesse.

Die Ausweitung seiner wissenschaftlichen Ambitionen führte ihn später auf den Posten des Direktors des nationalen meteorologischen Rates, der zum Zentrum des englischen wissenschaftlichen Denkens auf diesem Gebiet wurde. Shaw selbst stand an der Spitze der englischen meteorologischen Schule. Unter seiner unmittelbaren Teilnahme wurden erstmalig in England Untersuchungen der oberen Schichten der Atmosphäre mit Hilfe von Ballonsonden sowie die Übertragung der Wettermeldungen von Schiffen durchgeführt und Wetterprognosen eingeführt.

Shaw war der Autor des vierbändigen „Meteorologischen Wörterbuchs“ (1926–1931) und der Präsident der Königlichen Meteorologischen Gesellschaft.

John Henry Pointing war Aspirant, 24 Jahre, dritter in der oben erwähnten Liste. In seinen philosophischen Ansichten und dem gründlichen philosophischen Herangehen an die Probleme der Physik stand er Maxwell sehr nahe. Die engsten geistigen Bindungen im Laboratorium hatte er zu Maxwell. Auf Vorschlag und unter Leitung Maxwells beschäftigte sich Pointing mit Experimenten zur Ermittlung der Erddichte nach der Methode von Cavendish.

Neben der Überprüfung der Ergebnisse Cavendishs spielte dieses Experiment für Maxwell eine außerordentlich wichtige, prinzipielle Rolle, da es dadurch vielleicht möglich gewesen wäre, den Zusammenhang zwischen dem elektromagnetischen Feld und der Schwerkraft aufzudecken – „eine Aufgabe, die Maxwell seit 1857 bis auf den heutigen Tag beschäftigt hat, ohne eine adäquate Lösung gefunden zu haben“.[12]

Für die „Experimentelle Arbeit zur Ermittlung der Gravitationskonstante und der Theorie der Elektrodynamik und Messung“ erhielt Pointing im Jahre 1905 die Medaille der Londoner Königlichen Gesellschaft. Der wichtigste wissenschaftliche Beitrag Pointings bestand darin, daß er in die Maxwellsche elektromagnetische Theorie den Begriff vom Vektor der elektromagnetischen Energiedichte (Umov-Pointing-Vektor) einführte. Pointing griff weitestgehend die Problematik und die wissenschaftlichen Methoden Maxwells auf.

[12] R. T. Glazebrook: Early days at the Cavendish Laboratory, a. a. O., S. 136.

George Chrystal (1851–1911) war ein Aspirant, 25 Jahre alt, der die Universität von Cambridge glänzend absolviert hatte und der – wie nicht einmal Maxwell – den zweiten Platz der oben genannten Liste belegte und Smith-Preisträger wurde. Wie Maxwell war er Schotte. Er kam ein Jahr früher als Shaw, Pointing und Glazebrook ins Laboratorium. Er besaß eine ausgeprägte physikalische Begabung und nutzte jede freie Minute für die Arbeit.

Chrystal befaßte sich auf Maxwells Vorschlag mit der Überprüfung des Ohmschen Gesetzes. Die Wichtigkeit dieses Themas war sowohl durch die Forderungen der Praxis als auch durch die Tradition der Cavendish-Schule – Cavendish hatte das Ohmsche Gesetz um einige Jahrzehnte früher als Coulomb entdeckt – und durch Maxwells Überzeugung diktiert, daß eine Präzisierung der Experimente unausweichlich zu neuen Entdeckungen führt.

Wenn man von der Kuhnschen Konzeption des „Paradigmas“[13] ausgeht und dabei die Arbeit des Laboratoriums an der sorgfältigen Überprüfung des Ohmschen Gesetzes betrachtet, müßte man sie als einen Versuch Maxwells bewerten, den Bruch mit dem alten „Paradigma“ zu vollenden. Das kann man jedoch nicht sagen. Für Maxwell war es charakteristisch, daß er große wissenschaftliche Erfolge anerkannte, unabhängig davon, in welcher Richtung sie auch immer entstanden sein mögen, und sei es auch eine konkurrierende. In einem Brief aus seiner Jugendzeit schreibt er: „Ich las heute Ampères Untersuchungen und war von ihnen sehr begeistert, obgleich es schwer ist zu glauben, daß er mit Hilfe seiner Ansichten zu seinen richtigen Schlußfolgerungen gekommen ist.“[14] Bekanntlich war die Ampèresche Elektrodynamik eine der Stützen der elektromagnetischen Theorie Maxwells, obwohl sie im Rahmen einer konkurrierenden wissenschaftlichen Richtung, in der Elektrodynamik der Fernwirkung, entstanden war.

Somit enthält die Maxwellsche Theorie trotz ihres revolutionären Charakters viele invariante Kategorien, die auch aus den Theorien der mit ihr konkurrierenden Richtung in sie übernommen wurden. Für diesen Fall ist es daher schwierig, die Theorie vom „Paradigma“ für richtig anzusehen, nach der zu einem bestimmten Zeitpunkt ein vollständiger Zusammenbruch der bisherigen wissenschaftlichen Vorstellungen stattfindet. Es ist sinnvoller, im vorliegenden Fall den Begriff des „Kategoriennetzes“ oder „Kategoriengefüges“ zu gebrauchen, der die Beibehaltung bestimmter Invarianten in einer neuen Theorie, und sei es die revolutionärste, zuläßt.[15]

Als die Experimente zur Überprüfung des Ohmschen Gesetzes abgeschlossen waren, schrieb Maxwell an seinen Freund Louis Campbell: „. . . (Chrystal) . . . hat seit Oktober ununterbrochen gearbeitet, wobei er das Ohmsche Gesetz überprüfte, und er ist mit einem Triumph aus der Prüfung hervorgegangen,

[13] Th. Kuhn: Die Struktur wissenschaftlicher Revolutionen, Frankfurt/Main 1973.

[14] J. Larmov: Origins of Clerk Maxwell electrical ideas, Cambridge 1937, S. 8.

[15] Vgl. M. G. Jaroševskij: I. M. Sečenov, Moskau 1968.

obgleich bei bestimmten Experimenten der Draht vom durchgehenden Strom bis zur Rotglut erwärmt wurde.“[16]

Maxwell war offensichtlich damit zufrieden, daß das Ohmsche Gesetz seine invariante Bedeutung auch im Rahmen der neuen Theorie beibehielt. Auf Empfehlung Maxwells wurde Chrystal im Jahre 1879 als Professor an den Lehrstuhl der Universität Edinburgh berufen, den P. G. Tait leitete und der unter dem starken wissenschaftlichen Einfluß seines Schul- und Universitätsfreundes Maxwell stand. In Taits Laboratorium setzte Chrystal seine Cambridger Experimente fort, die er auf Maxwells Rat hin begonnen hatte.

Bekanntlich wurde im Jahre 1876 das Telefon erfunden. Maxwell reagierte lebhaft auf dieses Ereignis, indem er eine öffentliche Vorlesung „Über das Telefon“ hielt. Offensichtlich machte es Maxwell Vergnügen zu erfahren, daß sein Schüler Chrystal sich in der Folgezeit mit der Vervollkommnung des Telefons beschäftigte.

Der Denkstil Maxwells, seine Zielstrebigkeit bei der Lösung beliebiger Aufgaben, die die Natur stellte, die ungewöhnliche Breite seiner Interessen, sein Bestreben, die grundlegenden Begriffe zu definieren, finden in den Themen der Edinburgher Untersuchungen Chrystals ihre Fortführung: „Theorie der Wellen eines Sees“, „Hydrodynamische Theorie der Seen“, die Aufsätze „Elektrizität“ und „Magnetismus“ für die Britische Enzyklopädie – man vergleiche sie mit Maxwells Aufsätzen „Über das Bewegungszentrum des Auges“, „Über Seifenblasen“, „Über den Regenbogen, der auf der Eisoberfläche zu sehen ist“ und die Aufsätze „Atom“ und „Äther“ für die Britische Enzyklopädie.

Horaz Lamb (1849–1934) – zweiter in der oben erwähnten Liste, 24 Jahre alt, war Hörer der Maxwellschen Lektionen. Er wurde einer der bedeutendsten Autoritäten auf dem Gebiet der Hydrodynamik. Von ihm wurden insbesondere die hydrodynamischen Vorstellungen Maxwells aufgegriffen und schöpferisch weiterentwickelt.[17]

Arthur Schuster (1851–1934) war ein Aspirant von 25 Jahren. Er kam zu Maxwell bereits als Wissenschaftler. Er hatte in Manchester bei Balfur Stewart und Reynolds, in Göttingen bei Weber und in Berlin bei Helmholtz studiert. Er war seit 1876 im Laboratorium, nachdem er aus Siam zurückgekehrt war, wo er die Expedition zur Beobachtung der totalen Sonnenfinsternis geleitet hatte. In Manchester führte Schuster ein „experimentum crucious“ durch, welches bewies, daß die Drehung der „Lichtmühlen“ – der Radiometer – ihre Entstehung nicht dem von Maxwell vorausgesagten Strahlungsdruck, sondern anderen Ursachen zu verdanken habe, die von seinem Leiter O. Reynolds aufgedeckt wurden. Während Maxwell, der, von

[16] L. Campbell, W. Garnett: The life of J. C. Maxwell, a. a. O., S. 364.

[17] H. Lamb: Maxwell as a Lecturer, in: Clerk Maxwell's Memorial Lectures, Cambridge 1931.

seiner Feldtheorie ausgehend, erst kürzlich die Existenz des Strahlungsdrucks postuliert hatte, geneigt war, gerade durch ihn die Drehung der Radiometerflügel zu erklären, suchte O. Reynolds, Ingenieur und Forscher auf dem Gebiet der Dampfmaschinen, die Bewegungsursache der Flügel in den Verdampfungsprozessen. Außerdem bezweifelte Schuster unter dem Einfluß Webers die Richtigkeit des Ohmschen Gesetzes, das sich schwer in die Theorie der Fernwirkung einpaßte, und wies mit Recht darauf hin, daß die direkte Abhängigkeit von Strom und Spannung bei Ohm durch den einfachen Zufall, das „Spiel“ der Natur erklärt werden könne. Schuster war einer der ersten, der sich zu der elektromagnetischen Theorie Maxwells bekannte. Im Jahre 1876 las er auf ihrer Grundlage den ersten Vorlesungszyklus für drei Studenten, von denen einer der künftige Direktor des Cavendish-Laboratoriums, J. J. Thomson, war.

Schuster gab Maxwell den Anstoß zur Erklärung des „Radiometereffekts“. Maxwell ließ sich nicht davon entmutigen, daß der Radiometereffekt seine Ursache durchaus nicht im Strahlungsdruck hatte, wie er annahm, und gab dem Effekt – unter Berücksichtigung der Reynoldschen Überlegungen – eine andere Erklärung, die als Thema für seinen letzten Aufsatz „Über die Kräfte, die in verdünnten Gasen infolge von Ungleichheit der Temperaturen entstehen“ diente (1879). Somit übte Schuster, der die Ansichten, Vorstellungen und Methoden mehrerer wissenschaftlicher Schulen und einzelner Personen in sich vereinte, von allen Schülern Maxwells den größten Einfluß auf die Problematik des Cavendish-Laboratoriums aus, insbesondere auf die Arbeiten auf dem Gebiet des Radiometereffekts und der Überprüfung des Ohmschen Gesetzes.

Nach Maxwells Tod setzte Schuster die Forschungsarbeiten zur Festlegung eines Ohm-Eichmaßes fort und beschäftigte sich mit dem Problem des Elektrizitätsflusses in Gasen. Schuster zeigte als erster, daß die elektrische Ladung durch Ionen übertragen wird, die im elektrischen Kraftfeld in der Nähe der Katode beschleunigt werden. Schuster gab auch an, daß man durch Ablenkung der Katodenstrahlen im Magnetfeld die Relation der elektrischen Ladung zur Masse des Elektrons messen kann.

Neben dem Kreis von Personen, den man zur „Maxwellschen Cavendish-Schule“ rechnen kann und die im buchstäblichen Sinne des Wortes seine Schüler waren und unter seiner unmittelbaren Leitung arbeiteten, gab es in jenen Jahren eine Reihe von Wissenschaftlern, die durch Maxwells Ideen beeinflußt wurden.

Maxwells elektromagnetische Theorie und die wissenschaftliche Richtung der Elektrodynamik der Nahwirkung, die von Faraday und Maxwell geschaffen wurde und die noch keine allgemeine Anerkennung gefunden hatte – sie erfolgte erst nach den Versuchen von Hertz und Lebedev –, begannen, die weitsichtigsten Wissenschaftler Englands und anderer Länder anzuziehen. Im Endergebnis bildete sich, wenn auch nicht ein unter unmittelbarer Leitung

Maxwells arbeitender, so doch in der Einflußsphäre seiner Ideen stehender Kreis von Personen heraus, die die Richtung von Faraday und Maxwell vor allem in gegenständlich-logischer Hinsicht weiterentwickelten. Zu den Personen, auf die Maxwell einen starken Einfluß ausübte, kann man Hermann Helmholtz, Ludwig Boltzmann, Hendrik Lorentz, George Fitzgerald, Oliver Heavyside, Oliver Lodge, P. N. Lebedev und N. A. Umov zählen. Diese Wissenschaftler konnten natürlich Maxwells Ideen nur über Wissenskanäle – die Aufsätze und Bücher Maxwells – aufnehmen. Offensichtlich liegt im Vergleich der Besonderheiten des wissenschaftlichen Schöpfertums derjenigen Personen, die zur unmittelbaren Umgebung Maxwells gehörten und unter seinem unmittelbaren Einfluß standen, und jenen, die außerhalb dieses Personenkreises standen, jedoch die wissenschaftliche Richtung Maxwells weiterentwickelten, gerade die Antwort auf die Frage, in welchem Maße Maxwells Schüler von ihm formalisierbares und nichtformalisierbares Wissen aufnahmen und in welchem Maße diese Gemeinschaft als wissenschaftliche Schule bezeichnet werden kann. Unserer Meinung nach ist eines der bestimmenden Merkmale einer wissenschaftlichen Schule der ständige Kontakt zwischen Schülern und dem Leiter sowie die Möglichkeit, prinzipiell wertvolle wissenschaftliche Informationen über die Kanäle des nichtformalisierbaren Wissens zu erhalten.

Wir halten zur Beantwortung der Frage, ob eine Maxwellsche Schule existiert hat, den von M. G. Jaroševskij eingeführten Begriff des „kategorialen Profils“[18] für wesentlich. M. G. Jaroševskij weist darauf hin, daß das Fortschreiten des Forschungsdenkens eine sogenannte kategoriale Ebene besitzt. Unter Kategorien wird der invariante Kern des wissenschaftlichen Denkens verstanden, der einen hohen Grad an Verallgemeinerung ausdrückt. Die Kategorien, d. h. die fundamentalsten Begriffe, Prinzipien und Probleme sind untereinander verbunden. Sie bilden ein „Netz“, das sogenannte Kategoriengefüge.

Der Begriff des Kategoriengefüges erweist sich, wie uns scheint, als ein wirksames Instrument für die Untersuchung bestimmter wissenschaftswissenschaftlicher Probleme.

Es erscheint uns zweckmäßig, den Begriff des „Kategoriengefüges“ auch in Forschungsgebieten unterschiedlicher Reichweite und Ebenen zu verwenden, angefangen von philosophischen Verallgemeinerungen bis hin zu begrenzten, abgeschlossenen Problemen. Auf allen diesen Ebenen existiert objektiv die schöpferische Tätigkeit und entsteht neues Wissen durch die Kraft des Denkens. Die „vertikale“ Struktur der schöpferischen Gemeinschaft entspricht der endlos feinen Struktur des Wissens, dem Übergang von den allgemeinsten Prinzipien und Begriffen bis zu den speziellen. Jede Wissens-

[18] M. G. Jaroševskij: O kategorial’nom analize razvitija psichologičeskogo poznanija, in: Voprosy psichologii, H. 3, 1973, S. 15–31.

ebene ist dementsprechend im Schöpfertum der Forscher vorhanden. So läßt sich die Weltanschauung bestimmter Wissenschaftler als ein weitwinkliges optisches System mit geringem Auflösungsvermögen verstehen, das nur die kardinalen und allgemeinsten Probleme der Wissenschaft aussondert, hingegen die Weltanschauung anderer als ein engwinkliges optisches System mit einem außerordentlich hohen Auflösungsvermögen im engen Bereich eines konkreten Problems. Wie aus dieser bildhaften Darstellung ersichtlich, kann der Umfang des Kategorienfeldes verschiedener Wissenschaftler unterschiedlich sein. Verschieden kann auch die Größe der einzelnen Teilfelder sein, auf denen der betreffende Forscher arbeitet. Natürlich haben wir hier Extremfälle erwähnt, zwischen denen es eine Menge von Übergangsformen gibt. Um sich anschaulich vorzustellen, wie die Prinzipien des Funktionierens und der Entwicklung der Wissenschaft mit Hilfe des Begriffs „Kategoriennetz" erfaßt werden, wollen wir versuchen – dabei sind wir uns der Bedingtheit einer solchen Vereinfachung bewußt –, ihm eine geometrische Interpretation zu geben, die sich aus der Definition des Begriffs „Kategoriennetz" selbst ableiten läßt. Stellen wir uns das Kategoriennetz einmal als ein bestimmtes Gerüst des Wissens über eine Menge von Erscheinungen der materiellen Welt vor. Offensichtlich muß die Struktur dieses Gerüstes außerordentlich kompliziert sein, da es Grund zu der Annahme gibt, daß sich die Felder des Wissensgerüsts mit zunehmender Lokalisierung entsprechend den immer konkreteren Begriffen und Problemen ständig verkleinern. Das Kategorienfeld wandelt sich in dem Maße um, wie das wissenschaftliche Denken auf dem Wege der Erkenntnis der Naturgesetze voranschreitet und ständig an der Natur und der Erfahrung geprüft wird.

„Was die materiellen Wissenschaften anbetrifft", schrieb Maxwell, „so erscheinen sie mir als ein grader Weg zu einer beliebigen wissenschaftlichen Wahrheit. Was die Metaphysik, das eigentliche Denken oder die Gesellschaft betrifft, so beinhaltet die Summe des Wissens, die über diese Gegenstände existiert, einen bedeutenden Teil von Ideen, die durch Analogien mit den materiellen Wissenschaften erhalten wurden, und der übrige Teil ist, obgleich er für die Menschheit wichtig ist, nicht wissenschaftlich, sondern aphoristisch. Der grundlegende philosophische Wert der Physik liegt darin, daß sie dem Gehirn etwas Bestimmtes gibt, auf das man sich verlassen kann. Wenn Sie irgendworin Unrecht haben, die Natur sagt es Ihnen sofort. Jeder Schritt dieser Erkenntnis der Wahrheit hinterläßt im Gedächtnis eine mehr oder minder repräsentative Spur, und das gewonnene Material ist mehr als jede andere für die Beantwortung der grundlegenden Frage geeignet: Woher stammt das Wissen?

Ich habe festgestellt, daß alle Wissenschaftler, die mit ihren Arbeiten die Wissenschaft praktisch vorangebracht haben – d. h. Sir J. Herschel, Faraday, Newton, Young –, obwohl sie sich hinsichtlich des Denkstils sehr stark voneinander unterschieden, eine so vollständige Klarheit und Freiheit von der

Tyrannei der Wörter hatten, wenn es um Fragen der Ordnung, Gesetze usw. ging, die die Literaten und die Menschen, die sich nur mit Urteilen beschäftigen, niemals erreichen können."[19] (Aus einem Brief Maxwells an R. B. Litchfield aus dem Jahre 1858.)

Das Kategoriengefüge der Wissenschaft eines bestimmten Zeitabschnitts beinhaltet die Prinzipien und Probleme in allgemeinster Form, von denen in den wichtigsten wissenschaftlichen Richtungen ausgegangen wird.

Die kategoriale Charakteristik einer ganzen wissenschaftlichen Richtung wird auf vielfältige Art gebrochen, widergespiegelt, in der „Unstrukturiertheit" der kategorialen Profile ihrer einzelnen Vertreter, der Subjekte des Schöpfertums.

Offensichtlich existiert, wenn jede — wie auch immer geartete — Einheit in den Ansichten der Subjekte des Schöpfertums fehlt, die zu einer „Richtung" gehören, diese Richtung als solche nicht. Die Bewegung der Wissenschaft zum Erreichen der objektiven Wahrheit ist im Rahmen der vorliegenden Interpretation auf zwei Wegen möglich: 1) beim Fehlen konkurrierender Richtungen, durch Sammlung von Daten, durch den Aufbau von Teilen eines lockeren Netzes des Kategoriengefüges und durch anschließendes Neudurchdenken der Kategorien, die in der Wissenschaft entstanden sind, und 2) durch den Kampf konkurrierender Richtungen, die verschiedene, relativ zusammenhängende Kategorienstrukturen repräsentieren. Als charakteristische Beispiele für den zweiten Weg können die Auseinandersetzungen um die Anerkennung der Wellen- und Korpuskulartheorie des Lichts sowie um die Theorie von der Fernwirkung und der Nahwirkung dienen.

Die gemeinsame schöpferische Tätigkeit von Wissenschaftlern mit ähnlichen kategorialen Profilen stimuliert, wie wir annehmen, nicht den Widerstreit von Ideen. Anstelle eines Systems, das sich durch die inneren Widersprüche, den Widerstreit eng aneinandergrenzender Kategoriennetze größerer Reichweite entwickelt, haben wir hier Forscher vor uns, die auf der Ebene von Kategoriennetzen geringerer Reichweite arbeiten. Es muß dabei betont werden, daß, wenn „der Kampf konkurrierender Richtungen" fehlt, das einen bedingten Sinn hat; es bedeutet lediglich, daß sich der Widerstreit auf immer kleinere Felder des Netzes verschiebt, wo sich das „Anknüpfen", der „Überbau" der kleinen Felder so lange vollzieht, bis die Einführung einer neuen, übergreifenden Kategorie, d. h. die Herausbildung eines Feldes größerer Reichweite notwendig wird, um ihren Zerfall zu vermeiden. Wenn man den Versuch unternimmt, die kategorialen Profile Maxwells und seiner Schüler zu vergleichen, die von 1876—1879 im Cavendish-Laboratorium gearbeitet haben, und sie dabei im Rahmen der oben vorgeschlagenen Interpretation betrachtet, dann muß man sofort zugeben, daß das kategoriale Profil Maxwells in bezug auf die Erfassung der Wissensgebiete breiter, in

[19] L. Campbell, W. Garnett: The life of J. C. Maxwell, a. a. O., S. 219.

bezug auf die Struktur größer als die kategorialen Profile seiner Schüler gewesen ist.

Obwohl sich Maxwell in den großen Feldern des Kategoriengefüges sehr gut orientieren konnte, überraschte er häufig durch eine unvollkommene Kenntnis von dessen Feinstruktur.

Horace Lamb, der Maxwells Vorlesungen besuchte, betont, daß er (Lamb) „gerade aus Maxwells Fehlern viel gelernt habe“: „Er hatte immer viel Mißerfolge, wenn er es mit der Tafel zu tun hatte, und bei uns entstand allmählich ein Eindruck, der, wie mir scheint, durch das Studium seiner Veröffentlichungen bestätigt wird, daß, obgleich er sicher die wesentlichsten Begriffe beherrschte und bedeutende mathematische Konzeptionen formulieren konnte, mit den Details von einfachen Berechnungen nicht sehr gut vertraut war. Seine physikalischen Instinkte retteten ihn vor sehr wesentlichen Fehlern.“[20]

Maxwells Schüler führten nicht eine Arbeit gemeinsam durch, ihr Schöpfertum nahm im Rahmen des Cavendish-Laboratoriums zu Zeiten Maxwells noch keinen echten gemeinschaftlichen Charakter an. Eine der Ursachen für diese Erscheinung sehen wir darin, daß, obwohl sich Maxwells Schüler – hierbei schließen wir Schuster aus – untereinander hinsichtlich persönlichkeits-psychologischer Merkmale unterschieden, ihre kategorialen Profile anfangs offensichtlich infolge der völligen Identität der Bildung einander ziemlich ähnlich waren. Maxwells Schüler konnten zunächst kein Interesse für eine gemeinsame wissenschaftliche Arbeit entwickeln, da ihre schöpferischen Anlagen keine „Ergänzung“ darstellten, die eine gemeinsame wissenschaftliche Arbeit produktiv und für sie interessant gemacht hätte. Die gemeinsame schöpferische Tätigkeit befand sich in der Zeit von 1876–1879 im Cavendish-Laboratorium lediglich in den ersten Anfängen, und der Einfluß der jungen Mitglieder der Gemeinschaft auf den Leiter der Schule – Maxwell – war gering. So war diese Beziehung zwischen Glazebrook und Maxwell beispielsweise obwohl sie existierte, sehr schwach, da sich Glazebrook bereits unter dem starken Einfluß Maxwells befand, als er noch studierte. Er bewegte sich bereits an der Universität im Bannkreis Maxwells und seiner Methoden, obwohl er unvergleichlich weniger wußte. Als Glazebrook die wissenschaftliche Pionierarbeit leistete, von der wir bereits sprachen, erweiterte er das Feld seines Wissens und wurde so vom informationellen Standpunkt für Maxwell interessant und ergänzte ihn. Unter dieser Bedingung wurde auch die gemeinsame schöpferische Tätigkeit Maxwells und Glazebrooks möglich.

Wir wollen jetzt versuchen zu erklären, warum gerade Schuster, der, bevor er zu Maxwell kam, bei Weber, Helmholtz und Reynolds gearbeitet hatte, den größten Einfluß sowohl auf die wissenschaftliche Tätigkeit Maxwells als auch auf seine Schüler ausgeübt hat.

[20] H. Lamb: Maxwell as a Lecturer, a. a. O., S. 144.

Dabei muß man vor allem hervorheben, daß Wilhelm Weber einer der Vertreter der Theorie von der „Fernwirkung“ gewesen ist, nach der die elektrischen Erscheinungen durch direkte und augenblickliche Wirkung über die Entfernung erklärt wurden. Maxwell vertrat im Grunde genommen entgegengesetzte Ansichten, nachdem er die Faradaysche Konzeption des „elektrotonischen Zustandes“, die Konzeption der Nahwirkung, d. h. der Übertragung elektrischer Wirkungen mit Hilfe eines Zwischenmediums, übernommen hatte.[21]

Auf diese Weise übertrugen Faraday und Maxwell das Zentrum der Betrachtung der elektrischen Erscheinungen von den „Ladungen“ auf den Raum zwischen ihnen. Hermann Helmholtz, der gleichzeitig sowohl Maxwells Ansichten und Webers Ansichten Wohlwollen entgegenbrachte, vertrat einen eklektischen „Zwischenstandpunkt“. Auf diese Weise entstanden in der Elektrodynamik jener Jahre mindestens drei wissenschaftliche Schulen, die sich durch die Probleme, Prinzipien und Methoden, d. h. durch ihre kategorialen Charakteristiken voneinander unterschieden.

Schuster, der den Sommer und Herbst 1874 bei Helmholtz und Weber verbracht hatte, konnte, nachdem er bei Maxwell zu arbeiten begonnen hatte, sein „Kategoriennetz“ erweitern und dadurch die schwachen Stellen der Weberschen Elektrodynamik aufdecken. Ähnlich war es, als er bei Reynolds und anschließend bei Maxwell arbeitete, die hinsichtlich der Drehungsursache der Radiometerflügel diametral entgegengesetzte Ansichten vertraten. Schuster konnte die schwache Stelle beider Theorien erkennen und Maxwell auf den Gedanken bringen, daß Reynolds Überlegungen richtig und die Maxwellsche Erklärung dieser Erscheinung durch den elektromagnetischen Strahlungsdruck nicht haltbar waren.

Somit besteht Grund zu der Annahme, daß die Wandlung und Erweiterung der kategorialen Profile von einzelnen Mitgliedern einer wissenschaftlichen Schule in hohem Maße die Produktivität der gemeinschaftlichen wissenschaftlichen Arbeit fördern. Maxwell gab offensichtlich ganz bewußt den Schülern Ratschläge zur Wahl von Richtungen, die dazu beitrugen, ihre Kategorien auf ein höheres Niveau zu überführen, das dem Niveau der von Maxwell vorgeschlagenen Probleme entsprach. Maxwell förderte bewußt die Wandlung und Erweiterung der kategorialen Profile seiner Mitarbeiter, indem er sie aufforderte, „den Geist der Wissenschaft selbst von jenen aufzunehmen, deren Wissenszweig von unserem verschieden ist“. Man darf es nicht als zufällig ansehen, daß die wissenschaftlichen Forschungsrichtungen der Maxwellschen Schüler, die sie auf seine Empfehlung hin übernahmen, verschieden, jedoch von unverändert großer Reichweite waren. Gerade die

[21] Vgl. B. G. Kuznecov: Elektrodinamika Maxwella, ee istoki, razvitie i istoričeskoe značenie, in: Trudy Istituta istorii estestvoznanija i techniki, Bd. 5, Moskau 1955, S. 135–180.

große Reichweite der zu lösenden Probleme ist unserer Meinung nach eine Bedingung für die Bildung einer echten wissenschaftlichen Schule. Bei der Wahl von Forschungsrichtungen für seine Schüler vertrat Maxwell das laissez faire-Prinzip: „Ich habe niemals meinen Mitarbeiter von der Absicht abgebracht, das eine oder andere Experiment durchzuführen; wenn er das nicht findet, was er sucht, dann stößt er eben auf etwas anderes."[22]

Dessenungeachtet haben sich alle seine Schüler mit den wichtigsten und zu jener Zeit kardinalen Problemen beschäftigt: Chrystal, Saunders und Schuster befaßten sich mit der Überprüfung des Ohmschen Gesetzes und mit der Festlegung eines Eichmaßes für das Ohm, Glazebrook prüfte an einem zweiachsigen Aragonitkristall die Fresnelsche Form der Wellenoberfläche – das war ein indirekter Beweis für die damals noch nicht anerkannte Maxwellsche elektromagnetische Theorie; Pointing beschäftigte sich mit der Bestimmung der Gravitationskonstante (man kann annehmen, daß diese Untersuchung eine Realisierung der „Herausforderung der Zukunft" der Wissenschaft war und als weiteres Ziel den Aufbau einer einheitlichen Feldtheorie hatte) usw.

Maxwells Schüler entschieden sich bei freier Wahl, jedoch unter seinem großen persönlichen Einfluß für die Untersuchung der kardinalsten physikalischen Probleme, die sowohl durch die Forderungen des Jahrhunderts als auch die Logik der Entwicklung der Wissenschaft selbst gestellt wurden.

Die Auswahl von praktisch und wissenschaftlich wertvollen, interessanten Problemen von großer Reichweite wird damit zu einem charakteristischen Merkmal der Cavendish-Gemeinschaft.

Alle diese Besonderheiten konnten nur durch den persönlichen Kontakt mit dem Leiter, durch die Übernahme seines nichtformalisierbaren Wissens so gründlich entwickelt werden. So beschreibt Horace Lamb, der Maxwells Vorlesungen in Cambridge besuchte, seinen Eindruck davon wie folgt: „Die Vorlesungen über Wärme, später über Elektrizität folgten weitgehend der Darlegung seiner Bücher, die damals im Handel waren. Sie warensehr interessant und für viele von uns angenehm, und zwar nicht so sehr auf Grund des Wesens der dargelegten Materie, das elementar war, als vielmehr auf Grund der glänzenden schnellen Eindrücke, die wir bekamen, wenn wir erkannten, wie seine persönliche Ansicht zu einem Problem aussah, auf Grund seines ständigen Griffs zu den fundamentalen Wissensgrundlagen und sogar seiner humoristischen Improvisationen, der Abschweifungen, der überraschenden satirischen Schlüsse und häufig der literarischen und sogar poetischen Zitate."[23]

Es stellt sich die Frage, ob Maxwells Schüler irgendwelches nichtformali-

[22] J. C. Maxwell: Stat'i i reči, a. a. O., S. 361.

[23] H. Lamb: Maxwell as a Lecturer, in: Clerk Maxwell's Memorial Lectures, a. a. O., S. 144.

sierbares Wissen fundamentalen Charakters von ihm übernommen haben, das auf die Herausbildung ihrer kategorialen Profile, deren Strukturänderung und Erweiterung zueinander Einfluß gehabt hat? Wir möchten hierzu einige Überlegungen äußern. Maxwells Schüler befanden sich, wie wir bereits sagten, in bedeutend günstigeren Bedingungen als die Schüler, die nicht in persönlichem Kontakt zu ihm standen, indem sie bestimmte Ideen von ihm übernehmen und fortführen konnten. Wenn sie sich, an Maxwell wandten, wenn sie im Kontakt mit ihm ihre eigene wissenschaftliche Richtung wählten, wandelten seine Schüler unserer Konzeption zufolge ihre kategorialen Profile um, überführten sie in Kategorien größerer Reichweite und erwarben damit unter seinem Einfluß die Fähigkeit, die Herausforderung der Zukunft der Wissenschaft anzunehmen.

Eine Reihe von Forschern hebt mit Recht die Kontinuität als ein charakteristisches Merkmal einer wissenschaftlichen Schule hervor. Die neue Generation nimmt bei der Ablösung der alten nicht nur die Stafette des Wissens auf. Von nicht minderer Bedeutung sind die von Generation zu Generation weitergegebenen Traditionen einer Schule, insbesondere deren kategoriale Charakteristiken, d. h. die wichtigsten Begriffe, Prinzipien und Probleme, auf denen die betreffende Richtung beruht.

Obwohl Maxwells Schüler sich mit verschiedenen Forschungsproblemen beschäftigten, waren für sie und das aus ihnen bestehende wissenschaftliche Kollektiv viele wissenschaftliche Traditionen maßgebend, die sie unmittelbar von Maxwell übernahmen – die große Reichweite der Forschungsarbeiten, das originelle Herangehen an die Auswahl der Forschungsrichtung, die breite Anwendung von Modellen und Analogien, das „Physikalisieren“, die Berücksichtigung der Logik der Wissenschaftsentwicklung usw.

Aus dieser Sicht muß man die ersten Jahre des Cavendish-Laboratoriums als ein vom wissenschaftswissenschaftlichen Standpunkt aus sehr interessantes Phänomen bewerten. Die durch Maxwell erfolgende „Verteilung“ der wissenschaftlichen Forschungsrichtungen auf seine Schüler mußte wahrscheinlich früher oder später mit zunehmender Erweiterung der Forschungsarbeiten zu einer Berührung und Wechselwirkung der „Interessensphären“ der Forscher, zur produktiven, gemeinschaftlichen schöpferischen Tätigkeit innerhalb des Laboratoriums führen. Jedoch wurde durch den aus verschiedenen Gründen – Maxwells Tod, das Fehlen von freien Stellen im Laboratorium usw. – erfolgenden Zerfall der Gruppe diese gemeinschaftliche schöpferische Tätigkeit seiner Schüler im Rahmen einer einzigen Schule nicht möglich. Dieser Zerfall bewirkte aber eine Verbreitung der entstandenen Traditionen der „Schule Maxwells“ in anderen wissenschaftlichen Kollektiven, in jenen Städten und wissenschaftlichen Einrichtungen, in denen später Maxwells Schüler arbeiteten und eigene wissenschaftliche Schulen begründeten (R. T. Glazebrook, W. N. Shaw, A. Schuster).

So wurde das Cavendish-Laboratorium in den ersten Jahren seiner Existenz unter Maxwells Leitung zu einer „Schule von Schulen“. Zu einer dieser Schulen wurde das Cavendish-Laboratorium, in dem bis heute der Einfluß jener Traditionen stark zu spüren ist, die in den ersten Jahren seiner Existenz begründet wurden.[24]

Die wissenschaftlichen Traditionen, die durch Maxwell geschaffen und von den späteren Direktoren im Cavendish-Laboratorium – J. Rayleigh, J. J. Thomson, E. Rutherford und anderen bedeutenden Forschern – erhalten und weiterentwickelt wurden, sind eines der wichtigsten Merkmale jener Vereinigung von Wissenschaftlern, die später unter der Bezeichnung physikalische Cavendish-Schule Weltberühmtheit erlangt hat.

[24] E. Larsen: Cavendish Laboratory, a. a. O., S. 6.

Aleksandr Nikolaevič Krivomazov

Wissenschaftliche Schulen: Fundamentale Entdeckungen und Fragen des Prestiges

Das hier behandelte Problem gehört zweifellos zu den diffizilsten Problemen, denen sich die Wissenschaft des 20. Jahrhunderts mit ihrem Primat der zentral organisierten und finanzierten Forschungsarbeiten von Kollektiven gegenüber Untersuchungen einzelner, individuell arbeitender Wissenschaftler zu stellen hat. Die Notwendigkeit seiner Behandlung erwächst aus den konkreten Bedingungen der Praxis wissenschaftlicher Forschungsarbeit. In der Tat entstehen unter den gegenwärtigen Bedingungen, wo oft wissenschaftliche Probleme nur in wenigen wissenschaftlichen Zentren, die materiell und intellektuell besser ausgestattet sind als die übrigen, bearbeitet werden können, häufig Situationen, in denen die eine oder andere große Entdeckung nahezu gleichzeitig in zwei oder drei wissenschaftlichen Zentren vorbereitet und ausgeführt wird. Es ist durchaus natürlich, daß die hierbei entstehenden Prioritätsfragen in erster Linie in der Regel die Autoren der Entdeckung selbst und die Leiter der entsprechenden wissenschaftlichen Schulen erregen: In ihrem Briefwechsel, in ihren Vorlesungen und Büchern finden diese Fragen meistens ihre erste Lösung. Danach finden sie gewöhnlich erst Eingang in Lehrbücher und populärwissenschaftliche Literatur. Noch später, wenn nämlich die betreffende Erfindung die vorhandenen wissenschaftlichen Vorstellungen bereits wesentlich vertieft hat und zur Grundlage weiterer Forschungen geworden ist – und damit für ihre Untersuchung eine bestimmte historische Perspektive gegeben ist –, gehen erst die professionellen Wissenschaftshistoriker an die Analyse der Prioritätsfragen der betreffenden Entdeckung.

Zur Analyse von Prioritätsfragen, die um eine bestimmte fundamentale Entdeckung zwischen den Vertretern verschiedener wissenschaftlicher Schulen entstehen, muß man den Prozeß der Ausarbeitung der betreffenden Entdeckung im Zusammenhang mit der Geschichte der Beziehungen der betreffenden wissenschaftlichen Schulen untereinander untersuchen. Von Bedeutung sind insbesondere die Beziehungen, die zwischen den Leitern dieser Schulen bestanden haben, und die Art der Kommunikation ihrer Mitarbeiter. Leider sammeln die Wissenschaftshistoriker in der Regel die wichtigsten Informationen für die Geschichte der Wechselbeziehungen bestimmter wissenschaftlicher Schulen und ihrer einzelnen Vertreter erst viele Jahre –

wenn nicht gar Jahrzehnte – nach der Entdeckung aus der verschiedenartigsten Memoiren- und biographischen Literatur, obgleich hier eine direkte mündliche oder schriftliche Befragung der Wissenschaftler für den Historiker am effektivsten wäre.

Neben der Klärung der Beziehungen zwischen den Repräsentanten der verschiedenen wissenschaftlichen Schulen ist es auch sehr wichtig, den Charakter der Beziehungen – das sog. psychologische Klima – einer jeden Schule zu untersuchen, weil der Leitungsstil und die Arbeitsmethoden in den verschiedenen wissenschaftlichen Zentren häufig so verschieden sind, daß die Wissenschaftshistoriker immer wieder über Einzelfälle verwundert sind, wo ein Wissenschaftler unter völlig verschiedenen, sogar gegensätzlichen Bedingungen dennoch effektiv arbeitet.

Bei der Analyse der Wechselbeziehungen innerhalb einer jeden Schule muß beachtet werden, daß der allgemeine Charakter der Beziehungen in der Regel zwar durch den Leiter dieser Schule diktiert wird, die Breite und Tiefe der inner- und außerschulischen wissenschaftlichen Kontakte jedoch bereits in bedeutendem Maße durch die persönlichen Eigenschaften der Schüler selbst bestimmt werden.

Eine Ausnahme bilden dabei die Schulen mit einer strengen autoritären Leitung, die die Individualität des Schülers nivelliert, was entweder eine Anpassung des letzteren an den Stil des Leiters oder seine allmähliche Isolierung und oft sogar den Ausschluß aus der Schule zur Folge hat, und zwar häufig als Folge von Konfliktsituationen.

Eine der artige Analyse psychologisch interessanter „Schnittpunkte" der inner- und zwischenschulischen Beziehungen ist bei der Entscheidung von Prestigefragen in der Geschichte fundamentaler Entdeckungen stets von Nutzen, obwohl sie natürlich die spezielle wissenschaftshistorische Analyse dieses Problems nur ergänzt und nicht ersetzen kann. Andererseits liefert die Untersuchung der Prestigemotivation der an einer Entdeckung Beteiligten wertvolle, psychologische Informationen. Wenn man die Beziehungen zwischen den Vertretern verschiedener wissenschaftlicher Schulen nach einer von ihnen gemachten Entdeckung untersucht, dann kann man mühelos gewisse Unterschiede in ihren Prestigeansprüchen feststellen. Dabei geben vor allem die Selbsteinschätzungen der eigenen Beiträge durch die einzelnen Forscher wertvolle Hinweise zur Analyse dieser Fragen sowohl für den Historiker wie auch für den Psychologen. Auch darin, ob die Forscher persönlichen Kontakt – durch direkte Begegnung oder durch Briefwechsel – zu ihren „Mitautoren" aus den anderen wissenschaftlichen Schulen suchten oder nicht, zeigen sich Unterschiede. Es ist durchaus verständlich, daß sich der Autor der Erstpublikation einer Entdeckung in solchen Situationen in den günstigsten Prestigebedingungen befindet, jedoch gelingt es diesem häufig nicht, in seiner ersten Publikation sowohl das Wesen des von ihm entdeckten Phänomens als auch die wichtigsten Folgen aus dieser Entdeckung gleichermaßen vollständig darzustellen. Deshalb sind die der Erstpublikation folgenden Veröffentlichungen ebenfalls von hohem wissenschaftlichem Wert. Ihr Erscheinen kann unabhängig voneinander erfolgen oder auch gegenseitig bedingt sein. In ihnen wird meistens die betreffende Entdeckung weiter ausgearbeitet, und ihr Wert kann als direkt proportional der Menge neuer Informationen und als umgekehrt proportional der Anzahl von Wiederholungen angesehen werden. Dementsprechend stellen die Autoren dieser Arbeiten auch Prestigeansprüche hinsichtlich ihres Beitrages zur Entwicklung der betreffenden Entdeckung, obwohl die moralische Begründung dieser Ansprüche um so geringer ist, je weiter diese Arbeit zeitlich von der Erstpublikation entfernt ist. Die Erstpublikation muß die wichtigsten und demzufolge bestimmenden Seiten des entdeckten Phänomens erfassen. Wird die Erscheinung aber nur teilweise erfaßt, dann muß eine solche Publikation zur Vorgeschichte der Entdeckung gerechnet werden.

Die genaue Bestimmung der Erstpublikation und die sorgfältige Analyse der Beiträge zur weiteren Ausarbeitung einer Entdeckung interessiert jedoch in dieser Exaktheit vor allem den Historiker. Den Psychologen dagegen interessieren in Situationen zwischenschulischer Prestigekonflikte in der Hauptsache die Analyse der Motivationen von Vertretern verschiedener Schulen, der Prozeß des Heranreifens von zwischenmenschlichen oder zwischenschulischen Konflikten und die psychologischen Mechanismen für dessen Lösung. Offensichtlich ist die Prestigemotivation jene verborgene Haupttriebkraft, die die Entstehung von Prioritätskonflikten bewirkt. Eine natürliche Erklärung kann man in dem hohen sozialen Wert, als „Erstentdecker", „Erfinder" zu gelten, sehen. So hebt M. G. Jaroševskij hervor: „Eine der stärksten Triebkräfte zur schöpferischen Tätigkeit ist das Streben nach persönlichem Erfolg bei der Aneignung der Naturgeheimnisse. Seit der Zeit der altgriechischen Weisen stellte die Anerkennung der Priorität an einer wissenschaftlichen Entdeckung für das betreffende Individuum den höchsten Lohn dar."[1]

Prioritätskonflikte zwischen Schulen entstehen offenbar dann, wenn eine Schule ihre Ergebnisse veröffentlicht hat, während die anderen Beteiligten aus verschiedenen Gründen ihre Ergebnisse noch nicht bekanntgegeben haben. Nach dem Erscheinen der „letzten" Publikation ist der Prioritätskonflikt bereits entstanden, und der Mechanismus für die Lösung des Konflikts tritt in Funktion. Wie in jedem Konflikt lassen sich hier die Beteiligten in der Regel von sich gegenseitig ausschließenden Motiven leiten: Die Autoren der Erstpublikationen beweisen, daß das erörterte Problem von ihnen hinreichend vollständig dargestellt wurde und das Erscheinen der anschließenden Veröffentlichungen nicht notwendig war und die Spuren einer offen-

[1] M. G. Jaroševskij: Psichologičeskie aspekty organizacii naučnych kollektivov, in: Problemy dejatel'nosti učenogo i naučnych kollektivov, Leningrad 1968, S. 110.

sichtlichen Entlehnung tragen. Die Autoren der nachfolgenden Publikationen bestehen auf der Unabhängigkeit ihrer Untersuchungen und weisen auf die Unvollkommenheit der Ergebnisse der vorhergehenden Autoren hin.

Der Mechanismus für die Lösung des Konflikts läßt sich anfangs darauf reduzieren, optimale Varianten für das moralische Verhalten aller „Mitautoren" der betreffenden Entdeckung zu suchen. Hierbei werden wir unter dem Mechanismus für die Lösung des Konflikts die Gesamtheit der sozial bedeutsamen Traditionen und Meinungen verstehen, zu denen der eine oder andere „Mitautor" der Entdeckung greift. Es ist natürlich, daß in einem Prioritätskonflikt zwischen den Schulen die Meinung des Leiters einer Schule besondere Bedeutung besitzt, und nicht selten ist gerade diese Meinung bestimmend bei der Herausbildung des in diesem Konflikt sowohl vom „Mitautor" als auch von der Schule insgesamt vertretenen Standpunktes.

Als Beispiel für die psychologischen Mechanismen der Entstehung und Lösung eines Prioritätskonflikts zwischen Schulen wird nachstehend die dramatische Situation analysiert, die im Januar – Februar 1913 entstanden war, als nacheinander vier Aufsätze zur Frage nach der Stellung der radioaktiven Elemente im periodischen System veröffentlicht wurden.[2] Diese vier Arbeiten führten zur Entdeckung der Isotopie und der damit untrennbar verbundenen Entdeckung der Regeln, später des Gesetzes, der radioaktiven Verschiebungen (Verschiebungssätze), in deren Ergebnis das Wesen der Nichtganzzahligkeit der Atomgewichte der Elemente verständlich wurde und das Periodische Gesetz von Mendeleev seine erste Erklärung fand, die Anordnung der bekannten radioaktiven Elemente im „periodischen System" erfolgte und neue vorausgesagt und entdeckt wurden. Obgleich diese Entdeckungen ihrer wissenschaftlichen Bedeutung nach mit Recht zu den fundamentalsten Entdeckungen der Naturwissenschaft des 20. Jahrhunderts gerechnet werden können, fehlen in der Literatur bisher Arbeiten, in denen die psychologischen Aspekte des Prestigekonflikts in der Geschichte dieser Entdeckung analysiert worden wären.

[2] G. v. Hevesy: Die Valenz der Radioelemente, in: Physikalische Zeitschrift, Bd. 14, 1913, S. 49–62;
A. S. Russel: The Periodic System and the Radioelemente, in: Chemical News, Bd. 107, 1913, S. 49–52;
K. Fajans: Über eine Beziehung zwischen der Art einer radioaktiven Umwandlung und dem elektrochemischen Verhalten der betreffenden Radioelemente, in: Physikalische Zeitschrift, Bd. 14, 1913, S. 131–136;
K. Fajans: Die Stellung der Radioelemente im Periodischen System, in: Physikalische Zeitschrift, Bd. 14, 1913, S. 136–142;
F. Soddy: The Radioelements and the Periodic Law, in: Chemical News, Bd. 107, 19 13, S. 97–99.

Zu den an der Entdeckung beteiligten wissenschaftlichen Schulen

Zum Zeitpunkt der Veröffentlichung dieser Aufsätze vertraten die „Autoren" der genannten Entdeckung objektiv die Interessen von drei verschiedenen wissenschaftlichen Schulen. So führte der Autor des ersten der oben erwähnten vier Aufsätze, er wurde am 15. Januar 1913 veröffentlicht – Georg Hevesy –, seine Untersuchung im Laboratorium Rutherfords in Manchester durch; der Autor der zweiten Arbeit, sie wurde am 31. Januar veröffentlicht – Alexander Smith Russel –, führte ebenfalls seine Untersuchung im Rutherfordschen Laboratorium durch; der Autor der dritten Publikation, sie wurde am 15. Februar veröffentlicht[3] – Kasimir Fajans –, nahm seine Untersuchung an der Technischen Hochschule Karlsruhe vor; der Autor des vierten Beitrages, er wurde am 28. Februar veröffentlicht – Frederic Soddy –, führte seine Untersuchung im Laboratorium für physikalische Chemie der Universität Glasgow durch.

Wenn man die Entstehungsgeschichte dieser Schulen betrachtet, muß man betonen, daß, wenn sich auch Rutherford bereits im Jahre 1898 mit dem Studium der Radioaktivität beschäftigte, das Entstehen seiner Schule offensichtlich auf die Jahre 1903–1904 bezogen werden muß. Soddys erste Bekanntschaft mit den Untersuchungen über die Radioaktivität erfolgte während der Zusammenarbeit mit Rutherford im Jahre 1901 bis 1903. Danach arbeitete Soddy von 1903 bis 1904 gemeinsam mit W. Ramsay an Untersuchungen zur Radioaktivität. Im Jahre 1904 erhielt er das Laboratorium für physikalische Chemie an der Universität Glasgow. Diese eigentliche Arbeit begann er jedoch zunächst mit wenigen Schülern erst im Jahre 1908. K. Fajans machte sich erstmalig im Jahre 1909 mit der Rutherfordschen Vorlesungsreihe über Radioaktivität vertraut. Danach absolvierte er im Jahre 1910/1911 ein Praktikum im Rutherfordschen Laboratorium an der Viktorianischen Universität in Manchester und begann Ende 1911 an der Technischen Hochschule Karlsruhe zu arbeiten. 1912–1913 leitete er hier bereits eine Gruppe von drei Schülern, die sich mit dem Studium der radioaktiven Elemente beschäftigten. Somit kann man die Schulen von Soddy und Fajans mit einer gewissen Näherung als periphere Abzweigungen der zentralen „Mutterschule" Rutherfords betrachten. Hierbei beruhten die äußeren Beziehungen zwischen den Laboratorien Rutherfords und Soddys lediglich auf dem Briefwechsel der beiden letztgenannten.[4] Im Studienjahr 1912–1913

[3] Die beiden in Fußnote 2 erwähnten Aufsätze von K. Fajans hängen gedanklich eng miteinander zusammen, sie folgen in der Zeitschrift aufeinander, und man kann sie offensichtlich hinreichend begründet als eine Publikation ansehen, die aus zwei Teilen besteht.

[4] Der Autor möchte die Gelegenheit benutzen, Mr. A. E. B. Owen (Bibliothek der Universität Cambridge, England), der mir liebenswürdigerweise Fotokopien der Sammlung des Briefwechsels zwischen Rutherford und Soddy,

absolvierte S. Russel, ein früherer Schüler Soddys, ein Praktikum im Laboratorium von Rutherford. Da Russel Kontakte zu Soddy unterhielt, kannte er viele Ergebnisse der Forschungsarbeit des Soddyschen Laboratoriums bereits vor ihrer Veröffentlichung. Wir werden nachstehend zeigen, daß ein Teil dieser Ergebnisse wahrscheinlich über Russel zu anderen Mitarbeitern des Rutherfordschen Laboratoriums „hinübergeflossen" ist.

Die Beziehungen zwischen den Laboratorien von Rutherford und Fajans waren enger. So unterhielt Fajans nicht nur mit Rutherford, sondern auch mit seinen früheren Kollegen aus diesem Laboratorium – G. N. Antonov, G. v. Hevesy u. a. – Briefwechsel.[5]

Irgendwelche wissenschaftlichen Verbindungen zwischen den Laboratorien von Soddy und Fajans gab es während dieser und der folgenden Zeit nicht.

Wenn man die Beziehungen innerhalb der Schulen von Rutherford und Soddy einschätzt, kann hervorgehoben werden, daß das „psychologische Klima" in Rutherfords Laboratorium freier war – man gab den Schülern größere schöpferische Freiheit (insbesondere wurden gemeinsame Arbeiten der Schüler an verwandten Problemen angeregt), und die Bevormundung war weniger ausgeprägt als im Laboratorium von Soddy.

Einige Bemerkungen zur Vorgeschichte der Entdeckung der Isotopie

Wenn man Prioritätsfragen einer Entdeckung beurteilen will, muß man immer ihre Vorgeschichte kennen. Die wichtigsten Ereignisse in der Vorgeschichte der Entdeckung der Isotopie und des Gesetzes der radioaktiven Verschiebungen waren die Entdeckung der Radioaktivität und der Radioelemente, das Studium der Chemie der Radioelemente und die Sammlung von Angaben über die Struktur der radioaktiven Reihen.[6] Die wichtigste

die an der Universität Cambridge aufbewahrt werden, geschickt hat, seinen Dank auszusprechen.

[5] Private Mitteilung von K. Fajans vom 9. Mai 1973 an den Autor.

[6] Unter den Erfolgen dieser Periode waren die im Jahre 1909 veröffentlichten Arbeiten von D. Strömholm und T. Svedberg am wichtigsten, die erstmalig die Ideen von der Notwendigkeit der Anordnung mehrerer Radioelemente an einer Stelle des periodischen Systems herausstellten und die Idee von der Existenz chemisch unteilbarer Elemente mit verschiedenen Atomgewichten (eine geistige Vorwegnahme der Isotopie) auf das gesamte periodische System ausdehnten. Ende 1909 nahm der englische Chemiker A. T. Cameron die Existenz eines Zusammenhangs zwischen der Veränderung der chemischen Eigenschaften der Radioelemente und dem Typ ihres radioaktiven Zerfalls an und legte erste (zutiefst spekulative) Regeln der radioaktiven Verschiebung vor. Diese Arbeiten lösten jedoch eine ungenügende wissenschaftliche Resonanz aus, und ihre Autoren setzten im folgenden ihre Untersuchungen nicht

Zusammenfassung der gesammelten Daten enthielt die im Jahre 1911 herausgegebene „Chemie der Radioelemente“ von Soddy. Darin wurden die Angaben über die Chemie der Radioelemente systematisiert und auch der Versuch unternommen, die Fragmente der radioaktiven Reihen auf dem Hintergund des periodischen Systems zu betrachten,wobei Soddy auch auf den Zusammenhang zwischen der Alphastrahlung und den Charakter der anschließenden Veränderung der chemischen Eigenschaften des Radioelements hinwies. Seine Formulierung, die später als „Alpha-Regel von Soddy“ bezeichnet wurde, war jedoch noch ungenau – „Der Verlust eines Heliumatoms oder eines Alphateilchens bedingt offensichtlich die Umwandlung des Elements nicht in ein Element, der am nächsten benachbarten Gruppe, sondern in ein Element der Gruppe, die sich in einer Reihe mit ihr befindet“[7] – und bedurfte deshalb einer Präzisierung. Da Soddy in der genannten Arbeit nicht auf den Zusammenhang zwischen der Betastrahlung und der anschließenden Veränderung der chemischen Eigenschaften des Radioelements hingewiesen hatte, d. h., in seiner Arbeit wurden die chemischen Folgen des radioaktiven Zerfalls nur teilweise behandelt, wäre es methodologisch falsch, die genannte Arbeit von Soddy als „Erstpublikation“ in der Reihe der Arbeiten anzusehen, die der Entdeckung des Gesetzes der radioaktiven Verschiebungen gewidmet sind. Im Gegenteil, auf der Grundlage des insgesamt verallgemeinernden Charakters des Buches von Soddy, kann man es als die letzte laufende Publikation ansehen, die die unmittelbare Vorgeschichte der Entdeckung des Gesetzes der radioaktiven Verschiebungen und der Isotopie abschließt. Gerade nach Erscheinen des genannten Buches beginnt eine neue Periode im Studium der Chemie der Radioelemente. Gleichzeitig ist es vom Standpunkt des dialektischen Materialismus aus anzunehmen, daß diese, die bisherigen Erkenntnisse zusammenfassende Arbeit, in sich die Keime künftiger Entdeckungen enthalten konnte.

Im Jahre 1911 schlug Soddy seinem Demonstrator A. Fleck vor, eine sorgfältige Untersuchung der chemischen Eigenschaften der Radioelemente durchzuführen und vor allem festzustellen, welche Radioelemente gerade chemisch nicht trennbare Gemische bilden.[8] Flecks Untersuchung erstreckte sich über mehrere Jahre, und im Jahre 1912 waren lediglich einige seiner Ergebnisse zweimal in wissenschaftlichen Zeitschriften veröffentlicht worden. Der

fort. Deshalb ist ihr Beitrag dem Wesen der Sache nach zur Vorgeschichte, aber nicht der Geschichte der genannten Entdeckung zuzurechnen.
Vgl. dazu: A. N. Krivomazov: K istorii otkrytija javlenija isotopii i formulirovki pravila sdviga, in: Učenie o radioaktivnosti, Istorija i sovremennost’, Moskau 1973, S. 155–171.

7 Vgl. F. Soddy: The Chemistry of the Radioelements, London 1911.

8 Vgl. A. Fleck: Early Work in the Radioactive Elements, in: Proceedings of the Chemical Society, London 1963.

Soddyschen Nobel-Vorlesung[9] zufolge, hat Soddy seine theoretischen Annahmen nicht mit Fleck diskutiert, da er fürchtete, einen indirekten Einfluß auf Flecks Ergebnisse auszuüben. Fleck selbst beging in der Beschreibung der chemischen Eigenschaften der von ihm untersuchten Radioelemente keinen einzigen Fehler. Zu jener Zeit war ein großer Teil von Flecks Ergebnissen, welche als Basismaterial für die Anordnung der Radioelemente im Periodensystem eine außerordentlich wichtige Bedeutung besaß, Russel bekannt.

Hinsichtlich der Untersuchung der inner- und außerschulischen Kontakte ist es interessant und wichtig, hier die Frage zu stellen: Wann wurden denn Flecks Ergebnisse Russel bekannt? Russel selbst betonte in seinem Aufsatz, daß „Flecks Ergebnisse, die sich bei der Überprüfung des Wertes meiner Sätze (der radioaktiven Verschiebung – d. A.) als so überaus nützlich erwiesen haben, von ihm völlig unabhängig von meiner Arbeit gewonnen wurden, und meine Sätze wurden von mir gefunden, bevor ich mich mit seinen Ergebnissen vertraut gemacht hatte".[10] Hinzu kommt noch, daß der Aufsatz Russels im August 1912 geschrieben, und erst am 15. Januar 1913 aus dem Rutherfordschen Laboratorium zur Veröffentlichung abgeschickt wurde. Im September machte Russel Rutherford mit seinem Aufsatz bekannt, und im Oktober tauschte er mit Soddy Briefe aus, die aber leider nicht erhalten sind.[11]

Wenn man annimmt, daß Russel in seinem Brief über seine Regeln und Soddy in Beantwortung dieses Briefes über Flecks Ergebnisse berichtet hat – nur in einer solchen Reihenfolge der Ereignisse konnte Russel die Unabhängigkeit seiner Regeln von den Ergebnissen Flecks behaupten –, dann kann die Bekanntschaft Russels mit Flecks Ergebnissen mit einem hinreichenden Bestätigungsgrad auf Oktober–November 1912 datiert werden.

Außer Russel untersuchten in Rutherfords Laboratorium im Jahre 1912 auch N. Bohr und G. v. Hevesy das Problem der Stellung der Radioelemente im periodischen System. Über Bohrs Arbeit in dieser Periode kann man an Hand seiner eigenen Erinnerungen urteilen. Er schrieb dazu: „Wenn man die

[9] F. Soddy: The Origion of the Conception of Isotopes, Nobelpaper, Stockholm (12. Dezember 1922), in: Nobel Lectures Chemistry (1901–1921), Amsterdam/London/New York 1966.

[10] A. S. Russel: The Periodic System and the Radioelements, a. a. O., S. 52.

[11] So betont T. J. Trenn (Private Mitteilung von T. J. Trenn vom 1. Februar 1974 an den Autor), daß keine Spur dieser Briefe von ihm entdeckt wurde. L. L. Pasternak-Slater (Private Mitteilung von L. L. Pasternak-Slater vom 11. März 1974 an den Autor) weist darauf hin, daß sie mit der Witwe Russels über diese Briefe gesprochen hätten. Sie befanden sich jedoch nicht in Russels Archiv. Auch Prof. M. Gowing (Private Mitteilung M. Gowing vom 25. März 1974 an den Autor) konstatiert, daß diese Briefe im Zentralkatalog der Archive von Russel, Soddy und Fleck nicht genannt werden.

Erklärung des radioaktiven Zerfalls in den Besonderheiten des Kernaufbaus suchen müßte, dann ist es offensichtlich, daß die gewöhnlichen physikalischen und chemischen Charakteristiken der Elemente die Eigenschaften der den Kern umgebenden Elektronensysteme widerspiegeln. Von Anfang an war klar, daß der Aufbau des Elektronensystems dank der großen Masse des Kerns und seiner geringen Ausdehnung im Raum im Vergleich zu den Abmessungen des gesamten Atoms fast ausschließlich von der vollen elektrischen Kernladung abhängen muß. Solche Überlegungen brachten mich sofort auf den Gedanken, daß die Gesamtheit der physikalischen und chemischen Eigenschaften eines jeden Elements durch eine einzige ganze Zahl bestimmt werden kann. Jetzt ist es allen bekannt, daß diese Zahl die Atomzahl ist, die die Kernladung in Form eines ganzen Vielfachen der elektrischen Elementarladung ausdrückt.

Bei der Weiterentwicklung dieser Ansichten erhielt ich in den Gesprächen mit George Hevesy eine bedeutende Unterstützung, der sich innerhalb der gesamten Gruppe in Manchester durch seine ungewöhnlich umfassenden Kenntnisse in der Chemie hervortat.

Meine Ansichten nahmen unter dem Einfluß der Gespräche mit Hevesy eine bestimmtere Form an. . . Und als ich erkannte, daß die Gesamtzahl der bereits entdeckten, stabilen und instabilen, Elemente die Zahl der Stellen in der berühmten Tabelle von Mendelejew übersteigt, kam es mir in den Kopf, daß jene chemisch untrennbaren Stoffe, auf deren Existenz Soddy kürzlich die Aufmerksamkeit lenkte und die später von ihm als Isotope bezeichnet wurden, ein und dieselbe Kernladung besitzen und sich lediglich durch die Masse und die Besonderheiten des Kernaufbaus unterscheiden. Daraus folgte unmittelbar, daß beim radioaktiven Zerfall eines Elements völlig unabhängig von irgendwelchen Veränderungen seines Atomgewichts seine Verschiebung in der Mendelejewschen Tabelle um zwei Felder nach links oder um ein Feld nach rechts je nach Verringerung oder Vergrößerung der Kernladung erfolgt, die von einer Alpha- oder Betastrahlung begleitet ist.

Als ich mich an Rutherford wandte, um seine Meinung hinsichtlich dieser Gedanken zu erfahren, äußerte er, wie immer, ein lebhaftes Interesse an so einfachen und verlockenden Annahmen, warnte jedoch mit der für ihn charakteristischen Vorsichtigkeit vor einem übermäßigen Vertrauen zum Atommodell und vor der Gefahr einer Extrapolation der relativ bescheidenen experimentellen Daten. Nichtsdestoweniger entstanden diese Gedanken offensichtlich aus verschiedenen Anlässen erneut und wurden in der Gruppe in Manchester lebhaft diskutiert. Die experimentellen Ergebnisse zu ihren Gunsten wuchsen schnell, besonders durch die chemischen Untersuchungen Hevesys und auch Russels."[12]

[12] N. Bohr: Reminescences of the Founder of Nuclear Science and some Developments Based on his Work, in: Proceedings of the Physical Society, Bd. 78, 1961, S. 1083–1111.

Da die Angaben der Bohrschen Erinnerungen von ihm mehrere Jahrzehnte nach der betrachteten Periode gemacht wurden, kann natürlich Zweifel an ihrer Zuverlässigkeit entstehen. Um den Zuverlässigkeitsgrad dieser Erinnerungen einzuschätzen, wandte sich der Autor an den einzigen lebenden Wissenschaftler, James Chadwick (gestorben 24. 8. 1974), der von 1912–1913 in Rutherfords Laboratorium gearbeitet und die beschriebenen Ereignisse direkt beobachtet hat, mit der Bitte, diese Stelle aus Bohrs Erinnerungen zu kommentieren.[13] Die Zurückhaltung Rutherfords war offensichtlich noch durch andere Faktoren bestimmt.[14]

Während es hierbei Bohr nicht gelang, seinen Artikel zu der genannten Frage im Jahre 1912 zu veröffentlichen, schloß G. v. Hevesy seine Untersuchung im Oktober 1912 ab, jedoch wurde dieser Aufsatz erst am 15. Dezember 1912 zur Veröffentlichung angenommen.

Russel und v. Hevesy erörterten das Problem der Stellung der Radioelemente im periodischen System vor der Veröffentlichung ihrer Aufsätze untereinander. So gibt es in Hevesys Aufsatz einen Hinweis auf eine private Mitteilung Russels an ihn über die chemischen Eigenschaften der B-Glieder der radioaktiven Reihen. In ihren Aufsätzen legten beide Autoren noch unvollkommene radioaktive Verschiebungssätze vor, die beide Strahlungstypen betreffen. Und beide Autoren begingen auch bei der Anordnung der Radioelemente im periodischen System Fehler. Infolgedessen erscheint es gerechtfertigt, Hevesys Aufsatz, der zuerst veröffentlicht wurde, als „Erstpublikation" zu betrachten.

Die meisten dieser Mängel waren in der aus zwei Originalteilen bestehenden Publikation von Fajans, die am 31. Dezember 1912 bei der Redaktion einging, nicht enthalten. In dieser Arbeit verwendete Fajans in der Hauptsache die Materialien des Soddyschen Buches „Chemie der Radioelemente". Mit großer Vollständigkeit begründete er streng methodisch die Verschiebungsrichtungen der Radioelemente im periodischen System im Ergebnis des Alpha- und Betazerfalls und formulierte, nachdem er die Anordnung der Radioelemente im periodischen System beschrieben hatte, die radioaktiven Verschiebungssätze in ihrer kanonischen Form. Sein einziger großer Fehler

[13] In dem Brief von J. Chadwick vom 7. Januar 1974 an den Autor heißt es zu diesem Problem: „. . . ich bin sicher, daß das, was Niels Bohr gesagt oder geschrieben hat, korrekt war . . . Und ich glaube, obgleich ich nicht ganz sicher sein kann, daß er einer der wenigen Menschen gewesen ist, vielleicht der einzige, derer kannt hatte, daß der wesentliche Punkt der Veränderung in den chemischen Eigenschaften der radioaktiven Elemente voll und ganz auf die Veränderung in der Kernladung zurückzuführen war, die von der Emission eines Alpha- oder Betateilchens verursacht wurde".

[14] Vgl. T. J. Trenn: The Geiger-Marsden results and Rutherford's atom, july 1912 to july 1913: the shifting significance of scientifc evidence, in: Isis, H. 226, S. 74–82.

war die Einbeziehung je eines alkalischen Radioelements in jede radioaktive Reihe, deren Existenz seinen radioaktiven Verschiebungssätzen widersprach.[15]

Soddy gab seinen Artikel am 18. Februar 1913 in Druck, d. h., nachdem er sich mit der Arbeit von Fajans vertraut gemacht hatte. Hierbei versuchte er, in seinem Aufsatz die Vorzüge der Arbeit von Fajans bis zu einem gewissen Grade zu nivellieren, indem er in korrigierter, modernisierter Form seine und die Russelsche Formulierung der radioaktiven Verschiebungssätze veränderte, um zu zeigen, daß dieses Problem vor Fajans gelöst worden war, und dadurch die Neuheit der Schlußfolgerungen des letzteren in den Augen der wissenschaftlichen Öffentlichkeit etwas herabzusetzen. Im Zusammenhang damit muß erwähnt werden, daß Soddy am 18. Februar 1913 zwei nahezu identische Varianten seines Aufsatzes an eine englische[16] und eine deutsche[17] wissenschaftliche Zeitschrift geschickt hat. Der Unterschied bestand darin, daß in der englischen Variante die früheren Formulierungen der Sätze von Russel und Soddy modernisiert waren, während in der deutschen Fassung, die ungefähr im Juni 1913 veröffentlicht wurde, lediglich die „Alpha-Regel von Soddy" einer Modernisierung unterzogen und die Russelsche Formulierung von Soddy unter Beibehaltung ihrer Fehlerhaftigkeit wiederholt wurde. Offensichtlich war dieser Unterschied durch die bewußte Orientierung Soddys auf die unterschiedliche Informiertheit der englischen und deutschen Leser hervorgerufen worden, um Vorstellungen über die „nationale Priorität" zu wecken.

Hinsichtlich der radioaktiven Verschiebungssätze enthielt Soddys Aufsatz objektiv bereits keinerlei neue Informationen mehr im Vergleich zur Publikation von Fajans.

Der Konflikt zwischen den Schulen und die Prestigemotivation der an der Entdeckung beteiligten Autoren

Zu Beginn der Untersuchung der Geschichte der Entdeckung der Isotopie entsteht die Frage, warum Russels Aufsatz, den er im August 1912 geschrieben hatte, ein halbes Jahr unberührt lag und dann Mitte Januar 1913 plötzlich eilig an die Presse geschickt wurde. Welche verborgenen „psychologischen" Motive innerhalb der Rutherfordschen Schule haben auf den Verlauf der Ereignisse einen Einfluß ausgeübt und die Situation kompliziert?

Es stellt sich heraus, daß durch die Kontakte innerhalb und außerhalb dieser Schulen, Informationen von einem Forscher zum anderen und aus einer

15 Vgl. K. Fajans, a. a. O.

16 F. Soddy: The Radioelements and the Periodic Law, a. a. O.

17 F. Soddy: Die Radioelemente und das periodische Gesetz, in: Jahrbuch der Radioaktivität und Elektronik, Bd. 10, 1913, S. 188–197.

Schule in die andere gelangten. Hierbei verlief der Informationsaustausch innerhalb der Rutherfordschen Schule und zwischen den Schulen von Rutherford und Fajans am intensivsten (vgl. Abbildung 1).

Wir haben bereits den innerhalb der Schule Rutherfords stattgefundenen Informationsaustausch zwischen Russel und Hevesy sowie zwischen Bohr und Hevesy erwähnt. Der Informationsaustausch zwischen den Schulen von

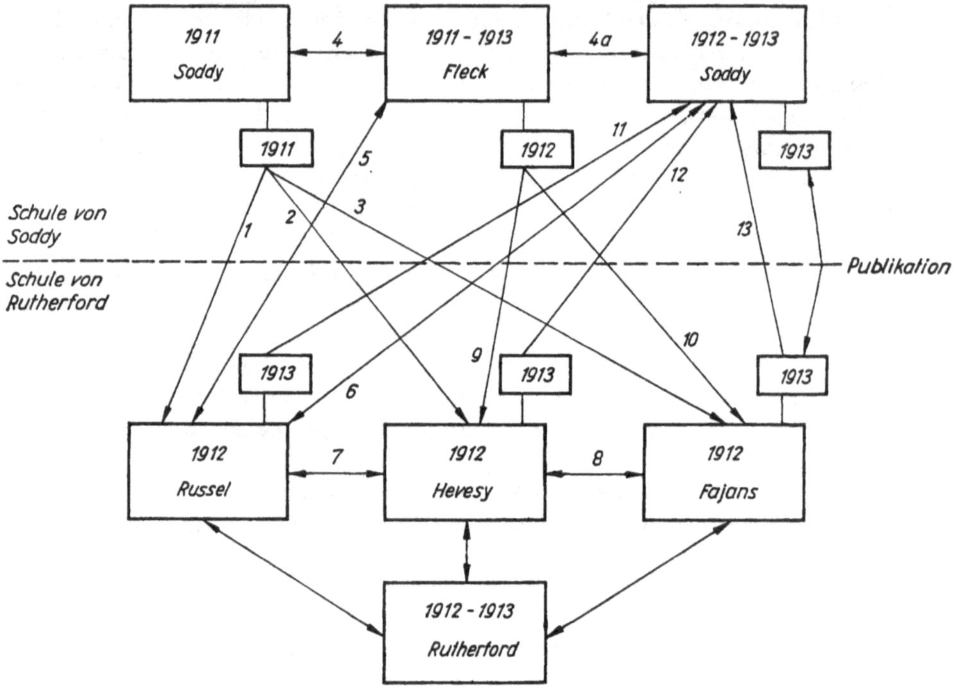

Abb. 1. Darstellung der Informationsbeziehungen der an der Aufdeckung des radioaktiven Verschiebungssatzes beteiligten Personen.

A. S. Russel verbrachte von 1908 bis 1911 ein wissenschaftliches Praktikum im Laboratorium von Soddy (darauf verweist die Linie 5 und 6 der Abbildung 1). K. Fajans verbrachte von 1910–1911 ein wissenschaftliches Praktikum im Laboratorium von Rutherford (darauf verweist die Linie 8).

Rutherford und Fajans vollzog sich ebenfalls unter Vermittlung von Hevesy, der sich Ende 1912 auf der Durchreise in Karlsruhe aufhielt und mit Fajans zusammentraf. Sie sprachen über das Problem der Anordnung der Radioelemente im periodischen System, wobei Hevesy nicht nur über seine eigenen Ergebnisse, sondern auch über die von Russel sprach. Was nun Hevesy Fajans im einzelnen übermittelte, kann nicht mehr genau festgestellt werden.

Die Erinnerungen der an der Entdeckung beteiligten Autoren über den Inhalt dieser Gespräche sind widersprüchlich. So berichtete Russel, dem Soddy offensichtlich völlig vertraulich von den wichtigsten Ergebnissen Flecks Mitteilung gemacht hatte, Hevesy darüber und blieb dann bis zu seinem Lebensende der Überzeugung, daß über Hevesy die experimentellen Beweise Flecks zu Fajans gelangt seien.[18] Andererseits erinnert sich Fajans an sein Gespräch mit Hevesy im November–Dezember 1912 so: „Hevesy war der erste Radiochemiker, dem ich bei seinem Besuch in Karlsruhe – er war auf dem Wege von Budapest nach England – mitteilte, daß ich vor einigen Tagen, nämlich am 23. November 1912 während der Premiere der Wagner-Oper „Tristan und Isolde“ fand, daß sich nach der Alpha-Umwandlung ein elektrochemisch weniger edles und nach der Beta-Umwandlung ein elektrochemisch edleres Radioelement bildet. Hevesy antwortete, daß Russel ebenfalls die chemischen Veränderungen nach den Umwandlungen betrachtet habe und er zu der Schlußfolgerung gelangt sei, daß nach beiden Zerfallsarten eine Verschiebung im Periodischen System sowohl nach links als auch nach rechts vor sich gehen könne.

Hevesy berichtete den Kollegen in Manchester von unserem Gespräch, und Rutherford riet Russel, seinen Artikel unverzüglich zu veröffentlichen. Was folgte, ist allgemein bekannt.“[19]

Nach diesem Ausschnitt aus den Erinnerungen von Fajans zu urteilen, hat er Hevesy nicht die vollständige und endgültige Formulierung seiner Regeln der radioaktiven Verschiebung mitgeteilt, folglich konnte Hevesy sie auch nicht an Russel weitergeben. Somit übte die Konzeption von Fajans keinen Einfluß auf Russels Konzeption aus. Es ist auch offensichtlich, daß die weniger vollkommene Russelsche Konzeption keinerlei ernsthaften Einfluß auf Fajans Ideen von der Verschiebung der Radioelemente im periodischen System ausüben konnte, obgleich Russel gerade auf dem Gegenteil beharrte. Man kann daher annehmen, daß Russel und offensichtlich auch Fajans ihre Ideen von Anfang bis Ende selbständig entwickelt haben. Jedoch kann man dies über die sehr widersprüchliche Publikation von Hevesy nicht sagen, obwohl es wahrscheinlich auch unbegründet wäre, eindeutig den einen oder anderen Einfluß von Russels oder Fajans Konzeptionen auf ihn zu behaupten.

Die verhältnismäßig späte Publikation von Soddy in der Presse, in der keine wesentlich neuen Informationen zu der betreffenden Frage enthalten waren und deren tatsächliche Geschichte von Soddy grob entstellt wurde, hat Prioritätseinwände von seiten Fajans hervorgerufen. In seinem Brief an Rutherford vom 4. März 1913 schrieb er: „Es ist sehr schade, daß ein sehr unerfreulicher Zwischenfall mit diesen Fragen zusammenhängt. Ich denke an Soddys Publikationen in ‚Chemical News‘ vom 28. Februar. Dieser Auf-

[18] Private Mitteilung von T. J. Trenn vom 1. Februar 1974 an den Autor.
[19] Private Mitteilung von K. Fajans vom 9. Mai 1973 an den Autor.

satz wurde abgeschickt, nachdem der Autor meine eigene Arbeit in der ‚Physikalischen Zeitschrift‘ gelesen hatte. Seine Arbeit enthält jedoch keine neuen wichtigen Schlußfolgerungen, zu denen ich noch nicht in meinem Aufsatz gelangt wäre. Eine solche Prozedur ist meiner Meinung nach unter keinen Umständen zu tolerieren. Selbst wenn Soddy seine Ergebnisse viel früher erzielt hätte, hätte er kaum irgendein Recht gehabt, diese zu veröffentlichen.“[20]

Der grundlegende Punkt der Ansprüche von Fajans in diesem Brief an Rutherford bestand darin, daß Soddy zum Zeitpunkt der Veröffentlichung des Fleckschen Aufsatzes keine Informationen über die Stellung der A-Glieder des Thoriums D im periodischen System angab, d. h. unmittelbar vor dem Erscheinen des Aufsatzes von Fajans. Wie bereits erwähnt, wurden diese Radioelemente vorher von Hevesy und Russel im periodischen System falsch angeordnet. Man muß jedoch offensichtlich betonen, daß Fajans den Inhalt des Fleckschen Aufsatzes[21] nicht exakt übermittelte, denn Fleck ließ, wie Fajans schrieb, die Frage nach der chemischen Natur des Thorium D offen und sah in der Übereinstimmung der chemischen Eigenschaften des Thorium D und des Quecksilbers nichts besonderes.

Man hätte das Erscheinen des Soddyschen Aufsatzes nicht ernst zu nehmen brauchen, wenn Soddy in der Radiochemie jener Jahre unbedeutend gewesen wäre. Soddy besaß aber ein bedeutendes wissenschaftliches Ansehen, und in dem Prioritätskonflikt zwischen der Fajansschen und Soddyschen Schule sah die Lage der Soddyschen Schule äußerlich stabiler aus. Deshalb kann man die Tatsache, daß sich Fajans an Rutherford wandte, vom Standpunkt des Prioritätskonflikts zwischen den Schulen aus gesehen, dadurch erklären, daß Fajans in diesem Konflikt als Schüler Rutherfords auftreten wollte. In diesem Falle ging der Prioritätskonflikt „Russel – Fajans“ aus einem Konflikt zwischen den Schulen in einen innerschulischen gleicher Größenordnung über, wie der Konflikt „Russel – Hevesy“, und der Konflikt zwischen den Schulen von Fajans und Soddy wurde zu einem Konflikt zwischen den Schulen von Rutherford und Soddy. In diesem Falle besaß jedoch die Soddysche Schule im Vergleich zur Schule von Rutherford äußerlich bereits weniger Gewicht.

In dieser Situation war es für Soddy sehr wichtig, sich der Unterstützung des einflußreichen Rutherford zu versichern. Deshalb überraschte es nicht, daß Soddy zwei Tage später als Fajans ebenfalls einen entsprechenden Brief an Rutherford schickte. Aus diesem Brief geht hervor, daß Soddy die Berechtigung für seine Ansprüche hauptsächlich daraus ableitete, daß er dieses

[20] Brief von K. Fajans an E. Rutherford vom 4. März 1913 (Archiv von Prof. K. Fajans). Ich möchte die Gelegenheit benutzen, Prof. K. Fajans dafür zu danken, daß er mir eine vollständige Kopie dieses für die Wissenschaftsgeschichte sehr wichtigen Dokuments geschickt hat.

[21] A. Fleck: The Periodic System and the Radioelements, in: Chemical News, Bd. 107, 1913, S. 75.

Thema seit langem systematisch bearbeitet hätte und kurz vor dem Abschluß dieser Arbeiten von der Publikation anderer Forscher zu diesen Fragen überrascht wurde. Soddy schrieb im einzelnen: „Ich habe fast bis zum Umfallen gearbeitet, sozusagen, im Prozeß der Verallgemeinerung des periodischen Systems, und wenn sich herausgestellt hat, daß ich der letzte war, dann geschah das nur deshalb, weil wir die experimentelle Untersuchung dieses Problems im Verlaufe einer Reihe von Jahren durchgeführt haben und ich nicht vor Abschluß dieser Arbeiten theoretische Einzelfragen veröffentlichen wollte. Natürlich ist Russel der einzige Mensch außerhalb unseres Laboratoriums, dem unsere Ergebnisse vor ihrer Veröffentlichung bekannt waren. Es wäre entschieden unbestimmter gewesen,wenn ich zu Fleck gesagt hätte: ‚Mister, ich schlage Ihnen vor festzustellen, daß die B-Glieder einander ähnlich und die C-Glieder ebenfalls ähnlich sind', und dieser hätte das dann zur Kenntnis genommen und gefunden, daß dem wirklich so ist. Ich schlug ihm einfach vor zu klären, welche der wenig erforschten Radioelemente am ähnlichsten seien, und dann zu versuchen, sie durch Fraktionieren zu trennen."[22]

Offensichtlich konnten sich in einer mündlichen Unterhaltung auch Rutherfords Mitarbeiter – v. Hevesy und Russel – mit derartigen Prioritätsbemerkungen an ihn wenden.

Der Konflikt zwischen den Schulen war herangereift und verlangte objektiv seine Lösung.

Der Mechanismus zur Lösung des vorliegenden Konflikts

Wie bereits am Anfang dieses Beitrages erwähnt, wird die erste Lösung des Prioritätskonflikts gewöhnlich von den an der Entdeckung beteiligten selbst gefunden. In der Tat hat Soddy in seinem Aufsatz versucht, eine für sich selbst und für Russel geeignete Lösung dieses Prioritätsproblems zu formulieren. Dabei hat er jedoch die vorhandenen Formulierungen der radioaktiven Verschiebungssätze falsch dargestellt. So hat nach der Darstellung von Soddy Fajans zwar das Problem der Stellung der Radioelemente im periodischen System „sehr klar erörtert", dies wäre jedoch nicht nötig gewesen, da es bereits früher von Soddy und Russel erörtert und gelöst worden sei. Eine derartige Darstellung der Tatsachen konnte natürlich Fajans nicht befriedigen, dem man damit das wichtigste nahm: seine volle Priorität an der Formulierung der radioaktiven Verschiebungssätze und der richtigen Anordnung der Radioelemente im periodischen System.

In dieser Situation wandte sich Fajans an seinen früheren Lehrer Ruther-

[22] Brief von F. Soddy an E. Rutherford vom 6. März 1913 (E.-Rutherford-Archiv, Bibliothek Cambridge).

ford, und damit an die größte Autorität auf dem betreffenden wissenschaftlichen Gebiet, um Rat und Unterstützung.

In seinem Brief vom 4. März 1913 an Rutherford schrieb Fajans, daß er Mr. Soddy persönlich nicht kenne und folglich nicht in der Lage sei, sich dessen Vorgehen zu erklären. Es sei für ihn aber auch nicht möglich, die Dinge so zu lassen, wie sie sind, obgleich er natürlich keine Lust habe, irgendeinen Streit anzufangen, der sich für Soddy gewiß nicht als sehr angenehm erweisen würde. Er habe in einem Aufsatz, den er bereits entworfen habe, alle Fakten angegeben und Soddys Unterstellungen und falsche Auslegungen klargestellt. Sollte Soddy in einer zukünftigen Arbeit diese Feststellungen nicht zurückziehen, sehe er sich gezwungen, die Angelegenheit in einer englischen Veröffentlichung zu diskutieren.

Fajans bat Rutherford, ihn wissen zu lassen, welche Meinung er in dieser Angelegenheit vertrete und wie er ihm raten würde, zu handeln.[23]

Wie konnte Rutherford, aus dessen Schule faktisch die beiden ersten Publikationen zu dem betreffenden Problem stammten – möglicherweise hat die nicht erschienene Publikation von Bohr seine Situation nur kompliziert –, in einer solchen Situation vorgehen? Es ist offensichtlich verständlich, daß Rutherford die Lösung dieses Problems nicht so sehr aus der Perspektive eines Wissenschaftlers, dessen wissenschaftliche Autorität wir nicht anzweifeln, sah, sondern als Organisator eines Kollektivs, als Leiter einer wissenschaftlichen Schule, dessen Autorität vorwiegend auf organisatorischen und moralischen Qualitäten beruht, betrachtet. Rutherford, der selbst von seinen Mitarbeitern – Russel und Bohr – verlangt hatte, zunächst zuverlässige Ergebnisse für ihre theoretischen Konstruktionen zu erbringen, bevor sie etwas veröffentlichten, mußte natürlich als Experimentator die sorgfältige Arbeit Soddys, in dessen Laboratorium die wichtigsten und zuverlässigsten Ergebnisse zu diesem Problem erzielt worden waren, in bezug auf die betreffende Entdeckung hoch einschätzen. Gleichzeitig war sich Rutherford aber auch bewußt, daß Fajans, der keine Experimente auf dem betreffenden Gebiet gemacht und seine Arbeit vorwiegend auf den Ergebnissen des verallgemeinernden Buches von Soddy[24] aus dem Jahre 1911 aufgebaut hatte, seine

[23] Brief von K. Fajans an E. Rutherford vom 4. März 1913, a. a. O.

[24] K. Fajans betrachtete seine Publikationen nach dem Februar 1913 als gewöhnliche theoretische Arbeiten. Von unserem Standpunkt aus muß man sie jedoch etwas anders klassifizieren, weil ihnen eine Analyse des vorhandenen Massivs der experimentellen Ergebnisse und ihrer theoretischen Verallgemeinerungen mit einem von Anfang an konkreten praktischen Ziel zugrunde liegt (hierbei hat Fajans, alte experimentelle Ergebnisse nutzend, die vorhandenen Regeln – die „Lerch-Lukassche" Regel und die „Alpha-Regel von Soddy" – konsequent vereinfacht und konkretisiert und dann auf ihrer Grundlage und unter Einbeziehung in der Hauptsache alter Angaben über die Chemie der Radioelemente die Radioelemente richtig in das periodische System eingeordnet – wobei er

Arbeit deshalb veröffentlicht hatte, weil er in dieser Hinsicht nicht an einen Leiter gebunden war. Folglich verlangten die Prestigeinteressen der Schule in Manchester von Rutherford, Fajans an die Verdienste von Hevesy und Russel zu erinnern. Fajans hatte sich jedoch an ihn mit der Bitte gewandt, ihm einen Rat zu geben. Wenn der Rat für Fajans von Nutzen sein sollte, dann mußte Rutherford dieses Problem aus der Sicht von Fajans betrachten und ihm, ausgehend von seinen Erfahrungen und Kenntnissen im Umgang mit Menschen, ein optimales Verhalten vorschlagen. Eine solche ausgesprochen persönliche Information mußte aber allen gegenüber verborgen werden, die auf diese oder jene Weise mit dem betreffenden Problem zu tun hatten.

Von der Schwierigkeit der Lage Rutherfords in dieser Frage zeugt, daß er, obwohl Fajans sobald wie möglich eine Antwort erbat, ihm erst einen Monat später antwortete und den Brief mit dem Hinweis „persönlich, streng geheim" versah.

Dieser Brief Rutherfords, der über 60 Jahre lang im Archiv von Prof. Fajans gelegen hat, enthält eine überraschend ausführliche Analyse sowohl der innerschulischen als auch außerschulischen Prestigemotive aller „Mitautoren" der betreffenden Entdeckung. Den Historiker, Psychologen und Wissenschaftswissenschaftler interessieren hierbei nicht so sehr die von Rutherford dargelegten Gedanken und Fakten, sondern vor allem sein Credo als Physiker – Rutherford kann als der größte Physiker des 20. Jahrhunderts angesehen werden und als Leiter einer bedeutenden wissenschaftlichen Schule – hinsichtlich der Lösung solcher Prestigekonflikte. Rutherford schrieb an Fajans am 2. April 1913 einen zusammenfassenden Brief[25], der im wesentlichen folgendes beinhaltet:

1. Bereits seit September 1912 hatte Rutherford Kenntnis von der Arbeit Russels, und später, im Januar 1913, schlug er ihm vor, sie zu publizieren.

2. Nach Meinung Rutherfords ist die Formulierung von Hypothesen bei weitem nicht so wichtig wie deren Bestätigung: Hypothesen müssen vor allem mit den bekannten Fakten übereinstimmen und die Richtung der Arbeiten bestimmen.

3. Es ist sehr schwierig, eine definitive Meinung hinsichtlich der Arbeit

die neuesten Ergebnisse der sich zu lange hinziehenden Experimente von Fleck überging). Eine solche Methode – „die Appelation an die Praxis" – nennt G. V. Bykov „die historische Methode in der theoretischen Chemie". Vgl. dazu: G. V. Bykov: Značenie istoričeskogo metoda dlja teoretičeskoj chimii, in: G. V. Bykov, A. V. Kricman: Stanislao Kannizzaro, Očerk žizni i dejatel'nosti, Moskau 1972, S. 39, 74, 79–87.
Es ist interessant zu erwähnen, daß ungefähr 50 Jahre vor Fajans im gleichen Karlsruhe (1860) Stanislao Cannizzaro ebenfalls glänzend die historische Methode anwandte, um Widersprüche in der theoretischen Chemie zu lösen.

[25] Brief E. Rutherfords an K. Fajans vom 2. April 1913 (Archiv von K. Fajans).

von Soddy zu äußern. Von einem allgemeinen Standpunkt aus betrachtet, ist der Beitrag von Soddy zur Lösung dieses Problems bedeutend: a) Soddy hat selbst eine sehr wertvolle chemische Arbeit zu dieser Problematik geleistet, b) er hatte bereits vorher die „Alpha-Regel“ formuliert, c) Fleck war Assistent von Soddy und hat auf seinen Vorschlag hin seine wertvollen wissenschaftlichen Forschungen durchgeführt; aber da, Soddy, offensichtlich den Artikel von Fajans kannte, erscheint es schwierig, die Entstehung der Idee über den Verschiebungssatz der radioaktiven Elemente richtig zu bewerten.

4. Aus einem Gespräch mit Russel wußte Rutherford, daß Soddy von den Russelschen Vorstellungen bereits seit 3–4 Monaten Kenntnis hatte, jedoch kein besonderes Interesse dafür gezeigt hatte.

5. Nach Meinung Rutherfords interessierte sich Soddy für dieses Problem erst, nachdem die Publikation von Russel erschienen war und die Ergebnisse von Fleck vorlagen.

6. Insgesamt stellt sich diese Frage für Rutherford als sehr verworren dar, da fast alle „Mitautoren“ über dieses Problem miteinander gesprochen haben. Rutherford äußert sogar Zweifel darüber, daß die Mitautoren selbst bei den ehrlichsten Absichten in der Lage wären, sich eine Meinung in dieser Frage zu bilden.

7. Aus diesem Grunde ist es nach Meinung Rutherfords wünschenswert, jegliche Kontroverse in diesen Fragen zu vermeiden. Er selbst könne völlig die Gefühle von Russel und Fajans in bezug auf das Erscheinen Soddys unter den „Mitautoren“ nachempfinden, ist aber der Meinung, daß die Überprüfung von Hypothesen größere Bedeutung besäße als ihre Formulierung. Da gerade Fajans es war, der das vorausgesagte Uran-X_2 entdeckte und seine vorhergesagten Eigenschaften bestätigte, so gebührt ihm das entscheidende Verdienst an der Auffindung dieser Regel, d. h. des radioaktiven Verschiebungssatzes.

8. In dem vorliegenden Fall sollte man sich bei der weiteren Publikation zu diesen Fragen nach Meinung Rutherfords folgendermaßen verhalten: Man sollte die Arbeit von Russel erwähnen, ebenso die eigene unabhängige und präzisere Darstellung sowie die Arbeiten von Fleck. Es bestünde aber keine Notwendigkeit, auf die Arbeit von Soddy hinzuweisen, da diese nach der Arbeit von Fajans veröffentlicht wurde.

9. Wenn Soddy zukünftig etwas zu diesem Problem publizieren sollte, so könne das natürlich von seinen eigenen Verdiensten im Prozeß der Regel zeugen.

10. Zur Wahrung der Prioritätsansprüche wäre es günstig, die eigenen Resultate so schnell wie möglich zu veröffentlichen. Im Laboratorium von Rutherford würde niemand an diesem Problem intensiv arbeiten, so daß nur Soddy und Fleck die beiden möglichen Rivalen von Fajans bei der experimentellen Verifizierung des Verschiebungssatzes seien.

11. Den vorliegenden Brief würde Rutherford als privat und vertraulich betrachten und Fajans bitten, dieses zu beachten.[26]

12. Nach Meinung Rutherfords wäre die Wahrscheinlichkeit einer möglichen Ungerechtigkeit in der „Mitautorenschaft" nicht sehr groß, wenn die daran beteiligten Personen im Verständnis dieser Situation übereinstimmten. Somit gab der vorliegende Brief Rutherfords, vom Standpunkt des zwischenschulischen Prioritätskonflikts aus gesehen, Fajans eine Empfehlung, die nicht nur Hinweise für sein Verhalten betrafen, sondern auch Rutherfords Unterstützung für Fajans in dieser Frage erkennen ließ. Offensichtlich sah Rutherford in diesem Fall sein Hauptziel als Leiter einer wissenschaftlichen Schule und wissenschaftlichen Richtung darin, den Prioritätskonflikt zwischen den Schulen möglichst durch friedliche und nach außen nicht sichtbare Mittel zu lösen, um somit das Bekanntwerden dieses Konflikts in der wissenschaftlichen Öffentlichkeit zu vermeiden. Die entscheidende Bedeutung hierbei besaß die persönliche Autorität Rutherfords. Wahrscheinlich übte Rutherford seinen „glättenden" Einfluß nicht nur auf Fajans, sondern mindestens auch auf seine nächsten Mitarbeiter – Hevesy und Russel – aus, die, soweit man an Hand der zugänglichen Quellen urteilen kann, niemals ihre Prioritätsansprüche angemeldet haben.

Was die weitere Lösung des Prioritätskonfikts „Fajans – Soddy" betrifft, so verfolgten beide Wissenschaftler in ihren nächsten Veröffentlichungen verschiedene Strategien. Das Ziel von Fajans bestand offensichtlich in der Erhaltung seines Prestiges, weshalb er in seinen folgenden Veröffentlichungen lediglich die Russelsche Arbeit und seine eigene als grundlegende Arbeiten zu dieser Thematik erwähnte.[27] Soddy dagegen beharrte auf einer Teilung der Verdienste, indem er die Unabhängigkeit der betreffenden Untersuchungen bezeugte und in seinen Publikationen alle Arbeiten erwähnte, die zu der betreffenden Entdeckung erschienen waren. Im Laufe der Zeit deckten sich die Perioritätsstrategien von Fajans und Soddy: Fajans begann ebenfalls, alle oben erwähnten Arbeiten zu nennen, jedoch gab er dabei fast immer ihr Veröffentlichungsdatum an.

Die höchste Wertschätzung für die Fajansschen Arbeiten brachte Soddy in seiner Nobel-Vorlesung zum Ausdruck: „Zwei Wochen nach dem Erscheinen der Russelschen Publikation veröffentlichte Fajans, der in Karlsruhe gearbeitet hatte, seine vollständige und in jedem Detail exakte Verallgemei-

[26] Ich halte es für notwendig zu betonen, daß der Text dieses Briefes allen interessierten Personen unbekannt blieb (– d. Verf.).

[27] Offensichtlich fand eine derartige Aufteilung der Verdienste in Deutschland Unterstützung. So erwähnten O. Hahn und L. Meitner in ihrer Arbeit „Zur Frage nach der komplexen Natur des Radioaktiniums und der Stellung des Aktiniums im periodischen System", in: Physikalische Zeitschrift, Bd. 14, 1913, S. 752–758, die Arbeiten von Hevesy, Russel „und vor allem die Arbeiten Fajans" als grundlegende bei der gegebenen Entdeckung.

nerung. Zwei Wochen nach dem Erscheinen des Aufsatzes von Fajans, der England erst erreichte, nachdem mein Aufsatz im Entwurf bereits unterschrieben war, veröffentlichte ich genau jenes gleiche Schema wie Fajans, wobei ich das nur teilweise richtige Russelsche Schema weiterentwickelte und vervollkommnete ,... und schließlich ...' vom experimentellen Standpunkt aus verbinden sich der Name A. Fleck, vom theoretischen – die Namen G. v. Hevesy, A. S. Russel, jedoch vor allem der Name K. Fajans mit den Erfolgen auf diesem Gebiet."[28]

Von den Autoren populärwissenschaftlicher Arbeiten werden die Prioritätsfragen dieser Entdeckung sehr widersprüchlich dargestellt. Während nach A. Stewarts Meinung „der Löwenanteil des Verdienstes an der Entdeckung der radioaktiven Verschiebungen Soddy gebührt"[29], dessen Meinung sich damit teilweise mit Rutherfords Meinung deckt: ... „zwei wichtige Entdekkungen sind weitgehend das Verdienst Soddys; die Entdeckung des Gesetzes der radioaktiven Verschiebungen und die Entdeckung der Isotopen zwischen den radioaktiven Elementen"[30]. Indes ist I. M. Frank der Auffassung, daß „... im wesentlichen die Priorität K. Fajans gebührt und Soddys Arbeit durchaus nicht unabhängig von Fajans anzusehen sei"[31].

Das Verständnis der Ursachen für derartige Divergenzen kann eine spezielle wissenschaftshistorische Untersuchung des vorliegenden Problems geben.

Die Aufteilung der Priorität der „Mitautoren" im Ergebnis einer speziellen wissenschaftshistorischen Untersuchung

Das Studium der Geschichte der Entdeckung der Isotopie und die Formulierung des Gesetzes der radioaktiven Verschiebungen zeigt, daß diese Entdekkungen das Ergebnis verschiedenartiger Untersuchungen der physikalischen und chemischen Eigenschaften der Radioelemente waren. Im Ergebnis einer unterschiedlichen Systematik und Tiefe der Ausarbeitung einer jeden Forschungsrichtung ließ sich eine beträchtliche Inhomogenität des Basismaterials der Daten über die wichtigsten Eigenschaften der Radioelemente beobachten. Dennoch gab es bis zum Jahre 1911 bereits alle Voraussetzungen, um die endgültige Lösung des Problems der Stellung der Radioelemente im periodi-

[28] F. Soddy: The Origion of the Conception of Isotopes, a. a. O., S. 387, 397.

[29] A. W. Stewart: Recent Advances in Physical and Inorganical Chemistry, London 1930, S. 100.

[30] E. Rutherford: Fourty Years of Physics, 1. The History of Radioactivity, 2. The Development of the Theory of Atomic Structure – Background to Modern Science, Cambridge 1940, S. 47–74.

[31] I. M. Frank: K šestidesjatiletiju otkrytija zakona smeščenija, O lekcii professora, K. Fajansa, in: Priroda, H. 10, 1973, S. 72.

schen System zu finden. In seiner wichtigsten Arbeit des Jahres 1911 – der Monographie „Chemie der Radioelemente“ – kam Soddy diesem Problem bereits sehr nahe, erwähnte jedoch auf Grund unzureichender zuverlässiger Informationen über die Eigenschaften bestimmter Radioelemente lediglich in allgemeinen Zügen die theoretische Lösung dieses Problems, wonach er dann aber „einen Schritt zurück“ ging: Er kehrte auf das empirische Niveau der Forschungsarbeit zurück, indem er A. Fleck mit der systematischen Untersuchung der chemischen Eigenschaften der Radioelemente beauftragte. Flecks Untersuchung zog sich in die Länge, und Soddy trieb ihn nicht sonderlich zur Eile an. Die Voraussetzungen für die Lösung dieses Problems hatte Soddy als erster genannt. Er hatte es jedoch nicht verstanden, diese konsequent zu Ende zu denken, und sie schließlich sogar verworfen. Andere Forscher begannen sich mit diesen Fragen zu beschäftigen und klärten Teilaspekte dieses Problems in ihren Arbeiten.

So erhielt zum Beispiel Hevesy, der eine experimentelle Untersuchung der Valenz der Radioelemente durchgeführt hatte, auf Grund seiner unzureichenden Methodik eine Reihe unzuverlässiger Angaben. Infolgedessen erwiesen sich seine theoretischen Verallgemeinerungen als verworren und widersprüchlich, und obwohl er der Autor der „Erstpublikation“ war, war sein realer Beitrag zur Lösung dieses Problems der geringste.

Die von Russel vorgeschlagenen Verschiebungssätze waren nicht exakt, und seine Variante für die Stellung der Radioelemente im periodischen System erwies sich in einer Reihe von Punkten als fehlerhaft. Das Verdienst Russels war die Vorhersage des neuen Radioelements Uran-X_2 sowie die Ermittlung der Zahl der Felder, um die ein Radioelement im periodischen System im Ergebnis des Alpha- oder Betazerfalls verschoben wurde.

Fajans hat die radioaktiven Verschiebungssätze nicht nur als erster in ihrer endgültigen Fassung formuliert, sondern auch alle bekannten Radioelemente richtig angeordnet und auch unabhängig von Russel das Uran-X_2 vorausgesagt und bald danach entdeckt. Man kann folglich behaupten, daß nach dem Erscheinen der Fajansschen Publikation vom 15. Februar 1913 das Problem der Stellung der Radioelemente im periodischen System endgültig gelöst war.

Soddys Untersuchung erfolgte unabhängig von den Arbeiten seiner „Mitautoren“. Jedoch kann man heute nicht völlig zu Unrecht behaupten, daß es in seinem Aufsatz vom 28. Februar keine Entlehnungen gäbe. Deshalb ist es gerechtfertigt, Kazimir Fajans das Hauptverdienst bei der exakten Anordnung der Radioelemente im periodischen System und der richtigen Formulierung der radioaktiven Verschiebungssätze zuzuschreiben.

Wie erklären sich aber dann die Widersprüche zwischen den Behauptungen von Stewart und Rutherford einerseits und I. M. Frank andererseits?

Unserer Ansicht nach liegt diesen Widersprüchen ein Ignorieren der spezifischen Nuancen der Methodologie für die wissenschaftshistorische Untersuchung durch diese Wissenschaftler zugrunde. Gerade vom methodologischen Standpunkt aus erscheint es notwendig, zwei historische Phasen bei der Formulierung des Gesetzes der radioaktiven Verschiebungen hervorzuheben: 1. das Niveau empirischer Verallgemeinerungen (Januar–Februar 1913), Formulierung der radioaktiven Verschiebungssätze – die Sätze lassen Ausnahmen zu, und deshalb unterläuft ausnahmslos allen „Mitautoren" in ihren Arbeiten in der gegebenen Etappe eine Reihe von Widersprüchen, 2. das Niveau der theoretischen Verallgemeinerung (Dezember 1913) – Formulierung des Gesetzes der radioaktiven Verschiebungen und Begründung des Begriffes der Isotopie, was sich erst bei einer komplexen Betrachtung der neuen Erscheinung unter Heranziehung des Rutherfordschen Atommodells und der Hypothese von van den Broek über die zahlenmäßige Gleichheit zwischen dem Kernzerfall und der Ordnungszahl des Elements im periodischen System als möglich erwies.

Die Priorität der Verallgemeinerung auf dem ersten Niveau gebührt K. Fajans, aber die Priorität beim Erreichen des zweiten Niveaus – allein F. Soddy. Fajans konnte aus dem Grunde nicht als erster zu der zweiten Verallgemeinerungsebene gelangen, weil er zu jener Zeit das Atomkernmodell Rutherfords für falsch hielt.[32] Infolgedessen erscheint der vorsichtige Satz in Rutherfords Brief an Fajans vom 2. April sehr bemerkenswert: „Wenn irgend etwas (was mit Soddys Namen verbunden ist – A. K.) in Zukunft entsteht, dann kann das natürlich von seinen eigenen Verdiensten zeugen."[33] Somit lassen sich die Widersprüche in den Einschätzungen der oben erwähnten Wissenschaftler dadurch erklären, daß sie diese Entdeckung nicht in verschiedene Phasen teilen.

Die Schlußfolgerungen, zu denen die vorliegende Untersuchung führt, sind folgende: 1. Die Prestigeansprüche einer wissenschaftlichen Schule hinsichtlich ihres Beitrages zu einer fundamentalen Entdeckung sind um so leichter zu berücksichtigen und in einer wissenschaftshistorischen Untersuchung zu begründen, je mehr wissenschaftliche und „psychologische" Originalunterlagen in den Archiven aufbewahrt werden; 2. Prioritätskonflikte zwischen den Schulen kann man nicht sofort nach deren Entstehen endgültig lösen, weil der Charakter dieser Lösung weitgehend sowohl vom anschließenden Schicksal der betreffenden fundamentalen Entdeckung als auch von den in der Regel lange Zeit geheimbleibenden, „psychologischen" Dokumenten der Motivationen und Ansprüche der wichtigsten „Mitautoren" abhängt. Deshalb ist es besser, die endgültige Lösung der Prioritätskonflikte zwischen den Schulen auf die Zukunft zu verschieben, und die „Mitautoren" sollten immer alle Arbeiten erwähnen, die eine direkte Beziehung zu der betreffenden Entdeckung haben.

32 N. Bohr: Reminescences of the Founder of Nuclear Science and some Developments Based on his Work, a. a. O., S. 1083–1111.

33 Vgl. Brief E. Rutherfords an K. Fajans vom 2. April 1913 (Archiv von K. Fajans).

Georgij Vladimirovič Bykov

Die wichtigsten chemischen Schulen in der Mitte des 19. Jahrhunderts

Das Problem der „wissenschaftlichen Schule“ kann man nur historisch untersuchen, da die Schwierigkeiten bei der Definition dieses Begriffes damit zusammenhängen, daß er zu verschiedenen Zeiten einen anders gearteten Inhalt besaß. Außerdem wurden in den verschiedenen Wissenschaften – der Mathematik, Chemie, Physiologie u. a. – die Schulen in bestimmtem Maße nach dem Charakter und der Struktur der Tätigkeit unterschieden. Somit muß der erste Schritt zu ihrer Untersuchung darin bestehen, die Schulen unter historischem Aspekt und nach den einzelnen Wissenschaften zu typologisieren. Im Ergebnis einer solchen Arbeit können die Tendenzen der Entwicklung oder auch des Verfalls von wissenschaftlichen Schulen im Verlaufe der historischen Entwicklung der Wissenschaft bis in die Gegenwart aufgedeckt und auch jene Invarianten gefunden werden, die Grundelemente der wissenschaftlichen Schulen gewesen sind.

Von solchen Überlegungen ausgehend, sollen an Hand historischen Materials über die wichtigsten chemischen Schulen in der Mitte des 19. Jahrhunderts einige Fragen untersucht werden, die die Begriffe „wissenschaftliche Schule“, „Leiter oder leader“, die Bedingungen für das Auftreten von Schulenbildnern betreffen, sowie die Ursachen dafür geklärt werden, weshalb bestimmte große Gelehrte keine eigenen wissenschaftlichen Schulen begründeten.

Warum gerade die chemischen Schulen in der Mitte des 19. Jahrhunderts in den Mittelpunkt der Untersuchung gestellt werden, liegt einmal darin begründet, daß der Autor selbst Chemiker und Chemiehistoriker, in erster Linie der organischen Chemie, ist. Zum anderen spricht für diese Auswahl, daß die betrachtete Entwicklungsperiode der Chemie historisch besonders gut erforscht ist. Deshalb kann man sich bei der Erörterung des uns interessierenden Problems auf fundierte Ausarbeitungen zur Geschichte der Chemie stützen. Die Mitte, genauer gesagt, der Anfang der zweiten Hälfte des 19. Jahrhunderts, wurde auch deshalb gewählt, weil in dieser Periode ein grundlegender Umschwung in der Geschichte der Chemie stattfand. In der allgemeinen Chemie ist er charakterisiert durch den Abschluß der Reform der Atom-Molekular-Theorie, in der organischen Chemie durch die Schaffung der Theorie der chemischen Struktur, in der anorganischen Chemie durch die Entdeckung des Periodensystems der Elemente. Die Geschichte der chemischen Schulen jener Zeit ist mit der gut erforschten Geschichte dieser epochalen Ereignisse in der Entwicklung der Chemie verbunden. Als Beispiel mag die enge Verbindung zwischen der Herausbildung der physikalischen Chemie als einer autonomen Disziplin und der Gründung der Ostwaldschen Schule in Leipzig dienen. Überhaupt kann die Geschichte der Herausbildung der klassischen chemischen Schulen in jene Periode gelegt werden, deren Beginn eng mit dem Namen von Liebig verbunden ist und mit den Arbeiten von Ostwald ihren Abschluß fand. Jene Schulen, von denen hier die Rede ist, entstanden gerade in der Zeit zwischen der Existenz der Gießener Schule von Liebig (1824–1852) und der Leipziger Schule von Ostwald (1888–1904).

Alle späteren Schulen des 19. Jahrhunderts wurden in bedeutendem Maße von den Ideen der Liebigschen Schule beeinflußt. Liebig führte als erster experimentelle Laborarbeit in die Lehre der Chemie als methodisches Vorgehen ein im Gegensatz zu Demonstrationsversuchen oder episodischen Beschäftigungen vor ein oder zwei Auserwählten (wie das bei den Schulchemikern, Alchimisten und Jatrochemikern der Fall war). Liebig vereinigte zudem in sich eine Reihe von Eigenschaften als Leiter einer Schule, die sich sowohl in der Lehre als auch in den Übungen mit den Studenten und Praktikanten zeigten. Er selbst schrieb darüber in seiner Autobiographie: „Ich stellte Themen und beobachtete deren Durchführung, auf diese Weise lief alles über die Radien eines Kreises zu einem gemeinsamen Zentrum zusammen. Es gab keine Leitung im engeren Sinne des Wortes. Jeden Morgen nahm ich von jedem einzelnen einen Bericht darüber entgegen, was am Vortage getan worden war, ebenso über seine Ansichten über die zu dem betreffenden Zeitpunkt interessierende Frage sowie über seine Absichten. Ich stimmte ihm zu oder hatte Einwände. Jeder war gezwungen, einen eigenen Weg zu suchen. Dank dem gemeinsamen Leben, dem ständigen Umgang und der gegenseitigen Beteiligung an der Arbeit konnte jeder bei allen und alle bei jedem lernen. Im Winter fertigte ich zweimal wöchentlich Übersichten zu laufenden Fragen an, die in der Hauptsache aus dem Bericht über die eigenen Arbeiten und die Arbeiten meiner Schüler in Verbindung mit den Untersuchungen anderer Chemiker bestanden."[1] Das ist natürlich bei weitem noch keine vollständige Charakterisierung der Liebigschen Schule und ihrer Traditionen, die von seinen Anhängern und auch von Leitern anderer chemischer Schulen in der Mitte des 19. Jahrhunderts aufgegriffen wurden.

In Frankreich existierten zwei chemische Zentren, die zugleich zwei chemische Schulen charakterisierten – die Schulen von Wurtz und Berthelot. Die erste war die in theoretischer Hinsicht führende Schule, die zweite war durch ihre Erfolge auf dem Gebiet der experimentellen Chemie berühmt – der organischen Synthese, der Kinetik und der Thermochemie, obgleich Berthelot

[1] H. v. Dechend (Hrsg.): Justus von Liebig in eigenen Zeugnissen und solchen seiner Zeitgenossen, Weinheim 1953, S. 25f.

selbst nach einem Ausspruch Butlerovs ein „Reaktionär in der Wissenschaft“[2] war und sich fast allem Neuen auf dem Gebiet der theoretischen Chemie widersetzte. In Deutschland gab es viele Schulen, erwähnt seien jedoch nur die Schulen von Kekulé und Kolbe, d. h. die Schulen der anorganischen Chemiker. In Italien entstand in diesen Jahren die Schule von Cannizzaro und in Rußland, die mit dem Namen Butlerov verbundene größte russische Schule der Chemiker.[3]

Was ist eine Schule? Charakteristisch für sie ist das Vorhandensein eines Leiters, des „Lehrers“, und von Schülern. Letztere müssen irgend etwas vom Lehrer übernehmen, nicht routinemäßige Arbeitsgewohnheiten – obgleich auch das Bedeutung hat –, sondern etwas, das für den Lehrer besonders charakteristisch ist und seine Qualität als Lehrer ausmacht. Sind dabei auch äußerliche, formelle Bedingungen von Bedeutung? Der Schüler ist gewöhnlich Student, der Lehrer Professor, jedoch kann der Schüler auch Praktikant sein, der seine Lehre (einschließlich die technischen Mittel, in der Chemie – die Chemikalien) und die Ausbildung bezahlt. Manchmal, und in der Mitte des 19. Jahrhunderts war dies häufig der Fall, wurde sogar der Leiter direkt von seinen Schülern bezahlt. Von Kekulé ist zum Beispiel folgende Begebenheit überliefert: Als der erste Hörer sich für Kekulés ebenfalls erste Vorlesungsreihe eintrug und bezahlte, war er darüber verwundert, daß sich der Lektor nicht des Ausrufs enthalten konnte: „Das ist mein Panamahut!“ Kekulé hatte lange davon geträumt, sich einen Strohhut zu kaufen, war jedoch gezwungen, in seinen Ausgaben sparsam zu sein.[4]

Der Schüler kann auch Assistent (gelegentlich bezahlter Assistent) des Lehrers sein. Alle diese Einzelheiten haben jedoch geringe Bedeutung. Von einer wissenschaftlichen „Schule“ können wir erst dann sprechen, wenn der betreffende Schüler und alle Schüler des Lehrers von ihm etwas Gemeinsames übernehmen. Lehrer und Schüler kann die gemeinsame Arbeit direkt ver-

[2] A. M. Butlerov: Poezdka za granicu letom 1861 goda i ee resultaty, in: Werke, Bd. 3, Moskau 1958, S. 80.

[3] In den letzten Jahren wurden in der Reihe „Wissenschaftlerbiographien“, die vom sowjetischen Verlag „Nauka“ herausgegeben wird, Biographien aller genannten Chemiker – außer Kolbe – veröffentlicht. Bei der Erörterung der uns interessierenden Fragen stützen wir uns auf die in diesen Biographien veröffentlichten Materialien.
G. V. Bykov: A. M. Butlerov, Očerk žizni i dejatel'nosti, Moskau 1961; J. S. Musabekov: J. Libich, 1803–1873, Moskau 1962; J. S. Musabekov: Ch. A. Vjurc, 1817–1884, Moskau 1963; G. V. Bykov: A. Kekulé, Očerk žizni i dejatel'nosti, Moskau 1964; J. S. Musabekov: M. Bertlo, 1827–1907, Moskau 1965; N. I. Rodnyj, J. I. Solov'ev: W. Ostval'd, 1853–1932, Moskau 1969; G. V. Bykov, V. A. Kricman: S. Kannizzaro, Očerk žizni i dejatel'nosti, Moskau 1972.

[4] R. Anschütz: August Kekulé, Leben und Wirken, Bd. 1, Berlin 1929, S. 66.

binden, es kann jedoch auch eine Verbindung ausschließlich durch Briefwechsel bestehen. So sah zum Beispiel die Beziehung zwischen Cannizzaro und Piria aus.

Piria gab zum Beispiel seinem Schüler Cannizzaro unter anderem den Rat, jenen Teil seiner Arbeit unverzüglich zu veröffentlichen, in dem von einer Reaktion die Rede war, die später seinen Namen erhalten hat (Cannizzaro selbst hatte versäumt, das in seiner ersten Publikation in bezug auf die Gewinnung von Benzylspiritus zu tun). Dann versuchte Piria, zum Glück ohne Erfolg, Cannizzaro von seinen Arbeiten zur theoretischen Chemie abzuhalten, die zur Reform der Atom-Molekular-Theorie führten.[5] Zu dieser Zeit jedoch überwand der Schüler bereits die offen positivistischen methodologischen Einstellungen seines Lehrers.

Außer den Schülern können in mehr oder minder direktem Sinne dieses Wortes einem wissenschaftlichen Kollektiv, das als Schule bezeichnet wird, Volontäre, also Anfänger, angehören. Häufig arbeiteten auch bereits voll ausgebildete Chemiker, die durch den Namen des Leiters, seine Lehrmethoden, die technischen Verbesserungen und die Arbeitsmethodik angezogen wurden, im Laboratorium des betreffenden wissenschaftlichen Zentrums. Längst nicht immer befanden sich der Leiter eines Laboratoriums und die darin Arbeitenden im Lehrer-Schüler-Verhältnis. So hat z. B. Butlerov im Laboratorium von Wurtz fast ein halbes Jahr gearbeitet, obwohl er bereits Professor war und an einer eigenen Thematik arbeitete. Ebenso war die Stellung des Professors der Warschauer Universität, A. N. Popov, eines Schülers von Butlerov an der Kazaner Universität, im Bonner Laboratorium von Kekulé. Und Popov, der sich bereits vorher auf Methoden der destruktiven Oxydationsstrukturanalyse spezialisiert hatte, fand daran auch im Laboratorium von Kekulé Interesse. Nach der Übersiedlung nach Italien, wo er seine Arbeiten an den aromatischen Verbindungen im Laboratorium von Cannizzaro in Palermo fortsetzte, trug er dazu bei, daß die Theorie über die Struktur der aromatischen Verbindungen von Kekulé dort bald übernommen wurde. So wurden Wissenschaftler, unabhängig von ihrer offiziellen Stellung, zu Mitgliedern einer Schule, weil nach Liebig in einem solchen wissenschaftlichen Kollektiv „jeder bei allen und alle bei jedem lernen können“[6].

Dennoch bleibt das Lehrer-Schüler-Verhältnis ein invariantes Element einer Schule. Der Lehrer muß dem Schüler etwas mehr als nur die Möglichkeit geben, bei ihm zu arbeiten. Was ist das? Mendeleev sagte zum Beispiel von der Butlerovschen Schule in der Chemie: „Bei Butlerov wurden alle Entdeckungen von einer grundlegenden Idee geleitet. Sie machte eben die

[5] S. Cannizzaro: Scritti vari e lettere inedite nel centenario della nascita, Rom 1926, S. 268.

[6] H. v. Dechend (Hrsg.): Justus von Liebig in eigenen Zeugnissen und solchen seiner Zeitgenossen, a. a. O., S. 25f.

Schule aus."[7] Diese Idee muß eine originelle Idee sein. Originelle Ideen können progressiv oder hemmend für die Wissenschaftsentwicklung sein. So wirkte sich zum Beispiel das Verfolgen der Ideen der Kolbeschen Schule hemmend auf die Entwicklung der Chemie aus. Seine Schüler blieben im Vergleich zu den Vertretern anderer Schulen zurück. Ein anderes Beispiel dafür ist Jagnaux – ein Anhänger der Schule von Berthelot. Er schrieb Anfang der neunziger Jahre des 19. Jahrhunderts eine Geschichte der Chemie, in der er der veralteten Symbolik und Terminologie Berthelots bis hin zur Anwendung der Äquivalente in den Formeln folgte.[8] Später überwanden die Schüler Kolbes und Berthelots die Grundideen, denen sie anfangs gefolgt waren.

Die Ideen, von denen die Rede ist, müssen nicht nur den theoretischen Grundlagen, sie können auch der Methodik der Chemie oder einem beliebigen anderen Bereich der Naturwissenschaft angehören. Der Schule von F. Pregl und F. Emich an der Grazer Universität zum Beispiel verdankt die Chemie die Mikroanalyse, durch die diese Schule Anfang des 20. Jahrhunderts zu einem Anziehungspunkt für viele Chemiker wurde.

Jedoch gibt nicht nur die Aufnahme von Ideen Grund, jemanden zu einer bestimmten Schule zu rechnen. Der betreffende Lehrer kann Anhänger haben, die eine höhere Stellung in der Wissenschaft einnehmen als er selbst. Die Ideen des jungen J. H. van't Hoff in der Stereochemie griffen solche bedeutenden Chemiker wie Bayer und Wislicenus auf und entwickelten sie weiter. Es muß noch eine weitere Bedingung dafür vorhanden sein, daß von der „Zugehörigkeit zu einer Schule" gesprochen werden kann – nämlich die, daß der Schüler in der betreffenden Schule eine entsprechende wisenschaftliche Erziehung erhalten hat. Mendeleev schrieb: „Butlerov bildete in Kazan dank seiner Vorlesungen und durch die Anziehungskraft seiner Ideen eine Schule von Chemikern, die in seiner Richtung arbeiteten. Diese Schule wurde durch viele Entdeckungen berühmt, die vorwiegend dank der Selbständigkeit der Butlerovschen Richtung gemacht wurden."[9]

Welches sind die wichtigsten Elemente der wissenschaftlichen Erziehung? In erster Linie sind dies Vorlesungen, also Unterricht im gewöhnlichen Sinne des Wortes. Wichtig ist jedoch auch das persönliche Beispiel. In allen Erinnerungen an Butlerov wird dieser Charakterzug von ihm erwähnt. Sein früherer Assistent Gustavson, Professor an der Landwirtschaftsakademie in Moskau, sagt: „Butlerov arbeitete immer offen, im Beisein aller Anwesenden... Ich kann mit vollem Recht sagen, daß er auch offen dachte. Alle Annahmen, die er machte, sowie ihre Überprüfung erfolgten stets unmittelbar im Beisein der

[7] G. V. Bykov: Dva otzyva D. I. Mendeleeva ob A. M. Butlerove, in: Uspechi chimii, Bd. 22, No. I, Moskau 1953, S. 117.

[8] R. Jagnaux: Histoire de la chimie, Bd. 1–2, Paris 1891.

[9] G. V. Bykov: Dva otzyva D. I. Mendeleeva ob A. M. Butlerove, a. a. O., S. 119.

Personen, die ihn umgaben. Er hatte keine Geheimnisse, weder bei der Entwicklung von Ideen noch bei den Versuchen zu ihrer Realisierung ... eine solche Handlungsweise war das wirksamste Mittel für die Weitergabe seiner Eigenschaften an die Schüler, weil ein jeder jeden Schritt seiner Arbeit verfolgen konnte, indem er die Verfahren beobachtete und mit ihm den ganzen komplizierten Prozeß der Entschleierung der verborgenen Seiten der Natur miterlebte. Wohl kaum einer befolgte so konsequent das Prinzip der offenen Demonstration seiner Übungen wie Butlerov."[10]

D. P. Konovalov, später Akademiemitglied, arbeitete nach Schließung des Bergbauinstituts einige Zeit als Praktikant in Butlerovs Laboratorium, weil er, wie er schrieb, „bei dem großen Meister arbeitend, vor allem sehen wollte, wie die Wissenschaft gemacht wird... Von den ersten Tagen an begriff ich, daß ich das gefunden hatte, was ich brauchte. Ich kam in eine für die Forschung organisierte Schule, in der man frei beobachten konnte, wie man die Wissenschaft macht. Das Butlerovsche Laboratorium, größenmäßig sehr bescheiden, bot Platz für etwa 10 Schüler, jedoch arbeitete er selbst vor aller Augen unter ihnen."[11]

Ähnliches schrieben Favorski, Markovnikov und andere Schüler sowie Praktikanten von Butlerov.

Es wäre jedoch falsch, wollte man sagen, daß diese Arbeitsmethode eine Erfindung Butlerovs gewesen sei. Das hier gezeichnete Bild erinnert an jenes, das Butlerov in allen seinen Erinnerungen selbst entwirft, wenn er über das Laboratorium von Zinin an der Kazaner Universität spricht, und Zinin wiederum hat seine wissenschaftliche Erziehung im Liebigschen Laboratorium in Gießen erhalten. Dieses Bild erinnert auch an den Charakter der Arbeit im Laboratorium von Wurtz, der ebenfalls ein Schüler von Liebig war. Darüber schrieb Friedel, der aus der Wurtzschen Schule hervorgegangen ist: „Das Hauptarbeitszimmer konnte bis zu 12 Personen aufnehmen, den Professor nicht gerechnet, dessen Platz, in der Nähe eines der großen Fenster gelegen, nicht größer war als der der anderen... Es war angenehm unter solchen Bedingungen zu arbeiten, sich täglich beim Professor zu befinden, der der zugänglichste, lebhafteste und aktivste war. Sobald er im Laboratorium war, beeilte sich jeder, ihm von seinen Untersuchungen zu berichten, sich mit ihm über die aufgetretenen theoretischen oder praktischen Schwierigkeiten zu beraten. Der Professor stützte sich auf seine Erfahrungen und beantwortete die Fragen, und jeder sagte seine Meinung... Das waren lebhafte Gespräche. Jeder konnte glauben, daß er etwas beigesteuert hatte, in

[10] G. G. Gustavson: A. M. Butlerov kak predstavitel' školy, in: Žurnal Russkogo Fisiko-chimičeskogo obščestva, Čast' chimičeskaja, Bd. 19, Moskau 1887, S. 63.

[11] D. P. Konovalov: A. M. Butlerov v svoej laboratorii Peterburgskogo universiteta (1878–1881), in: A. M. Butlerov. 1828–1928, Očerki po istorii znanij, Leningrad 1929, S. 56.

Wirklichkeit aber war er durch die Ideen bereichert worden und machte sich mit neuer Energie und mit großer Begeisterung für die Wissenschaft an die Arbeit."[12]

Durch welche Voraussetzungen wird nun wiederum ein Schüler zum wissenschaftlichen Leiter einer Schule?

Erstens. Ein Mensch, der kein schöpferisches Denkvermögen besitzt, kann nicht zum Begründer einer Schule werden. Er muß, wie man jetzt sagt, ein „Ideengenerator" sein. Er muß auch so unabhängig sein, daß er die Kühnheit besitzt, mit einem traditionellen „konzeptionellen System" zu brechen, er muß die Kraft besitzen, jene wissenschaftliche Tradition zu überwinden, die er während seiner wissenschaftlichen Erziehung erworben hat. Es scheint so, daß dies nicht in jedem Fall eine notwendige Bedingung ist. Häufig wendet der Leiter einer Schule bereits vorhandene Ideen auf ein neues Gebiet an. Ein Beispiel dafür ist die große Schule in Kazan, deren Leiter, A. M. Zajcev, einer der Schüler von Butlerov an der Kazaner Universität war. Dennoch sind diese und ähnliche Schulen Tochterschulen, aus denen größtenteils wenig selbständige Forscher hervorgehen, und die wenigen Ausnahmen (S. N. Reformatskij und A. E. Arbuzov, die aus Zajcevs Schule hervorgegangen sind) lassen sich anders erklären.

Zweitens. Der Leiter einer Schule muß sich zur Lehrtätigkeit berufen fühlen. Hierbei handelt es sich nicht nur um das Durchführen von Vorlesungen oder gar um deren Originalität, sondern darum, daß sie den Wissenschaftler bei ihrer Vorbereitung zu Verallgemeinerungen von prinzipieller Bedeutung hinführen. So gelangte Cannizzaro gerade bei der Vorbereitung von Vorlesungen zu seinen Ideen, die es ihm erlaubten, die Atom-Molekular-Reform in der Chemie abzuschließen, und Mendeleev kam auf die gleiche Weise zur Entdeckung des Periodensystems der Elemente. Dessenungeachtet begründete Mendeleev jedoch keine eigene Schule; wahrscheinlich ist die genannte Bedingung zwar eine notwendige, jedoch nicht hinreichende Bedingung.

In der von Figurovskij verfaßten Mendeleev-Biographie werden weder eine Mendeleevsche Schule in der Chemie noch Chemiker erwähnt, die man als seine Schüler ansehen kann.[13] Wie man an Hand eines Briefes von Beilstein an Butlerov urteilen kann, liegt die Ursache dafür im Charakter Mendeleevs als Lehrer im weitesten Sinne des Wortes begründet.[14]

Drittens. Eine notwendige Bedingung für die Gründung einer Schule ist die selbständige Stellung ihres Leiters in der Wissenschaft. Es müssen solche Bedingungen vorhanden sein, die es dem Leiter der künftigen Schule erlauben,

12 Ch. Friedel: La vie et les travaux de A. Wurtz, in: A. Wurtz, La théorie atomique, Paris 1898, S. Xf.

13 N. A. Figurovskij: D. I. Mendeleev, 1834–1907, Moskau 1961.

14 G. W. Bykow, A. M. Bekassowa: Beiträge zur Geschichte der Chemie der 60er Jahre des XIX. Jahrhunderts, Teil II, F. Beilsteins Briefe an A. M. Butlerow, in: Physis, Bd. 8, 1966, No. 3, S. 278.

selbständig zu arbeiten. Ein charakteristisches Beispiel dafür ist Kekulé. Nach zwei Jahren Arbeit in untergeordneter Stellung erhielt er die Möglichkeit, einen Lehrgang für organische Chemie als Privatdozent an der Heidelberger Universität durchzuführen. Er wurde bei der Organisation eines Laboratoriums zwar von seinem Bruder unterstützt, befand sich jedoch dabei unter solchen eingeschränkten Bedingungen, daß er sich selbst um die Säuberung des Vorlesungs- und Laboratoriumsraumes kümmern mußte.[15]

Kolbe konnte seine selbständige Lehrtätigkeit erst relativ spät aufnehmen. Vier Jahre (1848–1851) beschäftigte er sich mit dem Redigieren eines chemischen Wörterbuches, „eine Beschäftigung, die ihn lange nicht befriedigte“[16], ehe er den früheren Lehrstuhl Bunsens an der Marburger Universität bekam.

Cannizzaro war gezwungen, das Laboratorium von Piria zu verlassen, wo er als Assistent arbeitete und seine chemische Ausbildung erhielt, weil er nach einem Aufstand in Sizilien von der neapolitanischen Regierung zum Tode verurteilt worden war. Er emigrierte nach Frankreich und nahm dann eine bescheidene, jedoch selbständige Stelle an der Hochschule in Alexandria an, wo er seine ersten experimentellen Untersuchungen betrieb, die zur Entdeckung des Benzylspiritrus und der sogenannten Cannizzaro-Reaktion führten. Später siedelte er nach Genua und anschließend – nach dem Sturz der neapolitanischen Bourbonen – in das heimatliche Palermo über, wo er seine erste Chemikerschule gründete, deren bekanntester Vertreter Emilio Pterno wurde. Dort arbeitete auch der Franzose A. Naque, der Deutsche W. Körner und der Österreicher A. Lieben.

Wurtz, der seine chemische Ausbildung zunächst bei Liebig und dann bei Dumas erhielt, strebte, ebenfalls nach Selbständigkeit: Er richtete ein privates Laboratorium ein, mußte es jedoch schließen, als das Haus von seinen Besitzern verkauft wurde. Dann nahm er den Posten eines Professors der Chemie am Astronomischen Institut in Versailles an. Das Institut wurde geschlossen, und schließlich erhielt er eine Stelle, als Dumas die Professur an der Medizinischen Schule aufgab und ein anderer Professor der Chemie starb. Zunächst befand sich das Laboratorium von Wurtz auf einem Dachboden, und es gelang ihm, es buchstäblich mit eigenen Händen in Ordnung zu bringen.

Etwas anders war die Situation bei Berthelot. Professor A. T. Balard, bei dem er von 1854–1859 als Präparator arbeitete, gestattete es ihm, sich mit eigenen Dingen zu beschäftigen, obgleich Berthelot dadurch seine Präparatorpflichten vernachlässigen mußte. In dieser Zeit führte er mehrere glänzende Untersuchungen durch. Auf Balards Bitte wurde für Berthelot ein Lehrstuhl für organische Chemie an der Hochschule für Pharmazie eingerichtet. Zu-

[15] R. Anschütz: August Kekulé, Leben und Wirken, a. a. O., S. 66.

[16] E. v. Meier: Istorija chimii ot drevnejšich vremen do nastojaščego vremeni, Petersburg 1899, S. 257.

gleich wurde für Berthelot jedoch derselbe Lehrstuhl am College de France gegründet, wo er zum Anziehungspunkt für französische und ausländische Chemiker wurde.

Anatole France beschrieb diese Einrichtung so: „Dort lehrt man die ältesten Wissenschaften zusammen mit den neuesten. Bildung vermittelt man dort nicht... Die Lektoren und Professoren, so lautet ein Anschlagzettel, sprechen, worüber sie wollen und wie sie wollen... Diese Einrichtung vereint alte Verfahren und neue Methoden... Dort versteht man, daß die Jugend manchmal stürmisch ist und das Alter sich ausruhen möchte. Dort muß man glücklich sein. Jeder Lehrer hat sein Auditorium. Den einen hören junge Gelehrte, den anderen elegante Frauen, den dritten ein wenig fröstelnde Alte. Und jeder hat seinen eigenen weißen Zettel an den Türen seines Hauses."[17]

Butlerov blieb 24 Jahre lang der einzige Lehrer der Chemie an der Kazaner Universität. Jedoch kam ihm diese Selbständigkeit später zugute, als er nach einer Auslandsreise von 1857–1858 (wobei er, wie bereits erwähnt, über ein halbes Jahr im Laboratorium von Wurtz, jedoch an einer eigenen Thematik arbeitete) die Umrüstung des chemischen Laboratoriums übernahm und den ersten Zyklus experimenteller Untersuchungen durchführte. Während er Jahre zuvor seinem ersten Schüler, P. D. Boborykin – dem späteren Schriftsteller – empfohlen hatte, zur Fortsetzung seiner chemischen Ausbildung an eine andere Universität zu gehen, tauchten von 1859 an bei Butlerov nacheinander Schüler auf, die sich bald in der Wissenschaft einen eigenen Namen machten.

Viertens. Eine wichtige Bedingung für das Entstehen von Schulen ist auch die Möglichkeit, Schüler zu haben. Eine solche Möglichkeit boten die Lehrstühle. Hier wurden nicht nur Studenten zu Chemikern und Forschern ausgebildet, sondern auch festangestellte Laboranten und Assistenten, die häufig unentgeldlich arbeiteten, wie z. B. der reiche Portugiese Sen Gil, mit dem Berthelot die klassische Arbeit zur Kinetik durchführte, und der frühere Gardeoffizier und Gutsbesitzer V. F. Luginin, mit dem Berthelot eine Reihe von Arbeiten zur Thermochemie leistete.

Fünftens. So paradox es auch klingen mag: das Ende dieser Schulen tritt offensichtlich dann ein, wenn die Ausmaße der Forschungslaboratorien eine gewisse kritische Größe erreichen und so viele Menschen darin zu arbeiten beginnen, daß der Leiter nicht mehr das Zentrum dieses gesamten Kreises bleiben kann. Er verwandelt sich dann aus einem Leiter in einen Organisator, eine Erscheinung, die zu einem charakteristischen Merkmal der Chemie des zwanzigsten Jahrhunderts geworden ist.

Die Persönlichkeit des Leiters einer Schule, seine moralischen Qualitäten, sein Verhältnis zu Schülern und Kollegen wiederum drücken der Schule ihren

[17] Vgl. V. V. Sarvin: M. Bertlo, Leningrad 1928, S. 20f.

Stempel auf und prägen ihre Tradition. „Nichts reizt junge Menschen so sehr, als ihren Namen in der Presse zu sehen“, schrieb Liebig. „Bei den Franzosen besteht ein ganz anderes System. Alles, was in einem Laboratorium in Paris oder in der Provinz vollbracht wird, erscheint unter dem Namen des Professors (wir möchten vermerken, daß Liebig hier durchaus nicht Recht hat – d. A.). Das entmutigt die jungen Menschen. Die bei mir arbeitenden Menschen veröffentlichen unter ihrem eigenen Namen, selbst wenn ich ihnen geholfen habe.“[18] An das gleiche Prinzip wie Liebig hielt sich auch Butlerov sowie seine Schüler Markovnikov, während A. M. Zajcev, auch sein Schüler, sich anders verhielt.

Die Ursachen für dieses unterschiedliche Verhalten auch anderer Leiter von Schulen in der Handhabung der Liebigschen Regeln sind im einzelnen noch nicht bekannt. Sie verdienen eine spezielle Untersuchung. Wesentlicher ist in diesem Zusammenhang jedoch das Verhältnis des Leiters der Schule zu seinen Schülern im alltäglichen wissenschaftlichen Leben und überhaupt zu den Mitgliedern des von ihm geleiteten Kollektivs. Ein Merkmal eines idealen Leiters besteht darin, daß er die anderen nicht zwingt, „für ihn zu arbeiten“. In dieser Hinsicht ist ein Beispiel interessant. Der junge van't Hoff schrieb in einem Brief, daß Kekulé mehreren ihn bezahlenden Laboranten den Status einer unbezahlten Assistentenstelle anbot. „Und jetzt, da ich mich mit einem eigenen Thema beschäftige, verhält sich Professor Kekulé mir gegenüber schon nicht mehr so wie früher.“[19]

Indessen war Kolbe in dieser Hinsicht absolut korrekt, wovon die Erinnerungen und Briefe Markovnikovs an Butlerov zeugen[20], obgleich Kolbe in seinen veröffentlichten Werken alle Grenzen des Anstands, was Ausfälle gegen seine wissenschaftlichen Opponenten betrifft, überschritt.

Die chemischen Schulen der Mitte des vergangenen Jahrhunderts stellten relativ kleine Kollektive dar, denen die Leiter, Studenten und Absolventen, hauptamtliche und freie Laboranten und Assistenten sowie „Gäste“ angehörten, die manchmal in bezug auf ihre offizielle Stellung dem Leiter nicht nachstanden. Diese Kollektive waren in einem gemeinsamen Arbeitsraum vereinigt, und obgleich zwischen allen Mitgliedern des Kollektivs ein ständiger Austausch von methodischen Erfahrungen und verschiedensten Informationen stattfand, blieb der Leiter das ideenmäßige und administrative Zentrum, bei dem alle Fäden des Kollektivs zusammenliefen.

Gibt es heute ein Analogon zur klassischen Schule? Sicher. Das sind die einzelnen Laboratorien, Abteilungen oder Lehrstühle von Forschungsinsti-

[18] Vgl. C. Vogt: Aus meinem Leben, Erinnerungen und Rückblicke, Stuttgart 1896, S. 129.

[19] E. Cohen: J. H. van't Hoff, Sein Leben und Wirken, Leipzig 1912, S. 18.

[20] Pis'ma russkich chimikov k A. M. Butlerov, in: Naučnoe nasledstvo, Teil 4, Moskau 1962, S. 236.

tuten und Lehranstalten. Warum aber trifft man so selten auf ein solches Kollektiv, das wirklich eine Schule darstellt? Aus dem gleichen Grunde, aus dem auch früher eine sehr große Zahl von Lehrstühlen oder Laboratorien keine Schulen waren, und zwar deshalb, weil die Leiter dieser Einrichtungen oft nicht über die notwendigen Eigenschaften zur Gründung von wissenschaftlichen Schulen verfügten.

Hans-Jürgen Treder

Liebig und die Entdeckung des Satzes von der Erhaltung der Energie

J. v. Liebig und seine Schule werden in diesem Band unter sehr verschiedenen Aspekten dargestellt. Das erlaubt es mir, einen bisher wenig beachteten speziellen wissenschaftlichen Beitrag Liebigs hervorzuheben, der zunächst nichts mit der Charakterisierung der Schule Liebigs zu tun zu haben scheint. Liebig hat jedoch nicht zuletzt deshalb seinen Beitrag zur Anerkennung der Chemie im System der Wissenschaften geleistet, weil er und seine Schüler sich von vornherein nicht auf die Chemie als solche beschränkten. Erst die Beziehung der Chemie zur Agrikultur, zur Lebensmitteltechnologie, zur Physiologie und auch zur Physik sicherten ihr den anerkannten Platz im Ensemble der Naturwissenschaften. Ansonsten bliebe es überdies weithin unerklärlich, aus welchem Grunde die späteren namhaften Repräsentanten der physikalischen Chemie, J. H. van't Hoff, W. Ostwald, S. Arrhenius und W. Nernst, in der zweiten und dritten Schülergeneration des in der Literatur verschiedentlich dargestellten Stammbaums der Liebig-Schule aufgeführt werden. Da Liebig gemeinhin als Vertreter der organischen Chemie bekannt ist, wäre seine Wirkung auf die genannten Vertreter der physikalischen Chemie nur eine indirekte, wenn nicht auch in seinem Gesamtwerk Theoreme und Überlegungen enthalten wären, die eine direkte Beziehung zu der erst in der zweiten und dritten Schülergeneration begründeten physikalischen Chemie herstellten.

Hier soll die Aufmerksamkeit auf die Rolle Liebigs bei der Entdeckung und Anwendung des Satzes von der Erhaltung der Energie gelenkt werden.

Liebig hat in der Geschichte der Entdeckung des Energie-Satzes – d. h. des 1. Hauptsatzes der Thermodynamik und der mechanischen Wärmetheorie – eine beachtliche „innere" und „äußere" Rolle gespielt. Er gehörte zu denjenigen Forschern, die, von ihrem Spezialgebiet ausgehend, Teileinsichten gewonnen haben, die schließlich in die allgemeine Formulierung des 1. Hauptsatzes einmündeten, und er hat wesentlich dazu beigetragen, daß der 1. Hauptsatz in der Chemie und Physiologie rezipiert wurde. Als führender Wissenschaftler seiner Zeit hat Liebig aber auch folgenreich in das Geschehen, das mit seiner Entdeckung und Formulierung verbunden war, eingegriffen.

Bekanntlich hatte Liebig 1842 seine „Annalen der Chemie und Pharmacie" Robert Mayer für die Veröffentlichung seiner ersten Arbeit zum Energiesatz:

„Bemerkungen über die Kräfte der unbelebten Natur", zur Verfügung gestellt.[1] Es ist dies derjenige Aufsatz, auf den sich Mayers Priorität für die Entdeckung des 1. Hauptsatzes der Wärmelehre stützte, und die Arbeit, aus der sich als bleibendes Ergebnis die erste Berechnung des mechanischen Wärme-Äquivalents entnehmen läßt. Wenn man Mayers Aufsatz gutwillig, d. h. von den späteren Einsichten ausgehend interpretiert, enthält er tatsächlich bereits den allgemeinen Energiesatz, allerdings in Formulierungen, aus denen man, wenn man sie weniger freundlich interpretiert, auch alles mögliche andere herauslesen könnte. Mayer machte in seinen Aufsätzen naturphilosophische Aussagen, auf die sich wesentlich später Liebig noch wiederholt beruft: „Causa aequat effectum" und „Ex nihilo nihil fit".[2]

Das sind Sätze, aus denen man an sich alles oder gar nichts herauslesen kann, die aber, so interpretiert, wie sie Mayer gemeint hat, den 1. Hauptsatz als Axiom der mechanischen Wärmetheorie implizieren und die Mayer auf Grund eines genialen Gedankenexperiments eben zur Definition und Berechnung des mechanischen Wärmeäquivalents führten.

Liebig hat sich ein großes Verdienst dadurch erworben, daß er Mayers Aufsatz publizierte. Er sah sehr viel weiter als der Berliner Physiker J. Poggendorff, der es 1841 abgelehnt hatte, Mayers Gedanken in seinen „Annalen der Physik und Chemie" zu veröffentlichen.[3] Das hatte teilweise seinen Grund im Stil Mayers, teilweise aber auch in der damaligen Tendenz der Physik, sich möglichst von aller „Naturphilosophie" zu distanzieren. Poggendorff sah in Mayers Arbeit nur naturphilosophische Spekulationen und war deshalb wohl der Meinung, daß so etwas nicht in einer physikalischen Zeitschrift erscheinen dürfe. Liebigs positive Entscheidung war also sehr bedeutsam und insofern keineswegs zufällig, als Liebigs Gedankenwelt Mayers Ideen sehr nahestand.

Es muß hier aber noch darauf hingewiesen werden, daß die von Mayer 1842 an Liebig gesandte Fassung gegenüber seiner ersten, die er 1841 bei Poggendorff eingereicht hatte, wesentliche Fortschritte enthält. Wie Mayer später selbst im Briefwechsel mit Griesinger ausführte[4], hatte er in der früheren Fassung das für seine Zwecke unbrauchbare cartesianische „Kraftmaß" mv verwandt statt der Leibnizschen „lebendigen Kraft" mv^2, auf welche sich seine Arbeit von 1842 stützt. Zudem wird das physikalisch Entscheidende

[1] R. v. Mayer: Bemerkungen über die Kräfte der unbelebten Natur, in: Annalen der Chemie und Pharmacie, Bd. XLII (1842), S. 233.

[2] Vgl. zu „causa aequat effectum" R. v. Mayer: Bemerkungen über die Kräfte der unbelebten Natur, a. a. O.; zu „ex nihilo nihil fit" R. v. Mayer: Die organische Bewegung in ihrem Zusammenhang mit dem Stoffwechsel, Heilbronn 1845.

[3] Mayer reichte 1841 an Poggendorff eine Abhandlung ein: „Über die quantitative und qualitative Bestimmung der Kräfte", die dieser jedoch nicht akzeptierte.

[4] Vgl. R. v. Mayer: Kleinere Schriften und Briefe, Stuttgart 1893, S. 173–228.

in der bei Liebig erschienenen Arbeit, die Berechnung des mechanischen Wärmeäquivalents, in der früheren Fassung nur angekündigt.[5]

Drei Jahre später hat dann Liebig aber die Veröffentlichung einer sehr viel umfangreicheren und ausgereifteren Arbeit von Mayer über „Die organische Bewegung im Zusammenhang mit dem Stoffwechsel“[6] abgelehnt, obwohl Mayer hier den allgemeinen Energiesatz nun recht umfassend begründete. Liebig hatte zur gleichen Zeit eine Arbeit mit einer analogen Problematik unter dem Titel „Über thierische Wärme“[7] verfaßt und zog seinen Mayers Arbeit vor, zumal dieser darin recht scharf gegen einige Konzeptionen Liebigs polemisierte. Tatsächlich war Liebigs Arbeit aber sehr viel spezieller und sehr viel weniger tiefgehend als Mayers Aufsatz. Mayers Schrift erschien dann als selbständige Broschüre, wie auch zwei Jahre später Hermann Helmholtz' umfassende Untersuchung „Über die Erhaltung der Kraft“ als selbständige Broschüre herausgegeben werden mußte[8], da sie von Poggendorff für die „Annalen der Physik und Chemie“ abgelehnt worden war.

Später hat Liebig jedoch Mayers Leistungen in dessen Schrift von 1845 nachdrücklich anerkannt und seine Formulierungen voll akzeptiert. Er hob auch hervor, daß die eigentliche Problematik nur von Mayer erkannt worden war. Dies legte Liebig 1858 zunächst in einem Vortrag dar und dann erstmals in der 4. Auflage seiner weitverbreiteten „Chemischen Briefe“, wo er im 13. Brief über den Kräftewechsel in der unorganischen Natur feststellte, daß Mayer derjenige war, der herausgefunden hatte, daß sich die Qualität der Kraft ständig ändert, ihre Quantität aber erhalten bleibt.[9] Dies ist eine etwas vage Formulierung, die aber – so wie sie Liebig meinte – das Richtige trifft.

Der erwähnte Aufsatz Liebigs über tierische Wärme, der 1845 in seinen „Annalen“ erschien, enthält trotzdem einen beachtlichen Beitrag zur physiologischen Wärmelehre. Liebig kannte allerdings bereits Mayers Auffassung vom mechanischen Wärme-Äquivalent und seine darauf aufbauende Theorie der physiologischen Wärme. Liebigs Arbeit stand im Mittelpunkt des ersten großen Referats von Helmholtz über die Arbeiten zur physiologischen Wärmelehre, das 1847 in den „Fortschritten der Physik“ erschien.[10] In diesem Referat gelangte Helmholtz in der Auseinandersetzung mit Liebig bereits zu klareren

[5] Vgl. ebenda: S. 99–107.

[6] R. v. Mayer: Die organische Bewegung in ihrem Zusammenhang mit dem Stoffwechsel, Heilbronn 1845.

[7] J. v. Liebig: Über die thierische Wärme, in: Annalen der Chemie und Pharmacie, Bd. LIII (1845), S. 63–77.

[8] H. Helmholtz: Über die Erhaltung der Kraft, Berlin 1847.

[9] Vgl. J. v. Liebig: Chemische Briefe, 4. Aufl., Leipzig 1878, S. 104.

[10] Vgl. H. Helmholtz: Bericht über die Theorie der physiologischen Wärmeerscheinung aus dem Jahre 1846, in: Wissenschaftliche Abhandlungen, Bd. I, Leipzig 1882, S. 3–11.

Einsichten als dieser sowie zu einer Berichtigung von sachlichen Irrtümern bei Liebig.

Es besteht also die Möglichkeit, zumindest aber kann man so konstruieren, daß Helmholtz, der Originalarbeiten von Mayer bis etwa 1850 nicht kannte, durch Liebigs Arbeit – in der Mayer jedoch nicht zitiert wird – und durch seine Auseinandersetzung mit Liebigs Auffassungen indirekt mit Mayers Gedanken in Kontakt gekommen ist.

Liebigs origineller Beitrag zur Begründung des Energieprinzips, mit dem sich sowohl Mayer wie Helmholtz in ihren grundlegenden Schriften auseinandersetzen und auf den später noch M. Planck in seiner historisch-kritischen Studie „Über das Prinzip der Erhaltung der Energie" (1887) eingegangen ist[11], bezieht sich auf den Wärmehaushalt der Tiere. Bereits in einem Aufsatz „Der Lebensprozeß im Thiere und die Atmosphäre", den Liebig 1842 – also etwa gleichzeitig mit Mayers Aufsatz – in seinen „Annalen" veröffentlichte[12], sowie in seinem gleichzeitig erschienenen Buch „Die organische Chemie in ihrer Anwendung auf Physiologie und Pathologie"[13] schnitt Liebig einen ganzen Themenkomplex an, der ihn jahrzehntelang beschäftigte und der das Problem der Energieumwandlung an einem konkreten Beispiel enthielt, nämlich dem Energie-Umsatz beim Stoffwechsel.

Verfolgt man die Diskussion um die Formulierung des Energie-Satzes, so lassen sich zwei verschiedene Quellen feststellen. Eine bilden seine hochmathematischen Formulierungen in der analytischen Mechanik, die sich in den Prinzipien der Mechanik von d'Alembert, Hamilton und Jacobi niederschlugen, deren Bedeutung weit über die Grenzen der reinen Mechanik hinausreicht. Diese Prinzipien, die sich durch eine hohe Reife ihrer Begriffsbildung auszeichneten, zeigten, daß in den Axiomen der Newtonschen Mechanik ein Satz von der Erhaltung der Energie als 1. Integral der Bewegungsgleichungen implicite enthalten ist, der explicite von Huygens und Leibniz als „Prinzip der lebendigen Kraft" ausgesprochen worden war. Man wußte in der Mechanik selbstverständlich, wann der mechanische Energie-Erhaltungssatz galt und wann nicht; sind die Nebenbedingungen skleronom – zeitunabhängig –, so gilt der mechanische Energiesatz; sind sie rheonom – explicite zeitabhängig –, so gilt er nicht. Helmholtz bemerkte dann später, daß die universelle Gültigkeit des Energie-Satzes eben besagt, daß in der Natur tatsächlich auch die scheinbar rheonomen Bedingungen auf skleronome zurückführbar sind.[14] Der große Analytiker Jacobi unterstützte als erster Helmholtz' Resultate.

11 M. Planck: Über das Prinzip der Erhaltung der Energie, 3. Aufl., Leipzig 1913.

12 J. v. Liebig: Der Lebensprozeß im Thiere und die Atmosphäre, in: Annalen der Chemie und Pharmacie, Bd. XLI (1842), S. 189–219.

13 J. v. Liebig: Die organische Chemie in ihrer Anwendung auf Physiologie und Pathologie, Braunschweig 1842.

14 Vgl. H. Helmholtz: Über die Erhaltung der Kraft, a. a. O.

Die zweite Quelle des Satzes von der Erhaltung der Energie, die Thermodynamik, war begrifflich bei weitem nicht so ausgereift. In ihr bestand noch um 1842 die alte, erst allmählich zurücktretende Ansicht, daß die Wärme ein Stoff sei. Diese Hypothese vom Wärmestoff hatte S. Carnot noch 1824 bei seinen fundamentalen Untersuchungen über die thermodynamischen Kreisprozesse unterstützt.[15] Wie Planck 1887 darlegte[16], kam Carnot aber später – vor 1832 – zu einer Vorwegnahme des mechanischen Wärmeäquivalents von Mayer und Joule. Jedoch wurden seine nachgelassenen Aufzeichnungen hierzu erst 1878 veröffentlicht.[17]

Bei der bestehenden Hypothese von der Wärme als etwas Stofflichem mußte so etwas wie ein Satz von der Erhaltung der Wärmemenge gefolgert werden; die „Quantität des Wärmestoffes" sollte erhalten bleiben. Einer solchen Auffassung stand aber die bekannte Tatsache entgegen, daß sich Wärme durch Reibung, d. h. durch mechanische Bewegung erzeugen ließ. Es war also ein offenes Geheimnis – so etwas wie eine allgemeine Folklore – unter den Physikern, Chemikern und Physiologen, daß Wärme eine Form der Bewegung sein müsse. Damit wurde aber die quantitative Begründung der Wärmelehre wieder etwas unklar, denn mit dem Substanzcharakter der Wärme ging zunächst auch ihre quantitative Erfaßbarkeit verloren.

Auf diese Problemstellung ging nun Liebig in seinen Arbeiten ein. Er polemisierte dagegen, daß man die tierische Wärme einfach als Bewegungsform bezeichnete, und stellte die Frage nach der Ursache dieser Bewegung sowie der Kraft, die sie bedingt und ermöglicht. Er gelangte dabei zu dem Schluß, den er mit logischer und experimenteller Schärfe zu beweisen suchte, daß die „Selbstbewegung der Thiere" ihre letztendliche Quelle im Stoffwechsel hat, nämlich in der Nahrungsaufnahme und -verbrennung, und daß man hieraus den Wärmehaushalt und die lebendige Kraft der Tiere und Pflanzen berechnen kann.[18] Dabei stieß Liebig auf eine technische Schwierigkeit, an der er sich vorbeizumogeln versuchte: Als er die Verbrennungswärme der chemischen Elemente, aus denen sich die tierische Nahrung zusammensetzt, mit dem Energiehaushalt der Tiere verglich, kam er zu einem merklichen Defizit, das er einfach auf die unzulängliche Art der Messung zurückführen wollte. Die Ursache des Wärmedefizits klärte Helmholtz 1847 auf, indem er feststellte, daß die Verbrennungswärme der chemischen Verbindungen nicht

[15] Vgl. S. Carnot: Réflexions sur la Puissance Motrice du Feu et sur les Machines progrès à développer cette Puissance, Paris 1824; deutsch: Betrachtungen über die bewegende Kraft des Feuers und die zur Entwicklung dieser Kraft geeigneten Maschinen, Leipzig 1892.

[16] Vgl. M. Planck: Über das Prinzip der Erhaltung der Energie, a. a. O.

[17] Vgl. H. Carnot (Bruder von S. Carnot): Lettre, Compt. Rend., 87, 1878, S. 967.

[18] Vgl. J. v. Liebig: Über die thierische Wärme, a. a. O.

identisch mit der Summe der Verbrennungswärme ihrer einzelnen Elemente ist.[19]

Liebig hatte grundsätzlich jedoch die richtigen Vorstellungen entwickelt, indem er eine Energiebilanz annahm, auf Grund derer die „Lebenskraft" quantitativ aus dem Stoffwechsel herleitbar ist, und meinte, daß aus den thermodynamischen Grundgrößen der chemischen Substanz auf die Energiebilanz der Lebewesen geschlossen werden kann.

Weitere Schwierigkeiten ergaben sich bei Liebig aus dem Kraftbegriff. Auch Mayer und Helmholtz sprachen von der „Erhaltung der Kraft", und Mayer hat – wie auch Liebig – verschiedentlich gegen den Newtonschen Begriff der „Gravitationskraft" polemisiert. Ursache der Verwirrung war, daß Mayer und Helmholtz damals unter „Kraft" die „lebendige Kraft" (Leibniz) und damit das verstanden, was wir heute mit „kinetischer Energie" bezeichnen. In der Mechanik war diese Diskussion schon seit d'Alembert ausgestanden, außerhalb ihrer herrschte aber noch große Unklarheit, und die Begriffe liefen neben- und durcheinander. Das war z. T. auf Mayers unklare Formulierung „causa aequat effectum" zurückzuführen. „Causa" wurde meist im Sinne des Begriffes „Ursache" ausgelegt und damit in der Nachfolge Kants mit dem Newtonschen Kraftbegriff identifiziert, während Mayer dagegen argumentierte, daß die Gleichheit von Ursache und Wirkung die Erhaltung einer Quantität, einer Substanz, aussage.

Eine historisch-kritische Analyse dieser zentralen Streitfragen in den Beziehungen der Mechanik zur allgemeinen Physik von Descartes, Newton und Leibniz über Bernoulli, d'Alembert und Kant bis zu Mayer, Liebig und Helmholtz gab Engels in zwei Artikeln seiner „Dialektik der Natur", in „Grundformen der Bewegung" und „Maß der Bewegung-Arbeit"[20]. So kam dann auch Liebig, obwohl er einerseits gegen den naturphilosophischen Begriff „Lebenskraft" polemisierte, andererseits doch zu der Überzeugung, daß es so etwas wie eine „Lebenskraft" gäbe, die er mit einer gewissen spezifischen „Lebensenergie" gleichsetzte.

Auf diese Inkonsequenz bei Liebig hatte Mayer in seiner Schrift von 1845 hingewiesen.[21] Er hob hervor, daß nicht deutlich wird, was Liebig unter „Lebenskraft" versteht. Liebig war sich damals tatsächlich wohl selbst nicht klar darüber und anerkannte später – in dem erwähnten Vortrag von 1858 mit dem Titel „Über die Metamorphose der Kraft" – Mayers Verdienst bei der Aufhellung dieser Zusammenhänge. Er betonte, daß Mayer die Unmöglichkeit eines „perpetuum mobile" sowohl in der unbelebten wie in der be-

19 Vgl. H. Helmholtz: Über die Erhaltung der Kraft, a. a. O.

20 F. Engels: Dialektik der Natur, in: MEW, Bd. 20, Berlin 1962, S. 370–383. Vgl. auch M. Planck: Über das Prinzip der Erhaltung der Energie, a. a. O.

21 Vgl. R. v. Mayer: Die organische Bewegung in ihrem Zusammenhang mit dem Stoffwechsel, a. a. O.

lebten Natur nachgewiesen und dadurch den Begriff der „Lebenskraft“ ad absurdum geführt habe.[22]

Liebig war sich aber schon 1842 klar darüber – und dies ist sein spezielles Verdienst auf dem Gebiet der physiologischen Wärmelehre –, daß zur Aufrechterhaltung des Energiehaushaltes der Lebewesen die Aufnahme eines entsprechenden Äquivalents an Nahrung notwendig ist.

Liebig arbeitete klar heraus, daß unabhängig von den Einzelheiten der Stoff-Assimilation durch die Lebewesen ihre Stoffwechselbilanz quantitativ erfaßt werden kann und daß damit physikalische Grundgesetze auch auf die lebendige Materie Anwendung finden. Quantitative Schlüsse, die in der Physik gelten, sind nach Liebig auch in der Physiologie richtig.

Es war also kein Zufall, daß die abschließenden Begründer des 1. Hauptsatzes der Wärmelehre, die zu der Erkenntnis der uneingeschränkten Gültigkeit und zur quantitativen Formulierung des Energie-Satzes gelangten, nämlich Mayer und Helmholtz, keine Physiker, sondern Mediziner und Physiologen waren. In der Physiologie lagen Schwierigkeiten, die aus einer fehlenden Einsicht in den Energie-Satz resultierten, auf der Hand. Vor allem für die Physiologie der Ernährung und des Stoffwechsels waren quantitative thermodynamische Begriffsbildungen notwendig geworden. Man könnte sich aus heutiger Sicht darüber wundern, warum von allen Erhaltungs-Sätzen der Mechanik gerade der Energie-Satz eine so große Bedeutung gewann. In der Mechanik ist der Energie-Satz vor den anderen Erhaltungs-Sätzen – dem Impulssatz, dem Drehimpulssatz und dem Schwerpunktsatz – nicht ausgezeichnet; sie alle sind 1. Integrale der Bewegungsgleichungen. Aber die Systeme, mit denen man es außerhalb der Mechanik zu tun hatte, waren naturgemäß so ausgewählt, daß bei ihnen die Impulsbilanz trivial wird. Die Wärmebewegung ist eine ungeordnete Bewegung mit verschwindendem Gesamtimpuls und verschwindendem Gesamtdrehimpuls, wobei das thermodynamische System immer im Schwerpunkt-Ruhsystem betrachtet werden kann. Damit war nur ein einziges Integral von Bedeutung, eben das Energie-Integral. Es ist nämlich das einzige Integral, das einem positiv-definiten Skalar[23] und nicht einem Vektor entspricht.[24]

[22] Verdienste darum, daß sich Liebig erneut und vertieft mit Mayers Arbeiten beschäftigte und diese schließlich voll akzeptierte, hat vor allem der Physiker J. C. Bohn gehabt, der um 1857 an der Universität München auch Liebigs Schüler war. Vgl. R. v. Mayer: Kleinere Schriften und Briefe, a. a. O.

[23] Diese Definitheit besteht nicht für die potentielle Energie U (Energie der Lage), die vielmehr beide Vorzeichen haben kann und für die die Newtonsche Gravitation immer $U \leqq O$ ist. Die hieraus folgende Indefinitheit der Gesamtenergie eines Systems erschien als eine Schwierigkeit der klassischen Energielehre. Sie wurde in der speziellen Relavitätstheorie durch Einsteins Energie-Massen-Äquivalenz $E = mc^2$ gelöst, mit der Einstein den Absolutwert des Energie-Inhalts jedes physikalischen Systems durch seine Masse bestimmte (1905/07).

Als skalar erhaltene Größe entspricht dann die Energie tatsächlich den Vorstellungen Mayers und Liebigs von einer substanzartigen Qualität. Daraus, daß die übrigen Erhaltungs-Sätze der Mechanik in ihrer Bedeutung gegenüber dem Energie-Satz so stark zurücktreten, resultierte bei nicht mathematisch vorgebildeten Naturforschern der Eindruck, daß alle wesentlichen Aussagen der Physik im Energie-Satz enthalten seien.[25]

Hierdurch wurde von Einstein und Planck (1907) auch eine neue Energie-Form, die Ruhenergie, entdeckt, die damit zu den bei Mayer, Liebig, Joule, Helmholtz, Clausius, Thomson, Planck (1887) und Ostwald definierten Energie-Arten hinzutritt.
Vgl. F. Hasenöhrl: Die Erhaltung der Energie und die Vermehrung der Entropie (1914), in: Kultur der Gegenwart, Bd. Physik, 2. Aufl., Leipzig/Berlin 1925.
Vgl. M. v. Laue: Trägheit und Energie, in: Albert Einstein als Philosoph und Naturforscher, Stuttgart 1955.

24 Die Energie ist ein Skalar im dreidimensionalen Raum der klassischen Physik. In der Relativitätstheorie Einsteins ist die Energie die vierte (zeitartige) Komponente eines Vierer-Vektors der Minkowskischen Raum-Zeit-Welt, dessen drei raumartige Komponenten den gewöhnlichen Impuls definieren.

Liebig betonte in seiner „Organischen Chemie" (1842) besonders die Bedeutung des Satzes von der Erhaltung der Masse auch für die physiologischen Prozesse. Sich auf Liebig berufend, hob Mayer 1845 die Analogie seiner „Erhaltung der Kraft" zu der von der Chemie bewiesenen „Erhaltung der Materie" hervor. Mayer führte aus, daß, was in Analogie zur Chemie bezüglich der „Kraft" (d. i. der Energie) zu leisten ist, ihre „Metamorphosen" bei unveränderlicher Quantität zu erforschen sind. Durch Einsteins relativistische Erweiterung des Energie-Satzes sind die Erhaltungssätze für Masse und Energie miteinander vereinigt worden und bilden eine Komponente des relativistischen Energie-Impuls-Satzes. Der Substanz-Charakter der Energie (gemäß Mayer, Liebig und gemäß Ostwalds „Energetik") wurde durch Einstein auf ihr Massen-Äquivalent $m = \frac{E}{c^2}$ zurückgeführt (Sätze von der „Trägheit und Schwere der Energie" in der speziellen und der allgemeinen Relativitätstheorie).

Einstein und Infeld bemerkten hierzu: „Die alte Energie-Substanz ist somit das ... Opfer der Relativitätstheorie." Die Relativitätstheorie beweist, in Einsteins Worten: „Alle Energie verhält sich wie Materie." (A. Einstein, L. Infeld: Die Evolution der Physik (1938), Hamburg 1956.)

Diese Erkenntnisse stehen im direkten Gegensatz zu den Erwartungen der Ostwaldschen Energetik, die den physikalischen Masse- und den philosophischen Materie-Begriff eliminieren wollte. Einsteins Formulierungen gehen dagegen konform mit den Resultaten von Lenins etwa gleichzeitiger erkenntnistheoretischen Kritik der energetischen Naturphilosophie, besonders an den Auffassungen Ostwalds.
Vgl. dazu W. Ostwald: Vorlesungen über Naturphilosophie, Leipzig 1902; W. I. Lenin: Materialismus und Empiriokritizismus (1909), Werke, Bd. 14, Berlin 1970; M. v. Laue: Trägheit und Energie, a. a. O.

25 Dasselbe Mißverständnis der Tatsache, daß der Energie-Satz nur *einer* der

Auch Liebig vertrat die Ansicht, daß in der Physiologie physikalisch alles in Ordnung wäre, wenn nur für die korrekte Energiebilanz gesorgt sei, und dies führte ihn zu seinem unklaren Begriff einer eigenen „Lebenskraft“, die er dann mit der Physik vereinbar hielt, wenn sie so wirkte, daß sie den Energie-Satz nicht verletzte. – Später hat der Neo-Vitalismus erneut versucht, in die Biologie solche „nichtphysikalischen Kräfte“ einzuführen, die nach Driesch – wie die physikalische Lorentz-Kraft – senkrecht auf den Bewegungen stehen und daher „wattlos“ wirken sollten. – Dies ist ein Argumentations-Niveau, das man bei Liebig noch gelten lassen kann, das aber fast 100 Jahre nach Liebig paradox ist. Dieses Beispiel ist jedoch geeignet zu zeigen, welche intellektuelle Leistung Liebig dadurch vollbrachte, daß er allmählich seine Vorstellung von einer „Lebenskraft“ überwand.

Liebig gehörte also zu jenen Wissenschaftlern, die unmittelbar vor Mayer, Joule und Helmholtz ganz nahe an bestimmte Seiten des Energie-Satzes herangekommen sind, und zwar jeweils von ihren konkreten fachlichen Fragestellungen her. Bei Liebig waren dies Fragen der organischen Chemie in ihrem Zusammenhang mit der Physiologie des Stoffwechsels. Liebig besaß zwar einen guten Blick für dieses große Problem, als „Nicht-Mechaniker“ und „Nicht-Mathematiker“ hatte aber auch er die schon dargestellten begrifflichen Schwierigkeiten, die erst durch Helmholtz völlig beseitigt wurden, und es fehlte ihm der allgemeine axiomatische Energie-Begriff, den Mayer entwickelt hat.

An der Durchsetzung dieser umfassenden Energie-Konzeption in Chemie und Physiologie hat Liebig dann bedeutenden Anteil gehabt. Hierbei war seine große Wirksamkeit als Forscher, Lehrer, Herausgeber und Autor von nicht zu unterschätzender Bedeutung. Es ist kein Zufall, daß die Begründer der auf der mechanischen Wärmelehre aufbauenden physikalischen Chemie, van't Hoff, Ostwald, Arrhenius und Nernst, in zweiter oder dritter Generation aus Liebigs großer Schule der Chemie hervorgegangen sind.[26]

Erhaltungssätze der Physik ist, wurde später Grundlage der „Energetik“ Ostwalds, die u. a. die gesamte Physik auf Aussagen über die Energie allein zurückführen wollte (s. auch Anmerkung 24). Ostwald identifizierte – wie Mayer und Liebig – das Kausalgesetz mit dem Energie-Satz.

Gegen die „Energetik“ wandten sich Boltzmann und Planck unter Hinweis auf die Stellung des Energie-Satzes in der Dynamik: Der Energie-Satz allein ist nicht in der Lage, die Bewegungen der Teilchen zu bestimmen.

Vgl. L. Boltzmann: Ein Wort der Mathematik an die Energetik, in: Annalen der Physik, 3 (1896) 57, S. 39; L. Boltzmann: Zur Energetik, in: Annalen der Physik, 3 (1896) 58, S. 595.

26 Vgl. hierzu Spektrum 4, 1973; W. Ostwald: Zur Biologie des Forschers, in: W. Ostwald: Die Forderung des Tages, Leipzig 1910.

Karl Heinig

Wissenschaftliche Zeitschriften als Organe wissenschaftlicher Schulen am Beispiel von Liebigs „Annalen der Chemie und Pharmacie“

Im Prozeß der Herausbildung selbständiger Wissenschaften und deren Schulen spielt die Entwicklung einer eigenen fachspezifischen Literatur und dabei besonders die Herausgabe einer für das Fach speziellen Zeitschrift eine beträchtliche Rolle.

Am sichtbarsten wird dies an der Geschichte der Chemie, die sich an der Wende vom 18. zum 19. Jahrhundert zu einer selbständigen Wissenschaft entwickelte. Im Verlauf dieses Prozesses erfolgte eine weitere Differenzierung in Spezialgebiete, die wiederum sehr bald wesentliche Forderungen an eine selbständige Wissenschaft erfüllten. Das waren eine weitgehend genaue Definition des Bereiches, eine nur für den Bereich entwickelte Theorie, spezielle Regeln und Praktiken, eine eigene Sprache und Klassifizierung sowie eigene Lehr- und Forschungseinrichtungen, eigene Lehrbücher und Zeitschriften und eigene Organisationen.

Die schon gegen Ende des 18. Jahrhunderts sich abzeichnende Rolle der Chemie als Produktionspotenz verstärkte diesen Entwicklungsprozeß und verlangte nach neuen Formen der Lehre und Forschung, der Kommunikation und Information über die Wissenschaft. So entstanden in dieser Zeit wissenschaftliche Schulen, die vorbildlich wurden für die Ausarbeitung von Prinzipien der wissenschaftlichen Arbeit, zum Beispiel die Schule von Berzelius in Stockholm[1] und von Gay-Lussac in Paris, und es entwickelten sich aus den bestehenden Zeitschriften, die sehr vielseitig in ihrer Thematik waren, speziell auf ein Fach gerichtete Periodica.

Es war Berzelius, der sehr bald erkannte, daß die Ausbildung eines nur beschränkten Kreises von Schülern zur Durchsetzung der praktizierten Lehrmeinung nicht genügte, daß die Möglichkeiten der Kommunikation, sei es über Lehrbücher, durch Handbücher oder periodisch erscheinende Beiträge, genutzt werden mußten, um die Ideen und Ziele seiner Schule breiten Kreisen zugänglich zu machen.

Berzelius bezog die Nutzung des gedruckten Wortes auch in seine Lehr-

[1] Die Berzeliussche Schule hat maßgeblich die Entwicklung der theoretischen Ansichten in der ersten Hälfte des 19. Jahrhunderts bestimmt. Aus seiner Schule kamen so bedeutende Chemiker wie F. Wöhler, E. Mitscherlich, H. Rose u. a.

tätigkeit ein und nahm, vor allem durch eine kritische Wertung der neuen wissenschaftlichen Erkenntnisse in den von ihm herausgegebenen Jahresberichten der Chemie, Einfluß auf die Wissenschaftsentwicklung. An erster Stelle seiner Leistungen jedoch steht die von ihm ausgebildete chemische Formelsprache, die ein wesentliches Mittel zur Weiterentwicklung der Kommunikation und Information war und ein entscheidendes Merkmal der selbständigen Wissenschaft Chemie darstellte.

Waren auch an der Wende des 18. zum 19. Jahrhundert Paris und Stockholm vorbildlich für die Ausbildung von Chemikern, so gab es doch zu dieser Zeit bereits an deutschen Universitäten erste Ansätze zur Herausbildung der Chemie als einer selbständigen Wissenschaftsdisziplin, die nicht mehr Hilfswissenschaft der Medizin sein sollte. So wurde 1789 an der Universität Jena die Chemie aus der medizinischen Fakultät herausgelöst und der philosophischen Fakultät unterstellt. Wenige Jahre darauf eröffnete J. B. Trommsdorff in Erfurt seine „Chemisch-Pharmaceutisch-Physikalische Pensionsanstalt für Jünglinge“, deren Zweck es war, zukünftige Apotheker, Chemiker und Technologen auszubilden. Noch vor der Gründung dieser Lehranstalt begann Trommsdorff das „Journal der Pharmacie für Aerzte und Apotheker“ herauszugeben, das später in „Journal der Pharmacie für Aerzte, Apotheker und Chemisten“ umbenannt wurde.[2]

Mit der Herausgabe einer eigenen Zeitschrift und der Eröffnung der Lehranstalt vollzog Trommsdorff wegweisend zwei wichtige Schrittte zur Hebung der Wissenschaft, eine Leistung, die besondere Anerkennung durch Liebig erfuhr, der an Trommsdorff schrieb: „Sie haben durch unermüdliche Tätigkeit einem Stande, dessen Wichtigkeit früher verkannt worden ist, eine rein wissenschaftliche Bildung gegeben und ihn in Deutschland auf eine Stufe gehoben wie in keinem anderen Lande. . .“[3]

Die Entwicklung chemischer Fachzeitschriften vollzog sich im Prozeß der Spezialisierung innerhalb der Wissenschaft. Aus Zeitschriften allgemeinen Inhalts entstanden solche bestimmter Fachgebiete. Betrachten wir die chemischen Fachzeitschriften, so war deren Ursprung zumeist ein pharmazeutisches Journal. Und so standen auch zunächst pharmazeutische Probleme im Vordergrund. Doch bald aber begannen mehr und mehr rein chemische Beiträge den Inhalt der Zeitschriften zu bestimmen. Hermann Kopp stellte dazu fest: „Immer mehr verknüpfte sich die pharmazeutische Chemie mit der rein wissenschaftlichen; die Lehrbücher für die ersteren, die früher nur Sammlungen empirischer Vorschriften gewesen waren, nahmen den Charak-

[2] Zu den Leistungen Trommsdorff vgl.: K. Heinig: Über die Leistungen J. B. Trommsdorffs bei der Herausbildung der Chemie zu einer selbständigen Wissenschaft, in: Beiträge zur Geschichte der Universität Erfurt, Heft 16, 1971/72, S. 125–148.

[3] Dieser Brief ist zitiert in: H. Trommsdorff: J. B. Trommsdorff und seine Zeitgenossen, Erfurt 1937.

ter gediegener wissenschaftlicher Werke an, und die zunächst für die Pharmazie gegründeten Zeitschriften wurden zu wichtigen Sammlungen für die reine Chemie."[4]

Die große Bedeutung, welche den Zeitschriften als Kommunikationsinstrument bei der Vermittlung und Verbreitung von neuen Kenntnissen beizumessen ist, wird aus folgender Feststellung ersichtlich: „Mit der Entstehung der pharmazeutischen Zeitschriftenliteratur begann gewissermaßen auch die chemische. Es wurden die Ergebnisse wissenschaftlicher Arbeiten in weitere Kreise getragen, dadurch aber zu eigenen Untersuchungen angeregt."[5]

Die Herausgabe wissenschaftlicher Zeitschriften geschah anfangs durch Akademien und gelehrte Gesellschaften. Gegen Ende des 18. Jahrhunderts jedoch bildete sich ein neuer Typ heraus, der durch den Wissenschaftler repräsentiert wurde, der die jeweilige Zeitschrift begründete und verantwortlich redigierte.

Einer der ersten Chemiker, der sich als Herausgeber wissenschaftlicher Zeitschriften einen Namen gemacht hat, ist der Professor und Bergrat Lorenz v. Crell. Sein „Chemisches Journal für die Freunde der Naturlehre, Arzneygelahrtheit, Haushaltungskunst und Manufacturen" erschien in den Jahren 1778–1781 und verfolgte den Zweck, das Interesse an der Wissenschaft Chemie zu wecken, deren große Bedeutung und Entwicklungsmöglichkeiten Crell bald erkannt hatte. Mit seiner Lehrtätigkeit und mittels seines Journals wollte Crell mehr und mehr Menschen für die Chemie gewinnen.

Die Begrenztheit des damaligen Universitätsunterrichtes war nicht zuletzt Anlaß, mit Hilfe des gedruckten Wortes in relativ kurzer Frist neue wissenschaftliche Erkenntnisse zu vermitteln, wozu neben der Veröffentlichung eigener Forschungsergebnisse auch die Information über den Stand der wissenschaftlichen Erkenntnisse an Hand von Rezensionen und Referaten gehörte. Bereits gegen Ende des 18. Jahrhunderts entstand ein Zeitschriftentyp, der noch heute von Bedeutung ist, das Referier- und Rezensionsorgan. 1788 begann Sigismund Friedrich Hermstädt eine solche Zeitschrift herauszugeben, die den Titel trug: „Bibliothek der neuesten physisch-chemischen, metallurgischen, technologischen und pharmaceutischen Literatur." Dieses Organ war nicht mehr wie andere Zeitschriften an einen breiten Nutzerkreis gerichtet, sondern vorrangig an den Chemiker adressiert, was auch in der Vorrede zur ersten Ausgabe zum Ausdruck kam, in der der Berufsstand, der Chemiker von Profession, angesprochen wurde, der eine Erleichterung dadurch gewinnen sollte, daß „... ihm diese Bibliothek die neueren Entdek-

4 H. Kopp: Geschichte der Chemie, Leipzig 1931, Bd. III, S. 119.

5 Archiv der Pharmazie und Berichte der deutschen Pharmazeutischen Gesellschaft, 286, 1953, S. 166.

kungen unter einem Gesichtspunkt darstellt, wo er sie mit einem Blick übersehen kann"[6].

Zwischen der Entwicklung einer speziellen Ausbildung zukünftiger Chemiker an den damaligen Universitäten, der Gründung weiterer Ausbildungsstätten für Apotheker, Chemiker und Technologen und dem Erscheinen fachspezifischer Periodica besteht ein enger Zusammenhang. Unter diesem Gesichtspunkt ist das Wirken Liebigs als hervorragender Lehrer der Chemie und als Begründer einer weltweiten Schule zu sehen. Nur so – unter Nutzung der Lehrtätigkeit in seinem Laboratorium und mittels des Einflusses seiner publizistischen Arbeit auf die Entwicklung der Chemie – konnte er ein „chemischer praeceptor mundi"[7] werden.

In der Geschichte der chemischen Fachzeitschriften begann in den ersten Jahrzehnten des 19. Jahrhunderts ein neuer Abschnitt. Innerhalb weniger Jahre erschienen Fachzeitschriften, die damals großen Einfluß ausübten und noch heute Bedeutung haben. Mindestens für die Chemie trifft folgende Feststellung zu: „Wenn ein Fachgebiet eine gewisse Höhe erreicht hatte, schuf es sich sehr bald auch eine eigene Publizistik."[8]

Es begannen zu dieser Zeit chemische Fachzeitschriften zu erscheinen, die bis in unsere Zeit zu den wichtigsten Periodica gehören, so das 1830 von G. Th. Fechner herausgegebene „Pharmaceutische Zentralblatt", weitergeführt bis in unsere Tage als „Chemisches Zentralblatt", aus der Zusammenlegung des „Journal für technische und ökonomische Chemie", herausgegeben von O. Linné Erdmann, und des „Allgemeinen Journal der Chemie", herausgegeben von Scherer, 1833 das „Journal für praktische Chemie" und schließlich 1832, hervorgegangen aus dem „Magazin für Pharmacie" von Lorenz Geiger, unter Liebigs Leitung die „Annalen der Pharmacie", die ab 1840 den Namen „Annalen der Pharmacie und Chemie" erhielten.[9]

Für Deutschland ist es dabei charakteristisch, daß die Zeitschriften ausschließlich Organe eines einzelnen Gelehrten waren, der diese Zeitschrift begründet hatte und verantwortlich herausgab. Dadurch konnte der Herausgeber über die Zeitschrift in erster Linie seine Lehrmeinung, seine wissenschaftlichen Ansichten, allgemein seine Schule, einem breiteren Kreis von interessierten Wissenschaftlern als nur seinen unmittelbaren Schülern zu-

[6] H. Harff: Die Entwicklung der deutschen chemischen Fachzeitschrift, Berlin 1941, S. 73.

[7] P. Walden: Drei Jahrtausende Chemie, Berlin 1944, S. 250.

[8] H. Harff: Die Entwicklung der deutschen chemischen Fachzeitschrift, Berlin 1941, S. 7.

[9] Die Namensänderung erfolgte auf Vorschlag Wöhlers. Er schrieb: „Für die Annalen der Pharmacie mußt Du künftig den Titel: Annalen der Chemie und Pharmacie einführen . . . Der Verleger wird nichts dagegen haben und die Abnehmerzahl wird sich vermehren." Aus: Justus Liebigs und Friedrich Wöhlers Briefwechsel, 1. Bd., Braunschweig 1888, S. 123.

gänglich machen. In einer Einschätzung der von Berzelius herausgegebenen „Jahresberichte der Chemie“ wird diese Rolle der Publizistik hervorgehoben, denn „Die Jahresberichte, welche Berzelius mit dem Jahre 1821 begann und in denen er das weite Gebiet der anorganischen Naturwissenschaften, durchaus nicht etwa nur die Chemie, kritisch durchmusterte, mußten wesentlich dazu beitragen, die Anschauungen ihres Autors zu verbreiten und zur Geltung zu bringen.“[10]

Ein hervorragendes Beispiel für die Nutzung einer Zeitschrift zur Durchsetzung eigener Auffassungen ist J. v. Liebigs Wirken als Redakteur und Herausgeber der „Annalen der Pharmacie und Chemie“ von 1830–1852.

Wenn es je ein Chemiker verstanden hat, eine Zeitschrift ganz in den Dienst der Auffassungen seiner Schule zu stellen und über sie die Ideen seiner Schüler zu verbreiten, dann war es Liebig. Er hatte bereits die Arbeit am Geigerschen Magazin in der gleichen Absicht und mit dem Ziel begonnen, wie es Ostwald Jahrzehnte später bei der Begründung der „Zeitschrift für Physikalische Chemie“ ausdrückte, nämlich mit dem Erscheinen einer eigenen Zeitschrift die Selbständigkeit einer Wissenschaft zu dokumentieren.

Liebig, der schon frühzeitig zu den Autoren in Poggendorffs „Annalen der Physik und Chemie“ gehörte, erkannte sehr bald, daß die Leistungen der durch seine Schule vertretenen jungen organischen Chemie vor der Welt nicht zuletzt in der Zahl von veröffentlichten Arbeiten auszuweisen waren. Er erkannte, daß zur Veröffentlichung seiner vielen eigenen und der von seinen Schülern verfaßten Arbeiten ein Organ geschaffen werden mußte, welches ihm uneingeschränkt zur Verfügung stand und welches im Ostwaldschen Sinne die Zielsetzung seiner Schule nachwies.

Liebig war sich von Anfang an bewußt, daß seine Wirksamkeit als Lehrer nicht auf den engen Raum seines Gießener Laboratoriums beschränkt bleiben durfte. Er hat sich auch nie mit dem Unterricht in seinem kleinen Gießener Institut begnügt. „Ihn trieb es, in viel weitere Kreise auf die breitesten Schichten seines Volkes zu wirken. Dem dienten ... vor allem aber seine schriftstellerische Tätigkeit.“[11]

An Hand von Äußerungen Liebigs kann man zu der Auffassung gelangen, daß er mit dem Eintritt in die Redaktion des Geigerschen Magazins vorerst vor allem eine Aufbesserung seiner materiellen Lage bezwecken wollte. So schrieb er 1831 zum Beispiel an Berzelius: „Neuerdings habe ich mir eine große Last aufgebürdet, ich habe mich nämlich mit Geiger in Hinsicht auf die Redaktion seines Magazins verbunden und bin Mitredakteur geworden, alles um des verdammten Geldes wegen; an der kleinen Universität, an der ich lebe, wo der abgeschmackte Schulwitz seinen Thron aufgeschlagen hat,

[10] S. Günther: Geschichte der anorganischen Naturwissenschaften, Berlin 1901, S. 234.

[11] Wissenschaftliche Annalen, 1953, H. 2, S. 540.

wo man die Naturwissenschaften nur aus griechischen Autoren oder aus Wilbrands Schriften kennt, würde ich sonst wahrhaft Hunger leiden müssen."[12]

Als 1831 Lorenz Geiger Liebig anbot, ihn in die Redaktion seiner Zeitschrift aufzunehmen, griff letzterer freudig zu und schuf innerhalb weniger Jahre aus einem echt provinziellen Organ die führende Fachzeitschrift der Chemie. Von Anbeginn an darauf bedacht, namhafte Autoren für das Magazin zu gewinnen, beachtete er neue veröffentlichungswerte Arbeiten und schrieb in einer solchen Angelegenheit am 2. Juli 1832 auch an Berzelius: „Sie haben mir gar nicht vom Teller geschrieben, diese Arbeit ist also beendigt und wahrscheinlich schon an Poggendorff abgeschickt. Sie sehen, daß daraus der blasse Neid heraussieht, aber bedenken Sie, daß ich Redakteur eines Journals bin, der sich glücklich schätzen würde, etwas von Ihnen zu besitzen."[13] Bereits nach zweijähriger Mitarbeit am Geigerschen Magazin, das seit 1831 unter Liebigs Mitarbeit als Magazin der Pharmacie in Verbindung mit einer Experimentalkritik erschien, konnte Liebig 1834 feststellen: „Die deutsche Literatur in der Chemie, dieses in Schmutz und Unrat verkümmerte Kind, der Verachtung aller Einsichtsvollen, der Verachtung des Auslandes preisgegeben, ist in wenigen Jahren durch reine und gesunde Nahrung zu einem Riesen emporgewachsen."[14]

Nach Geigers Tod lag die ganze Verantwortung für die Redaktion bei Liebig. 1832 wurde der Name der Zeitschrift in „Annalen der Pharmacie" umgeändert, und Liebig bemühte sich, weitere Mitarbeiter zu gewinnen, so Trommsdorff, dessen Journal 1834 eingestellt wurde.

Liebig erkannte sehr bald die wissenschaftliche Zeitschrift als ein wichtiges Instrument, eigene Auffassungen zu verbreiten und den wissenschaftlichen Meinungsstreit zu entfalten. In einem grundsätzlichen Beitrag stellte er fest: „Die chemische Literatur ist nicht in den Handbüchern, sie ist in den Journalen enthalten; in den ersteren entscheidet die Ansicht eines Individuums, und das Urteil ist ohne Appell, aber die Journale stehen der Vertheidigung, sie stehen der Rechtfertigung offen, indem sich hier nothwendig die Ansichten ausgleichen müssen, sind wir dem gemeinschaftlichen Ziele näher gekommen."[15]

Liebig hatte mit der Herausgebertätigkeit eine große und schöne Aufgabe übernommen. Bis hin zu technischen Fragen, wie die des Vertriebs der Annalen, hatte er alles durchdacht. Mit der Thurn- und Taxisschen Postverwaltung

[12] Justus Liebig in eigenen Zeugnissen und solchen seiner Zeitgenossen, Hrsg. H. v. Dechend, Weinheim 1953, S. 28.

[13] Zit. nach: H. Harff: Die Entwicklung der deutschen chemischen Fachzeitschrift, Berlin 1941, S. 97.

[14] Annalen der Pharmacie, X, S. 315ff., zit. nach: J. Volhard, Justus v. Liebig, 1. Band, Leipzig 1909, S. 327.

[15] Ebenda.

hatte er ein Übereinkommen über Postfreiheit abgeschlossen, das ihm beträchtliche Vergünstigungen bot. Liebig hatte sich das Ziel gesetzt, mittels der Literatur der Chemie Selbständigkeit und Anerkennung zu verschaffen, gleichzeitig aber seine theoretischen Auffassungen und seine Ausbildungsmethoden, die letztlich auch seiner Schule die Originalität verschafften, darzulegen. Liebig sah aber noch weiter: Die immer mehr zu erkennende Internationalisierung der Wissenschaften und den wachsenden wissenschaftlichen Verkehr wollte er fördern, indem er nach seinen Besuchen bei Graham in London und Dumas in Paris den Plan eines großen internationalen Journals faßte, das in drei Sprachen erscheinen sollte. So bemühte er sich, seinerseits die wissenschaftliche Verständigung zu vertiefen, und erwarb bald entsprechende Anerkennung für seinen Beitrag. Zur Rolle der wissenschaftlichen Zeitschriften und besonders Liebigs Annalen bei der Entwicklung der Kommunikation und Information über die Fortschritte der Wissenschaft heißt es dann auch: „Behilflich war ihnen (den Wissenschaftlern, d. A.) dabei die Leichtigkeit des geistigen Verkehrs unter den Fachgenossen, welchen die großen Zeitschriften in den verschiedenen Ländern vermittelten ... in Deutschland fiel auch den seit 1832 von Liebig herausgegebenen Annalen der Chemie und Pharmacie eine hochwichtige Aufgabe zu.“[16]

Liebigs Arbeit als Herausgeber der Annalen ist immer im Zusammenhang mit seinen Bemühungen um eine Verbesserung der Ausbildung zukünftiger Chemiker, um eine Neuorganisation des Studiums und der Forschung zu sehen. Darin lag mit seine schulenbildnerische Fähigkeit, wenngleich er dabei auch recht rigoros gegen Andersdenkende vorging. Wenn es darum ging, seine theoretischen Ansichten durchzusetzen, nutzte er die Annalen und trennte sich auch von seinen Mitarbeitern, wenn diese seine Ansichten nicht teilen wollten. Ein typisches Beispiel dafür ist Liebigs Verhalten gegenüber Friedrich Mohr, der von ihm als befähigter Publizist und Redakteur für die Mitarbeit an den Annalen gewonnen wurde und von dem er sich bereits nach einem Jahr wieder trennte, wobei er als Grund angab: „Ich darf Ihrer Selbständigkeit im Urteil keine Gewalt antun, allein Ihre Ansichten sind nicht die meinigen und es bleibt deshalb nichts anderes übrig als unsere seitherige Übereinkunft aufzuheben...“[17]

Der Grund der Trennung war die Tatsache, daß Mohr, in einer für die damalige Zeit und für die Entwicklung der theoretischen Ansichten über organische Verbindungen, anderer Auffassung als Liebig war und dieser fürchtete, daß er als Redakteur eventuell Liebigs Auffassungen nicht mit dem notwendigen Nachdruck vertreten könne. Liebig schrieb deshalb in einem sehr be-

[16] S. Günther: Geschichte der anorganischen Naturwissenschaften, Berlin 1901, S. 259.

[17] Justus v. Liebig und Friedrich Mohr in ihren Briefen von 1834–1870, Hrsg. v. G. W. A. Kahlbaum, Leipzig 1904, S. 51.

stimmten Ton: „Seit 5 Jahren bemühe ich mich mit Aufbietung aller meiner Kräfte um einer Ansicht über die Constitution der organischen Körper den Sieg über eine andere zu verschaffen, die ich für eine bloße Fiction halte. Überall und an allen Orten haben meine Gründe Eingang gefunden. Sie haben allein das Ganze wieder auf den schwankenden Fuß gestellt, wo die Sache früher stand, in dem Journal, was bis jetzt die Hauptstütze dieser Ansicht war. Zwischen uns beiden konnte dies einen Gegenstand der Diskussion abgeben, denn an und für sich ist das was Sie sagen die Meinung einer Person, als Berichterstatter sind Sie aber Organ des Journals, und Sie mußten Ihre Kraft mit der meinigen einigen anstatt, sie gegen mich zu wenden. . .“[18]

Diese harten, jedoch keineswegs unbotmäßigen Worte zeigen, wie stark Liebig daran interessiert war, die Annalen zum Organ seiner Schule zu machen, wobei er nicht nur seine theoretischen Ansichten mit allem Nachdruck publizierte, sondern auch mittels der von ihm eingeführten Experimentalkritik seine Auffassungen zur praktischen Laborarbeit, zur Notwendigkeit exakter Messungen und Gewichtsbestimmungen darlegte und nicht zuletzt in den Annalen von ihm eingeführte Methoden zur Verbesserung der Ausbildung propagierte. Im Band XVII der Annalen berichtete er über die Preisverteilung im chemischen Laboratorium zu Gießen und schilderte, daß er „um die Anerkennung seiner diesjährigen Schüler auf eklatante Weise zu bestätigen, dieselben zu einer Prüfung einlud, in der ihnen 30 Fragen zur schriftlichen Beantwortung vorgelegt wurden“[19]. Für die beste Beantwortung der Fragen hatte Liebig Preise und Urkunden ausgesetzt, und er konnte berichten: „Dieser Versuch hat mich von der Nützlichkeit dieser Einrichtung so sehr überzeugt, daß ich sie für die Zukunft beibehalten werde.“[20]

Bald nach dem Eintritt Liebigs in die Redaktion des Geigerschen Magazins bescheinigte ihm Berzelius: „Ich habe schon ein paar Hefte von dem neuen Magazin bekommen. Ihre Teilnahme daran hat schon dem Ganzen einen anderen Anstrich gegeben . . . Mit besonderer Freude habe ich gesehen, daß Sie der Charlatanerie und der chemischen Sudeley den Handschuh hingeworfen haben. Ich erkläre mich gleich für Ihren Waffenbruder.“[21]

Liebigs Wirken als Herausgeber der Annalen ist für die These, daß wissenschaftliche Zeitschriften gerade im 19. Jahrhundert Repräsentanten selbständiger Wissenschaftszweige und wissenschaftlicher Schulen waren, in vieler Hinsicht bemerkenswert. Dies soll für die für die Liebigsche Schule[22] zutreffenden Merkmale nur an folgendem gezeigt werden:

[18] Ebenda, S. 53.

[19] Annalen der Pharmacie, Bd. XVII (1836), Preisverteilung in dem chemischen Laboratorium zu Gießen.

[20] Ebenda.

[21] Justus v. Liebig in eigenen Zeugnissen und solchen seiner Zeitgenossen, Hrsg. v. H. v. Dechend, Weinheim 1953, S. 29.

[22] Vgl. H. Steiner: Soziale und kognitive Bedingungen wissenschaftlicher Schulen

- Liebig nutzte die Annalen zur Durchsetzung seiner theoretischen Konzeption der organischen Chemie. Er trennte sich von seinem Redakteur, als dieser ihm gegenüber in theoretischen Fragen einen anderen Standpunkt einnahm.
- Liebig nutzte die Annalen zur Durchsetzung seiner Auffassung über die Ausbildung zukünftiger Chemiker und über die Bedeutung einer exakten experimentellen Arbeit. Er führte bald nach seinem Eintritt in die Redaktion die Experimentalkritik ein und verwendete einen großen Teil seiner Arbeitskraft auf diese Aufgabe.

Seine schonungslose, ja bisweilen höhnende Kritik war für manchen Verfasser von Beiträgen für die Annalen oft peinlich. Liebig hat aber gerade durch diese Kritik und die Mitteilungen seiner eigenen Erfahrungen die chemische Praxis sehr bereichert. Als ihm die Fülle der zur Prüfung vorliegenden Arbeiten eine eingehende Kritik nicht mehr erlaubte, hat er durch strenge Auswahl der Beiträge und deren kritische Einschätzung zwar die Arbeitslast gemindert, das Prinzip aber beibehalten.

Innerhalb eines Jahrzehnts hatte Liebig in den Annalen, die seit 1840 dann „Annalen der Chemie und Pharmacie“ hießen, sich und seiner Schule ein Organ geschaffen, das seine Leistungen weit über die Grenzen seiner Wirkungsstätte hinaus bekannt machte. Berzelius bescheinigte ihm, daß kein Chemiker die „Annalen“ entbehren könne. Im Gegensatz zu der, vier Jahrzehnte später, im „Journal für praktische Chemie“ unter der Redaktion von Hermann Kolbe praktizierten Kritik an der Chemie seiner Zeit, die an Gehässigkeit und politischer Engstirnigkeit oft kaum zu überbieten war[23], ist die von Liebig geübte Kritik an den gesellschaftlichen Zuständen, so der Unterschätzung der Chemie als Produktionspotenz und Bildungselement, eine progressive Leistung. Seine Experimentalkritik diente dazu, Exaktheit in der chemischen Forschung durchzusetzen. Aber nicht nur das. Als echter Lehrer und Erzieher nachfolgender Generationen von Wissenschaftlern sah Liebig auch auf eine korrekte sprachliche Darstellung. Jakob Grimm schrieb anerkennend im Vorwort zu seinem Deutschen Wörterbuch: „Die Chemie kauderwelscht in Latein und Deutsch, aber in Liebigs Mund wird sie sprachgewaltig.“[24]

Liebig hat für die Entwicklung der wissenschaftlichen Zeitschriftenliteratur einen bedeutenden Beitrag geleistet. War er auch nicht der erste, der eine chemische Zeitschrift begründete, so hat er doch den Wert des gedruckten und schnell zu verbreitenden Wortes erkannt. Welche Rolle eine Zeitschrift

in Geschichte und Gegenwart, in: Wissenschaftliche Schulen, Bd. 1, Berlin 1977, S. 97ff.

23 Vgl. K. Heinig: Hermann Kolbe and the „Journal für praktische Chemie“, in: Actes du XI. CIHS, Warschau 1965, Bd. IV, S. 96.

24 J. Grimm: Vorwort zum Deutschen Wörterbuch, zit. nach: Wissenschaftlichen Annalen, 2, 1953.

für die Durchsetzung einer Schule spielt, hat Liebigs Schüler Remigius Fresenius ausgesprochen, der die „Zeitschrift für analytische Chemie" begründete: „Im Jahre 1861 faßte ich den Plan zur Herausgabe der Zeitschrift für analytische Chemie und 1862 erschien der erste Jahrgang derselben. Dieses Unternehmen, welches sich gleich anfangs großen Beifall zu erfreuen hatte und unverkennbar eine Lücke in der chemischen Literatur ausfüllte, war auch für das Laboratorium von bedeutendem Einfluß, weil dasselbe von da an ein eigenes Organ hatte für seine mannigfaltigen Publikationen auf dem Gebiet der analytischen Chemie, auf welchem es von Anfang an mit einer gewissen Vorliebe gearbeitet hat."[25]

So hat Liebigs starke Persönlichkeit von Anbeginn an, Gedeih und Gepräge der „Annalen" bestimmt. Der Erfolg dieser Zeitschrift, die den ganzen Fortschritt dokumentierte, den die Chemie in der ersten Hälfte des 19. Jahrhunderts genommen hat, war nicht zuletzt der Liebigschen Schule zu verdanken, dem Liebigschen Sinn für Gemeinschaftsarbeit und der Liebigschen Auffassung von der wissenschaftlichen Literatur als Ausweis der Leistungsfähigkeit eines Wissenschaftszweiges und einer Schule.

Richard Willstätter – ein Liebigschüler der vierten Generation – hat zur 100. Wiederkehr der Gründung der „Annalen" unter Liebigs Redaktion in einem Würdigungsbeitrag auf die Beziehungen zwischen einer wissenschaftlichen Schule und der in ihrem Sinne wirkenden Zeitschrift hingewiesen und damit die Zusammenhänge zwischen wissenschaftlicher Schule und Publizistik nochmals gezeigt: „Der Einfluß des Herausgebers liegt in der Fruchtbarkeit seines Laboratoriums, seiner Schule."[26]

[25] R. Fresenius: Geschichte des chemischen Laboratoriums zu Wiesbaden, Wiesbaden 1873, S. 15.

[26] R. Willstätter: Hundert Jahre Liebigs Annalen der Chemie, in: Angewandte Chemie, 45, 1932, S. 217–220.

Aleksandr Aleksandrovič Makarenja

Die wissenschaftlichen Schulen der Chemiker an der Petersburger Universität

Unter den verschiedenen Begriffen, die bei der Betrachtung des Problems der Formierung, Entstehung und Transformation wissenschaftlicher Schulen entstehen und die durch die Logik der Wissenschaftsentwicklung bestimmt werden, lassen sich als spezifischer von Ort und Zeit abhängiger Inhalt die Begriffe *Kontinuität* und *Tradition* in der Entwicklung wissenschaftlicher Ideen aussondern.

Diese Begriffe lassen sich leicht in der Geschichte der wissenschaftlichen Schulen, die in einem wissenschaftlichen Zentrum oder vielleicht sogar an einer Universität existiert haben, verfolgen.

Wenn man die Frage nach den chemischen Schulen an der Petersburger Universität untersucht, dann muß man zwei Faktoren beachten:

1. Die Petersburger Universität war eine hauptstädtische Universität und demzufolge verpflichtet, die theoretischen Grundlagen der Wissenschaft, also auch der Chemie, zu entwickeln.
2. Die Petersburger Universität wurde im Jahre 1819 eröffnet, später als viele andere Universitäten, an denen überwiegend die angewandte Chemie entwickelt wurde.

Zu den Begründern der ersten selbständigen chemischen Schulen Rußlands rechnet man, neben N. N. Zinin, vor allem A. A. Voskresenskij (1808–1880). Er war ein Schüler von G. I. Hess und J. v. Liebig und wurde von seinen Zeitgenossen als „Großvater der russischen Chemiker“ bezeichnet, da er als Professor sowohl an der Universität als auch an vielen anderen Lehranstalten Petersburgs unterrichtete und viele Chemiker, unter ihnen D. I. Mendeleev, N. A. Menšutkin, N. N. Beketov, A. P. Alekseev, P. A. Il'enkov, M. V. Skoblikov, N. N. Sokolov, A. R. Šuljačenko, D. A. Lačinov, N. T. Jasukovič, N. P. Lavrov, I. I. Tjučev, E. F. Radlov, F. R. Vreden, bei ihm studierten. Die Schule von Voskresenskij müßte man strenggenommen als eine lehrmethodische Schule bezeichnen. Das hängt damit zusammen, daß Voskresenskij selbst keine grundlegend neuen Ideen entwickelt hat, obwohl sein Schüler D. I. Mendeleev sich mit Substitutionsreaktionen in der organischen Chemie, der Erscheinung des Isomorphismus und der Anwendung der Analogiemethode beschäftigte und sich damit Fragen zuwandte, die auch für A. A. Voskresenskij sehr charakteristisch waren. Wir möchten daran erinnern, daß die vierziger und fünfziger Jahre des 19. Jahrhunderts für die Chemie die Periode waren, als die Atom-Molekular-„Hypothese“ sich soeben erst den Weg bahnte und deshalb der Lehrer, wie sich D. I. Mendeleev erinnert, „uns Anfänger zwang, die Gedanken und Ansichten von Berzelius und Liebig mit den Lehren von Dumas, Laurant und Gerard zu vergleichen, die damals noch längst nicht allgemeine Anerkennung gefunden hatten“[1].

In der Mitte des 19. Jahrhunderts entwickelten sich in der russischen Chemie fast gleichzeitig drei Richtungen:

1. Die organische Chemie, die sowohl mit der Praxis als auch mit den Erfolgen der Atom-Molekular-Theorie eng verbunden war und als deren Leitidee die chemische Theorie vom Aufbau der organischen Verbindungen fungierte.
2. Die chemische Technologie, die sich im Zusammenhang mit dem Übergang Rußlands zur kapitalistischen Entwicklung herausbildete.
3. Die physikalische und die anorganische Chemie, welche mit der Erweiterung der Forschungsobjekte und der Anwendung quantitativer Forschungsmethoden verbunden waren und deren methodologische Grundlage u. a. das Periodensystem der Elemente von D. I. Mendeleev (1869) sowie die chemische Thermodynamik wurden, deren Grundlagen im Verlaufe des 19. Jahrhunderts entstanden.[2]

Es ist deshalb nicht verwunderlich, daß, nach dem Ausscheiden von A. A. Voskresenskij aus der Universität (1867), die Räte der Fakultät und der Universität beschlossen, drei Laboratorien zu gründen: Ein Laboratorium für organische, eines für anorganische sowie eines für analytische und technische Chemie. Somit entstanden auch die Bedingungen für die Gründung der eigentlichen wissenschaftlichen chemischen Schulen. Dazu gehören die Schulen von A. M. Butlerov, D. I. Mendeleev und N. A. Menšutkin, von denen jede ihre spezifischen Besonderheiten aufwies, die sich durch den Zustand der aufgezählten Gebiete der Wissenschaft, ihre Stellung im System der Universitätsbildung, ihrer Verbindung mit den Bedürfnissen der Industrie unter den Bedingungen Rußlands und durch die individuellen Eigenschaften der Laboratoriumsleiter erklären lassen. Man kann aber annehmen, daß die lehrmethodische Universitätsschule insgesamt weiterexistierte. Diese These stützt sich auf nachfolgende Fakten:

1. Die Professoren vertraten sich häufig gegenseitig bei den Lektionen und hatten ein und dieselben Assistenten, die zeitweilig von einem Laboratorium in ein anderes überwechselten.
2. Im Jahre 1868 wurde die Russische Chemische Gesellschaft an der Petersburger Universität gegründet, die Diskussionen zu Referaten und Auf-

[1] D. I. Mendeleev: Werke, Bd. 14, Leningrad/Moskau 1949, S. 624.

[2] A. A. Makarenja: Chimija v Peterburgskom-Leningradskom Universitete (1819–1969), in: Vestnik LGU, 1969, Nr. 4, S. 285.

sätzen organisierte sowie die Herausgabe einer Zeitschrift besorgte. Dadurch wurde eine Einheitlichkeit der Ansichten in bezug auf bestimmte allgemeinwissenschaftliche und methodologische Fragen erreicht, was für die Universitätswissenschaft sehr wichtig ist.

Jede der oben genannten wissenschaftlichen Schulen besaß aber, wie schon betont wurde, spezifische, nur ihr eigene Merkmale. Eine klassische wissenschaftliche Schule war die Kazaner Schule von A. M. Butlerov. D. I. Mendeleev schrieb über sie: „Die Richtung der wissenschaftlichen Arbeiten von Aleksandr Michajlovič ist keine Fortsetzung oder Entwicklung der Ideen seiner Vorgänger. Sie stammt von ihm selbst. In der Chemie existiert eine Butlerovsche *Schule* und eine Butlerovsche *Richtung*.“[3] (Hervorhebung von – A. A. M.)

D. I. Mendeleev betont, daß „bei Butlerov alle Entdeckungen einer gemeinsamen Idee entstammten oder durch sie geleitet wurden“, und die Bedeutung der Ideen der chemischen Struktur für die Entwicklung der Chemie in der Welt (die Butlerovsche Richtung) hervorhebend, fügt er hinzu: „Butlerov bildete vorwiegend aus den Reihen der Kazaner Studenten eine Schule von Chemikern, die ständig in dieser Richtung arbeiteten. Die Namen von Markovnikov, Popov, der beiden Zajcevs und einiger anderer Wissenschaftler wurden durch viele Entdeckungen dank der Fruchtbarkeit der Butlerovschen Richtung berühmt.“[4] Das Verhältnis D. I. Mendeleevs zur Frage des Unterschieds zwischen einer Richtung und einer Schule ist unserer Ansicht nach ziemlich klar ausgedrückt. Unserer Meinung nach kann man das von D. I. Mendeleev Gesagte auch auf seine eigene wissenschaftliche Richtung und seine eigene wissenschaftliche Schule beziehen. Im Vorhandensein der einen und der anderen – und nicht in ihrer Gegenüberstellung – liegt die richtige Antwort auf die Frage nach der wissenschaftlichen Schule D. I. Mendeleevs begründet. Viele Wissenschaftler, die sich mit der Tätigkeit dieses großen russischen Gelehrten beschäftigten, haben die Frage aufgeworfen, ob Mendeleev überhaupt eine wissenschaftliche Schule begründete. Und viele Forscher verneinen diese Frage.[5] Als Grundlage solcher Annahmen dienen gewöhnlich folgende Umstände:

1. Für Mendeleev war ein häufiger Wechsel der Forschungsrichtungen charakteristisch.
2. Seine Ideen waren so breit und allgemein, daß sie sich angeblich von jeder „schulmäßigen“ experimentellen Arbeit entfernt hätten, die ihnen hätte entsprechen können.
3. Für das Laboratorium für anorganische Chemie, das Mendeleev leitete, war ein häufiger Wechsel der Mitarbeiter charakteristisch.

[3] D. I. Mendeleev: Werke, Bd. 15, a. a. O., S. 296.

[4] Ebenda., S. 295.

[5] Vgl. G. V. Bykov: Die wichtigsten chemischen Schulen in der Mitte des 19. Jahrhunderts, in diesem Band, S. 61–71.

4. Kein einziger der Schüler von Mendeleev erreichte auch nur annähernd das „wissenschaftliche Profil" seines Lehrers.

Nimmt man jede dieser Aussagen für sich, so ist darin mehr oder minder Richtiges enthalten. Aber in der Summe genommen geben sie keine Veranlassung, die Existenz der Mendeleevschen Schule zu negieren. In einer solchen Einschätzung zeigt sich unserer Ansicht nach das Herangehen, das für die Beschreibung der Tätigkeit „eng spezialisierter" wissenschaftlicher Schulen charakteristisch ist, die in der Wissenschaft eine bedeutende Stellung innehatten und immer einnehmen werden. Ihr wichtigstes Merkmal ist die Aneignung der Arbeitsmethoden des Lehrers, die Kontinuität der Untersuchungsobjekte und die Weiterentwicklung der Ideen des Lehrers.

Jedoch besitzt jede wissenschaftliche Schule ihre Spezifik, die die Spezifik des wissenschaftlichen Schöpfertums ihres Begründers widerspiegelt. Das trifft insbesondere für die sogenannten „Generalisatoren" der Wissenschaft (wie man sie früher nannte) zu. Für sie war die Erziehung zu wissenschaftlicher Selbständigkeit, die Entwicklung mehrerer grundlegender Richtungen, die auf die Lösung allgemeinster und dennoch komplizierter, mehrere Gebiete der Chemie vereinigender Aufgaben abzielen, typisch. Haben sie denn nicht auf diese Art und Weise ihre Anhänger und Schüler gefunden? Im allgemeinen wurden ihre Schüler, wenn sie wissenschaftliche Reife erlangt haben, selbst zu Begründern neuer wissenschaftlicher Schulen, die sowohl spezielle, und das wird für gewöhnlich betont, als auch allgemein-chemische Aufgaben lösten. Besteht nicht gerade darin die Besonderheit der Mendeleevschen wissenschaftlichen Schule? Gerade für das Programm der wissenschaftlichen Arbeit Mendeleevs ist trotz des anscheinenden Wechsels der Forschungsrichtungen und -objekte charakteristisch, daß es ein einheitliches Ganzes darstellt. Dieses Programm ist dem Studium des Wesens der chemischen Wechselwirkung in drei Aggregatzuständen, dem Studium der Struktur und der Eigenschaften der Materie gewidmet. Dazu wurden die verschiedensten chemischen, physikalischen und mathematischen Forschungsmethoden herangezogen. Entsprechend den engeren konkreten Aufgaben wurden auch die Forschungsobjekte ausgewählt. Die Benutzung physikalischer Geräte und Durchführung von quantitativen Untersuchungen auf der Grundlage der modernen physikalischen Theorien ist ein charakteristisches Merkmal der physikalisch-chemischen Arbeiten Mendeleevs. Wurden nicht gerade in diesem Geiste seine Schüler erzogen?

Zum Beispiel gehörten zu den bekannten Arbeiten auf dem Gebiet der Chemie Ende der sechziger und Anfang der siebziger Jahre die Arbeiten von G. G. Gustavson, A. L. Potylicin, I. G. Boguskij, N. N. Kajander, V. G. Gemilian, M. L. Kirpičev und I. M. Čel'cov, in den achtziger Jahren die Arbeiten von D. P. Konovalov, V. E. Tiščenko, V. Ja. Burdakov und I. V. Šreder. Diese Wissenschaftler untersuchten von den Mendeleevschen Positionen aus die chemischen Reaktionen der Verdrängung, der Elastizität von

Gasen und die Lösungsprozesse. Die Klärung des Speziellen und Allgemeinen die quantitative Analyse und die Einführung des physikalisch-mathematischen Apparats – sie bilden die starke Seite ihrer Arbeiten. Diese Arbeitsmethoden entwickelten sie dann in ihren späteren Untersuchungen weiter.

Obwohl viele von ihnen gezwungen waren, nachdem sie akademische Grade erhalten und wissenschaftliche Reife erlangt hatten, die Universität zu verlassen, da es keine entsprechenden freien Stellen für sie gab, unterhielten sie auch weiterhin enge Verbindungen zu ihrem Lehrer.

Viele hervorragende russische Gelehrte, wie K. A. Timirjazev, A. A. Inostrancev, I. P. Pavlov, V. V. Dokučaev, V. I. Vernadskij, die lediglich Hörer in Mendeleevs Lektionen gewesen waren oder nur kurze Zeit unter seiner Leitung gearbeitet hatten, bewahrten für immer höchste Anerkennung für Mendeleev, der sie das selbständige Denken gelehrt und sie auf neue Gebiete der Wissenschaft hingewiesen hatte, auf Gebiete, die ein neues Herangehen verlangten, das dem ähnlich war, welches Mendeleev auf seinem eigenen Gebiet entwickelt hatte.

Mendeleev war der Ansicht, daß an den höheren Lehranstalten gleichzeitig verschiedene Standpunkte, verschiedene Theorien zur Lösung aktueller wissenschaftlicher Fragen nebeneinander existieren können. Dies brachte er auch in seinem „Zavetnye mysli“ im Hinblick auf die Bildung und Erziehung junger Wissenschaftler zum Ausdruck: „Mag sein, daß zwischen den Professoren der sogenannten anorganischen und der organischen Chemie zu den wichtigsten Fragen der Chemie viele unterschiedliche Auffassungen existieren, wie das häufig in der Tat der Fall ist. Das ist für die Entwicklung der Studenten nur nützlich. . . Mag auch der eine oder andere Assistent oder Laborant usw. noch nicht von der Richtigkeit der einen oder anderen widersprüchlichen Richtung überzeugt sein, das wiederum kann nicht nur für die Hörer, sondern auch für die Wissenschaft selbst, für die Bildung wissenschaftlicher Schulen und Richtungen, für die Heranbildung selbständiger Menschen nützlich sein.“[6]

Und schließlich muß man bei der Suche nach einer Antwort auf die Frage, ob Mendeleev eine eigene wissenschaftliche Schule begründet hat oder nicht, auf die Meinung der Schüler von Mendeleev zurückgreifen. So hat z. B. das Akademiemitglied V. E. Tiščenko hervorgehoben, daß Mendeleev nicht nur die Grundlagen der Chemie lehrte, sondern auch eigene Schüler und ein eigenes Laboratorium hatte[7]. Und D. P. Konovalov überschrieb seine Autobiographie, die er auf Wunsch einer Zeitschriftenredaktion verfaßte, mit den Worten „In den Fußtapfen von Mendeleev“[8]. Einige Schüler Mendeleevs,

[6] Vgl. D. I. Mendeleev: Zavetnye mysli, Petersburg 1905.

[7] V. E. Tiščenko: D. I. Mendeleev i A. M. Butlerov v ich vzaimnoj charakteristike, in: Žurnal Russkogo fiziko-chimičeskogo obščestva (weiter ŽRFChO), Bd. 4, 1929, S. 641.

[8] D. P. Konovalov: Po stopam Mendeleeva, in: Ogonek, Nr. 26, 1927.

die später an anderen Orten tätig waren, schrieben ihm Briefe, in denen sie ihm ihre Arbeitspläne mitteilten, ihn um Rat zu bestimmten Fragen baten oder ihm ihre Forschungsergebnisse darlegten. I. G. Boguskij zum Beispiel, zu dessen Schülern in Warschau M. Sklodovska gehörte, schrieb direkt, daß die physikalisch-chemische Ausrichtung der Arbeit Mendeleevs, die Betonung des physikalischen Experiments, die Richtung seiner Arbeiten und pädagogischen Tätigkeit bestimmt haben.

Wie bereits an anderer Stelle erwähnt, gab es bei den Wissenschaftlern, die sich mit dem Schaffen von D. I. Mendeleev beschäftigt haben, und bei den Chemiehistorikern keine Einheitlichkeit in der Beantwortung der Frage nach der Existenz einer Mendeleevschen wissenschaftlichen Schule. Die einen (P. I. Walden, A. F. Kapustinskij) verneinen das Vorhandensein einer solchen Schule, die anderen (V. V. Čelincev, R. B. Dobrotin und der Autor der vorliegenden Arbeit) bejahen die Frage, die dritten (und viele von ihnen sind Mendeleev-Biographen) umgehen im wesentlichen dieses Problem.

Andere wiederum, wie zum Beispiel S. A. Šukarev und bis zu einem gewissen Grade auch A. F. Kapustinskij, behaupten, daß viele Chemiker der zweiten Hälfte des 19. und sogar des 20. Jahrhunderts aus dem Grunde zu Schülern D. I. Mendeleevs gerechnet werden können, weil sie Ideen von Mendeleev aufgegriffen und weiterentwickelt haben. Die folgende, von N. N. Semenov gegebene Definition einer wissenschaftlichen Schule bestätigt gewissermaßen die Richtigkeit eines solchen Standpunktes: „. . . eine wissenschaftliche Schule – bedeutet eine originelle Denk- und Vorgehensweise in der Wissenschaft, im Herangehen an die Lösung beliebiger wissenschaftlicher Probleme.“[9] Uns erscheint, daß diese weite Auffassung einer wissenschaftlichen Schule für die philosophischen, methodologischen und lehrmethodischen Schulen gilt. (Viele Wissenschaftler des 19. und 20. Jahrhunderts sind in methodologischer Hinsi chtwirklich Schüler D. I. Mendeleevs.)

Diese unterschiedlichen Auffassungen spiegeln unserer Meinung nach die Tatsache wider, daß der Unterschied zwischen einer wissenschaftlichen Richtung einerseits und wissenschaftlichen und lehrmethodischen Schule andererseits noch nicht klar ist.

Will man die Frage nach dem Schicksal der wissenschaftlichen Schule von D. I. Mendeleev beantworten, erscheint es nicht unwichtig, die Entwicklung der Chemie an der Petersburger Universität nach dem Fortgang D. I. Mendeleevs im Jahre 1890 zu betrachten. Bekanntlich bekam ein Jahr später D. P. Konovalov Mendeleevs Lehrstuhl und fuhr fort, die Mendeleevsche Richtung weiterzuentwickeln, sowohl in allgemeinmethodologischer Hinsicht (chemische Theorie der Lösungen, Anwendung des periodischen Systems) als auch hinsichtlich der Ausnutzung der Lehre vom chemischen Gleichgewicht für die Ausarbeitung der thermodynamischen Theorie der Lösungen, worauf mit Recht A. V. Storonkin[10] hingewiesen hat.

Diese Idee unterstützte D. I. Mendeleev leidenschaftlich, wovon man sich an Hand der „Grundlagen der Chemie“, der Materialien seines Briefwechsels mit D. P. Konovalov und anderer Dokumente überzeugen kann.[11] Mehr noch, vom ersten Moment an, also Anfang der neunziger Jahre, wie auch in den nachfolgenden Jahren, in denen Mendeleevs Interesse an den Legierungen wuchs, standen viele Schüler Konovalovs (A. A. Bajkov, V. Ja. Kurbatov, E. V. Biron, V. V. Kurilov) in engem Kontakt mit D. I. Mendeleev und führten von ihm gestellte Aufgaben durch. Deshalb ist es angebracht, von diesem Zeitpunkt an von einer wissenschaftlichen Schule D. I. Mendeleevs und D. P. Konovalovs zu sprechen, in der D. P. Konovalov der Leiter oder „Ideengenerator“ war und D. I. Mendeleev eine Art „Chef“ dieses Kollektivs blieb. Dies schadete weder den persönlichen Interessen noch der wissenschaftlichen Selbständigkeit des Laboratoriumsleiters D. P. Konovalov, sondern trug dazu bei, daß die Schule die Breite der traditionellen Aufgabenstellung beibehielt. Sie bestand nicht so sehr im starren Befolgen konkreter Methodiken und der Untersuchung gleicher Objekte, sondern mehr in der Aufmerksamkeit gegenüber der Entwicklung einer wissenschaftlichen Forschungsrichtung (speziell der Untersuchung von Lösungen).

Nach dem Fortgang D. P. Konovalovs entstand an der Petersburger Universität die Frage, wen man nun mit der Leitung des Laboratoriums und des Lehrstuhls für anorganische Chemie betrauen sollte. Die Wahl fiel auf den Vertreter einer anderen Lehranstalt, nämlich auf L. A. Čugaev, der Professor an der Moskauer Technischen Hochschule war und im Jahre 1906 seine Doktordissertation zu dem Thema „Untersuchungen auf dem Gebiet der komplexen Verbindungen“ verteidigt hatte.

Kann man in diesem Falle noch von einer Kontinuität in der Entwicklung der Mendeleevschen Ideen sprechen? Unserer Ansicht nach ist das möglich. Erstens widmete Mendeleev selbst in diesen Jahren, nach der Schaffung der Koordinationstheorie von A. Werner im Jahre 1893, diesem sich stürmisch entwickelnden Gebiet der Chemie viel Aufmerksamkeit. Davon zeugen die entsprechenden Abschnitte in den „Grundlagen der Chemie“ und die Aufsätze von A. I. Gorbov und S. S. Kolotov in dem von ihm redigierten Abschnitt des „Enzyklopädischen Wörterbuchs“ von Brockhaus und Efron. Zweitens entwickelte L. A. Čugaev in den ersten Jahren seiner Tätigkeit 1908–1913 noch keine eigenen originellen Ideen, die zur Bildung einer eigenen Schule in einer der Entwicklungsrichtungen der Chemie der komplexen Verbindungen beigetragen hätten. In der Tat begann man die Arbeiten auf diesem Gebiet ziemziemlich breit zu betreiben und wandte an der Universität hierbei physikalisch-chemische Forschungsmethoden an.

[9] N. N. Semenov:, in: Priroda, 1970, Nr. 3, S. 52.
[10] A. V. Storonkin:, in: Vestnik LGU, 1954, Nr. 5, S. 167.
[11] Ju. I. Solov'ev, A. Ja. Kipnis: D. P. Konovalov, Moskau 1964.

Man kann davon ausgehen, daß im Laufe der Zeit, als alle drei Richtungen – die Mendeleevsche, die mit dem periodischen System zusammenhing, die Wernersche, die mit der Koordinationslehre verbunden war, sowie die physikalisch-chemische Richtung, welche sich in Richtung der Theorie der elektrolytischen Dissoziation veränderte – zusammenflossen, sich auch die wissenschaftliche Schule L. A. Čugaevs herauszubilden begann. Die Aufmerksamkeit gegenüber der Stereochemie der komplexen Verbindungen bestimmte die Wahl der (physikalischen und physikalisch-chemischen) Forschungsmethoden, und in theoretischer Hinsicht stützte sich L. A. Čugaev unserer Ansicht nach nicht nur auf das periodische System von D. I. Mendeleev, das heißt auf die Lehre von den allgemeinen und spezifischen Eigenschaften, sondern auch auf die Lehre von den individuellen Eigenschaften, die in Verbindung mit dem Begriff „der chemischen Aktivität" viel für das Verständnis des Mechanismus der Komplexbildung zu geben versprach.[12]

Es wird oft behauptet, daß in der Schule von Čugaev angeblich vier Zweige existiert hätten: Die Chemie der komplexen Verbindungen, die physikalisch-chemische Forschungen, die analytische Chemie und das Gebiet der natürlichen Verbindungen. In Wirklichkeit stellen die ersten drei Komplexe einen Teil eines einheitlichen Ganzen, nämlich der Čugaevschen wissenschaftlichen Richtung, dar, die sich als so fruchtbar erwies, daß die von Čugaev geschaffene Schule zahlreiche Tochterschulen und diese wiederum Tochterschulen hervorgebracht haben.

Infolgedessen entsteht die Notwendigkeit, den Begriff wissenschaftliche Richtung und wissenschaftliche Schule gründlicher zu analysieren.[13] Offensichtlich müssen dem Begriff der wissenschaftlichen Schule – die Begriffe Lehrer und Schüler; dem Begriff der wissenschaftlichen Richtung – Leiter und Anhänger entsprechen. Wenn man von den Wissenschaftlern spricht, die nicht zu bestimmten Schulen und Richtungen gehören oder dort hauptsächlich mit Hilfsarbeiten beschäftigt waren, muß man offenbar den Terminus „Mitarbeiter" anwenden. Nach einer richtigen Anmerkung von A. N. Nesmejanov „wird eine Schule durch die Persönlichkeit ihres ‚Vaters', durch die Ideen bestimmt, die er seinen Schülern vermittelt und – in weiterem Sinne – in die gesamte Wissenschaft einbringt"[14].

Was den Begriff „Kontinuität" und „Tradition" betrifft, so lassen sie sich in zweierlei Hinsicht, sowohl von der formalen als auch von der inhaltlichen Seite verstehen: Sie stellen sowohl eine Modifikation als auch Alternativen zu früheren Richtungen oder zu Grundideen vorhergehender Schulen dar.

[12] A. A. Makarenja: L. A. Čugaev, Leningrad 1968.

[13] A. A. Makarenja: O naučnych školach i napravlenijach v razvitii chimii XIX. veka, in: Problemy dejatel'nosti učenogo i naučnych kollektivov, Leningrad 1973.

[14] A. N. Nesmejanov, in: Nedelja, Nr. 26, 1971, S. 5.

Lothar Läsker

Charakteristische Besonderheiten der Schule von Emil Fischer

Eine Bedingung für die Intensivierung der wissenschaftlichen Arbeit ist ihre effektive Organisation. Planung und Leitung der Forschung können nur dann zur Entwicklung einer schöpferischen Atmosphäre beitragen, wenn sie die Erfordernisse der wissenschaftlichen Arbeit selbst, ihre inneren Bedingungen, ihre immanenten Strukturen und Zusammenhänge berücksichtigen. In der gegenwärtigen Phase unserer gesellschaftlichen Entwicklung, in der die Wissenschaftsorganisation vor der Aufgabe steht, die Vorzüge des Sozialismus mit den Erfordernissen der wissenschaftlich-technischen Revolution zu verbinden, geht es der Wissenschaftstheorie darum, Prinzipien für die Übereinstimmung von gesellschaftlichen Erwartungen und Gesetzmäßigkeiten der Wissenschaftsentwicklung herauszuarbeiten. Dabei geht es auch darum, in den zentralen wissenschaftlichen Problemen den spezifischen Ausdruck künftiger allgemeiner gesellschaftlicher Bedürfnisse zu erkennen. Für die Leitung und Planung, die Organisation der Forschung ergibt sich daraus die Schlußfolgerung, die wissenschaftliche Arbeit als den Prozeß zu behandeln, in dessen Folge die Voraussetzungen für die Befriedigung künftiger gesellschaftlicher Bedürfnisse entstehen. Wissenschaftliche Arbeit kann deshalb als der Prozeß, der Neues hervorbringt, d. h. als Entwicklungsprozeß, verstanden werden. Daraus, und weniger aus der Charakterisierung der Forschung als geistige Arbeit, ergibt sich die Spezifik der wissenschaftlichen Arbeit, die es zu berücksichtigen gilt. Diese Spezifik kann deshalb auch in Bereichen der materiellen Produktion zu finden sein, wenn dort Bedingungen für Schöpfertum, für Erfinder- und Neuerertätigkeit realisiert sind. Erst dann, wenn Analysen dieser beiden Bereiche gesellschaftlich notwendiger Arbeit unter diesem Blickwinkel in ausreichendem Maße vorliegen, empirisch gesichert und theoretisch bewältigt sind, lassen sich Vergleiche sinnvoll anstellen und Erfahrungen austauschen. Durch die gegenwärtig mangelhafte Kenntnis dieser Prinzipien bedingt, erscheinen Wissenschaft und materielle Produktion, geistige und körperliche Arbeit, nicht in dem Maße vergleichbar, wie das zu wünschen wäre. Anstatt auf Analysen zu orientieren, die das Identische beider Tätigkeiten herausarbeiten, werden dann sogenannte Besonderheiten und Spezifika der Wissenschaft gesucht, die tatsächlich an der Oberfläche erscheinen.

Besonders interessant und wichtig sind Fragen, die sich mit der Organisation der Tätigkeit der Wissenschaftlerkollektive als der „produzierenden Basis“, d. h. mit der Gemeinschaftsarbeit, der Kooperation und Kommunikation, Arbeitsatmosphäre usw. beschäftigen.[1] „Wissenschaftliche Schulen“ repräsentieren offensichtlich besonders leistungsfähige Wissenschaftlerkollektive mit ausgeprägter schöpferischer Atmosphäre, intensiver Kooperation und Kommunikation. Wir versuchen deshalb, aus der Rekonstruktion des Kooperations- und Kommunikationssystems der wissenschaftlichen Schule von Emil Fischer einige Beiträge zur Bestimmung allgemeiner Prinzipien der Organisation wissenschaftlicher Arbeit zu gewinnen. Dieses Kooperations- und Kommunikationssystem läßt sich aus den zahlreichen Veröffentlichungen Emil Fischers, seiner Mitarbeiter und von Wissenschaftlern, die an seinem Institut arbeiteten, sowie Archivmaterialien der Humboldt-Universität sicher nicht vollständig rekonstruieren. Wir glauben aber, daß das Material ausreicht, um einige interessante Aussagen zu belegen. Dabei erweist sich die organische Chemie in ihrem damaligen Entwicklungsstand als geeignetes Untersuchungsobjekt. Ähnliche Analysen der Schule von Walter Nernst zeigen indessen, daß die gewonnenen Einsichten auch für die physikalische Chemie gelten.

Die Situation der organischen Chemie um die Jahrhundertwende

Emil Fischer hat selbst, wie kaum ein anderer Wissenschaftler, sein Programm oder zentrales Anliegen zusammenfassend so formuliert: „Meine Meinung geht dahin, daß es selbstverständlich die letzte Aufgabe des Chemikers ist, alle komplizierten Gemische organischer Substanzen, welche die Natur uns darbietet, in die einzelnen Bestandteile zu zerlegen und deren Struktur durch Methoden der Analysen und Synthesen aufzuklären.“[2]

Fischer hatte zwar als Student in Bonn Kekulé kennengelernt. Von besonderer Bedeutung für seine eigenen Forschungen wurden aber die Arbeiten zur Stereochemie von van’t Hoff und Le Bel, mit denen er durch seinen Lehrer A. v. Baeyer 1875 in München bekannt wurde. Es ist auch heute noch bewundernswert, mit welcher Konsequenz Fischer die sich bietenden Möglichkeiten der Entdeckungen und Theorien dieser und anderer Wissenschaftler erkannt und genutzt hat, wie er sie folgerichtig in der Anwendung auf die Analyse und Synthese wichtiger Stoffklassen organischer Substanzen präzisiert und weiterentwickelt hat. Es ist in diesem Zusammenhang auch nicht

[1] K. Hager: Sozialismus und wissenschaftlich-technische Revolution, Berlin 1972, S. 56.

[2] E. Fischer: Synthese von Depsiden, Flechtstoffen und Gerbstoffen II, in: Untersuchungen über Depside und Gerbstoffe, Berlin 1919, S. 60.

unwesentlich, auf Liebig hinzuweisen, der in verschiedener Hinsicht das Vorbild für E. Fischer gewesen ist. So findet sich in einer zusammenfassenden Abhandlung Fischers über die „Synthesen in der Puringruppe“[3] die Würdigung der Arbeit von Liebig und Wöhler: „Untersuchungen über die Natur der Harnsäure“[4], als ein dauernd „unübertroffenes Muster für das systematische Studium einer natürlichen organischen Verbindung“.

Die gesellschaftlichen Bedingungen, unter denen Emil Fischer in Berlin arbeitete, waren für kapitalistische Verhältnisse außerordentlich gut. Hier trifft voll und ganz zu, was J. D. Bernal feststellt: „Der Chemiker, vor allem der Chemiker gegen Ende des 19. Jahrhunderts, war seiner ganzen Art nach ein neuer Typ des Wissenschaftlers; er war viel enger mit der Industrie verbunden als der Naturwissenschaftler früherer Zeiten.“[5]

Die Chemiker hatten durch zahlreiche Synthesen (vor allem waren es Farbstoffe) nachgewiesen, daß ihre Arbeit unmittelbaren Gewinn bringen kann; sie hatten so das Vertrauen der Industriellen gewonnen und konnten sich auch dann noch deren Unterstützung erfreuen, als sich ihre Interessen von der synthetischen Chemie der Farbstoffe auf das Verständnis der genaueren Struktur organischer Naturstoffe verlagerte.[6] Wie geschickt E. Fischer, der selbst mit zahlreichen Patenten an der Entwicklung der chemischen Industrie beteiligt war, diesem Umstand nutzte, wurde deutlich, als er den Neubau des chemischen Instituts in der Hessischen Straße (der heute noch den größten Teil der Sektion Chemie beherbergt) durchsetzte. Dieses Vorhaben war deshalb schwierig, weil seinem Vorgänger in Berlin, A. W. Hofmann, ein für damalige Verhältnisse moderner Neubau zur Verfügung stand, der nach kaum 30 Jahren Nutzens nicht mehr ausreichend sein sollte. Da Fischer die Argumente der Wissenschaftler allein nicht geeignet erschienen, die Finanzverwaltung der Regierung zur Ausgabe der erforderlich großen Summen zu überreden, bemühte er Vertreter der Industrie als „mächtigen Bundesgenossen“ der theoretischen Chemie. Und als eine Abordnung der Vertreter der chemischen Industrie die Erklärung der Professoren über die gemeinsamen Interessen der chemischen Wissenschaft und der Praxis nachhaltig unterstützten und bestätigten, daß die Industrie der Nation alle für die Theorie ausgegebenen Summen mit guten Zinsen zurückzahle, da war der Neubau gesichert.[7]

So war es vor allem das Interesse des Kapitals an den wissenschaftlichen

[3] E. Fischer: Synthesen in der Puringruppe, in: Berichte der Deutschen Chemischen Gesellschaft, H. 32, 1899, S. 435.

[4] J. v. Liebig, F. Wöhler: Untersuchungen über die Natur der Harnsäure, in: Annalen der Chemie und Pharmacie, Bd. 26, 1838, S. 241.

[5] J. D. Bernal: Die Wissenschaft in der Geschichte, Berlin 1961, S. 453.

[6] Ebenda, S. 455.

[7] E. Fischer: Eröffnungsfeier des neuen ersten chemischen Instituts der Universität Berlin, Berlin 1900, S. 36.

Fragestellungen der Chemie, das zu einer raschen Entwicklung dieser Disziplin führte. Das Tempo dieser Entwicklung spiegelt sich im beachtlichen Zuwachs chemischer Literatur wider.[8] Eine Analyse der Zeitschrift „Chemisches Centralblatt" über die Verwendung der Anzahl von Referaten und des Umfangs der Zeitschrift nach Jahren sowie nach dem Umfang, den einzelne Teilgebiete der Chemie einnehmen, zeigen Tabelle 1 und 2:

Tabelle 1

Jahr	Anzahl der Referate		Umfang/Seitenzahl*	
1897	4873		2250	
1899	4729	(97)	2357	(105)
1901	5136	(105)	2541	(112)
1903	6971	(133)	2733	(121)
1904 (Erwartungswert)	6850	(140)	3150	(140)

* Die Anzahl der Referate und der Umfang der Seiten des Jahres 1897 wurden als 100% gesetzt. Die Zahlen in den Klammern geben den prozentualen Zuwachs gegenüber 1897 wieder.

Tabelle 2

Fachgebiete der Chemie	Umfang Anzahl der Seiten	prozentualer Anteil zum Gesamtumfang der Zeitschrift
Apparate	36,7	1,2%
Allgemeine und physikalische Chemie	206,1	7,0%
Anorganische Chemie	253,8	9,0%
Organische Chemie	1225,2	41,7%
Physiologische Chemie	222,3	7,5%
Gärungschemie und Bactereologie	36,6	1,2%
Hygiene und Nahrungsmittelchemie	62,3	2,1%
Medizinische Chemie	15,1	0,5%
Pharmazeutische Chemie	34,0	1,2%
Agrikulturchemie	22,8	0,8%
Mineralogische und geologische Chemie	71,7	2,4%
Analytische Chemie	371,1	12,6%
Technische Chemie	147,9	5,0%
Bibliographie	27,8	0,9%
Patente	203,2	6,9%
Seiten	2936,0	100,0%

[8] Vgl. Berichte der Deutschen Chemischen Gesellschaft, Bd. 37, 1904, S. 3781.

Emil Fischers Arbeiten vor 1892

Emil Fischer promovierte 1874 bei A. Baeyer in Straßburg. Der Gegenstand seiner Dissertationsschrift „Über Fluorescin und Phtalein-Orcin" wurde motiviert durch das große Interesse, das den natürlich vorkommenden Farbstoffen von seiten der Chemiker galt, weil sie sowohl für die Industrie als auch für die Wissenschaft von Interesse sind, „welches sich an ihre chemische Kenntnis, an ihre Entstehung und ihre Beziehungen zum pflanzlichen und tierischen Organismus knüpfte"[9].

1875 erschien die erste Arbeit, in der die Entdeckung des Phenylhydrazins und Ergebnisse erster Untersuchungen mit dieser Substanz mitgeteilt wurden.[10] Sofort beginnt Fischer die Tragweite seiner Entdeckung zu prüfen, und es folgen zum gleichen Themenkreis weitere Arbeiten.[11] Die letzte Arbeit zu diesem Gebiet wurde im Dezember 1878 in München, wohin er seinem Lehrer Baeyer 1875 gefolgt war, abgeschlossen[12]. Bis zu seiner Berufung nach Berlin sind von ihm selbst und seinen Mitarbeitern zu dem Themenkreis „Hydrazine und Indole" dann noch mehr als 70 Arbeiten, vorwiegend in Liebigs „Annalen der Chemie" und in den „Berichten der Deutschen Chemischen Gesellschaft" erschienen.

Zwischen 1876 und 1881 erschienen 12 Arbeiten zu Problemen der Triphenylmethan-Farbstoffe, in Koautorenschaft mit Otto Fischer, einem Cousin Emil Fischers[13]. Interessant ist die erste dieser Arbeiten insofern, als sie einen Hinweis auf die Genese der Problemstellung enthält, die typisch für den Anfang wissenschaftlicher Arbeitsrichtungen zu sein scheint: „Bei dem Studium der Hydrazin-Verbindungen des Rosanilins, welches wir vor längerer Zeit gemeinschaftlich in Erwartung interessanter Farbstoffe begannen, wurden wir durch die abnormen Erscheinungen, welche die bei den gewöhnlichen aromatischen Aminophasen so glatt verlaufende Hydrazin-Bildung hier zeigte, zuerst auf das eigentümliche Verhalten der Diazo-Verbindungen dieser Gruppe aufmerksam und zur Aufklärung unserer Versuche gezwungen, eine ausführliche Untersuchung dieser Körper zu unternehmen."[14]

Damit wurde die ursprüngliche enge Zielstellung zugunsten allgemein interessierender Fragen aufgegeben. Die Gewinnung des dem Rosanilin zugrunde liegenden Kohlenwasserstoffs, die Aufklärung seiner Konstitution (damit der Konstitution des Rosanilins) waren Fragen der Farbstoffchemie von ganz allgemeinem, theoretischem wie praktischem Interesse.

9 E. Fischer: Untersuchungen über Triphenylmethan-Farbstoffe, Hydracine und Indole, Hrsg. M. Bergmann, Berlin 1924, S. 1.

10 Ebenda, S. 147, 153, 160, 163, 175, 181.

11 Berichte der Deutschen Chemischen Gesellschaft, Bd. 8, 1875, S. 1587.

12 Ebenda, Bd. 11, 1878, S. 2208.

13 E. Fischer: Untersuchungen über Triphenylmethan-Farbstoffe, Hydracine und Indole, a. a. O., S. 29–132.

14 Ebenda, S. 30.

Die ersten Arbeiten zu Synthesen in der Purin-Gruppe sind im August 1882 wohl noch in München abgeschlossen worden und unter dem Titel „Über Koffein, Theobromin, Xanthin und Guanin" in „Liebigs Annalen" veröffentlicht.[15] Fischers Interesse galt wiederum der ganzen Klasse chemischer Verbindungen, wofür ihm das Koffein der geeignete Repräsentant zu sein schien. Diese Problematik beschäftigte ihn und seine Mitarbeiter, unter anderen L. Knorr, zunächst noch bis 1884, also im wesentlichen in der Zeit in Erlangen.

Die Arbeit „Über die Harnsäuren I"[16], abgeschlossen im Februar 1884, enthält den bemerkenswerten Satz: „Um eine rationelle Nomenklatur der so entstehenden zahlreichen Substanzen zu ermöglichen, betrachte ich dieselben als Abkömmlinge einer noch unbekannten Verbindung und nenne die letztere Methylpurin."[17] Dahinter verbirgt sich tatsächlich die theoretische Vorhersage der Existenz jener Substanz, von der sich eine große Zahl biologisch und pharmazeutisch wichtigster Verbindungen ableitet (Adenin, Guanin u. a.).

Fischer sagte über diese Hypothese in seiner 1899 gegebenen Übersicht folgendes: „Die Notwendigkeit, diese Produkte systematisch zu ordnen und zu benennen, veranlaßten mich, sie als Abkömmlinge einer zunächst noch unbekannten Verbindung $CH_3 \cdot C_5H_3N_4$ zu betrachten . . . Die nachträgliche Auffindung der Verbindung hat die ursprüngliche Voraussetzung bestätigt. Das Purin ist in der Tat der Stammvater. . ."[18]

1890 war Fischer von der Deutschen Chemischen Gesellschaft eingeladen, in einem Vortrag seine Arbeiten „Synthesen in der Zuckergruppe" zusammenfassend darzustellen.[19] Er stützte sich dabei auf zahlreiche Veröffentlichungen, die seit 1884 erschienen waren und die den Hauptteil seiner Untersuchungen während des Aufenthaltes in Würzburg (von 1885 bis 1892) bildeten. In diesem, später überarbeiteten und in dem Sammelband „Untersuchungen über Kohlehydrate und Fermente I" neu veröffentlichtem, Vortrag gibt Fischer an, daß er 1883 mit Arbeiten zur Zuckersynthese begonnen und dabei den Mangel an adäquaten Methoden empfunden hat.[20] Seine erste Arbeit zu diesem Problemkreis mit dem Titel „Verbindungen des Phenylhydrazins mit den Zuckerarten I"[21] wurde im März 1884 abgeschlossen. Sie bildet den Anfang ausgedehnter Untersuchungen, die, mit wechselnder Intensität, bis 1908 systematisch betrieben wurden.

[15] E. Fischer: Über Koffein, Theobromin, Xauthin und Guanin, in: Annalen der Chemie und Pharmacie, 1882, S. 215.

[16] E. Fischer: Untersuchungen in der Purin-Gruppe, Berlin 1907, S. 143–152.

[17] Ebenda, S. 144.

[18] Ebenda, S. 14.

[19] Berichte der Deutschen Chemischen Gesellschaft, Bd. 23, 1890, S. 2114.

[20] E. Fischer: Untersuchungen über Kohlehydrate und Fermente, Berlin 1890, S. 4.

[21] Berichte der Deutschen Chemischen Gesellschaft, Bd. 17, 1884, S. 579.

Im Februar 1889 erschien in den „Berichten“ eine kurze Mitteilung von Fischer und Francis Passmore zur „Bildung von Acrose aus Formaldehyt“, in welcher auf die „sehr nahe Beziehung“ der Acrose zu den natürlichen Zuckerarten hingewiesen wurde. Die Mitteilung schließt mit dem Absatz: „Bedenkt man, daß die Assimilation der Kohlensäure durch die Pflanzen die Grundbedingung für die Existenz der lebenden Wesen ist, so muß auch die kleinste Beobachtung, welche zur Aufklärung dieses geheimnisvollen Vorganges führen kann, wertvoll erscheinen.“[22] In einem Vortrag macht Fischer dann ein Jahr später darauf aufmerksam, daß die Synthese zunächst nur zu der optisch inaktiven Acrose führt, während in den Pflanzen nur die aktiven Zucker gefunden werden, und er schließt die programmatische Frage an: „Sind sie die einzigen Produkte der Assimilation? Ist die Bereitung optisch aktiver Substanzen ein Vorrecht des lebenden Organismus; wirkt hier eine besondere Ursache, eine Art von Lebenskraft? Ich glaube es nicht und neige vielmehr zu der Ansicht, daß nur die Unvollständigkeit unserer Kenntnisse den Keim des Wunderbaren in diesen Vorgang hineinträgt.“[23]

Die nachfolgenden Arbeiten, die dann in die Berliner Zeit hineinreichen und 1894 zu einem Zwischenergebnis zusammengefaßt wurden,[24] galten nun in erster Linie dem Ausbau der stereochemischen Theorie von van't Hoff und Le Bel.

Die Schule Emil Fischers in Berlin

Ein Jahr nach seiner Berufung an die Berliner Universität, als Nachfolger des verstorbenen A. W. Hofmann, wurde Fischer zum Mitglied der Preußischen Akademie der Wissenschaften gewählt. In seiner Antrittsrede war ihm Gelegenheit gegeben, sein wissenschaftliches Programm zu entwickeln. Er begründete seinen Entschluß, die organische Chemie, die mit Abstand den größten Teil der Arbeitskräfte der Chemie beschäftigte, als sein Arbeitsgebiet gewählt zu haben, im wesentlichen mit folgenden Argumenten:

1. Die Entwicklung der Stereochemie läßt erwarten, daß die räumliche Gestalt der Moleküle aufgeklärt wird.
2. Die meisten Anstöße zur Entwicklung der chemischen Theorie werden „von dem hier aufgestapelten tatsächlichen Material ausgehen“.
3. Die physiologische Chemie erwartet wichtigste Erkenntnisse von der organischen Chemie, um ihrerseits den biologischen Stoffwechsel, die „Formbildung“, die Stoffwechselstörungen in der Krankheit aufzuklären.

[22] Ebenda, Bd. 22, 1889, S. 359.

[23] E. Fischer: Synthesen in der Zuckergruppe I, in: Untersuchungen über Kohlehydrate und Fermente, a. a. O., S. 26.

[24] Vgl. E. Fischer: Synthesen in der Zuckergruppe II, in: Untersuchungen über Kohlehydrate und Fermente, a. a. O.

Das endgültige Ziel, zu dessen Lösung Fischer beitragen wollte, war die vollständige Analyse und Synthese der Eiweißstoffe.[25]

Dabei bot Berlin ein hervorragendes Klima für die Entwicklung der Chemie. An der Universität arbeiteten neben Emil Fischer, der das erste chemische Institut übernommen hatte, H. Landolt als Direktor des zweiten chemischen Instituts, dessen Leitung später von W. Nernst übernommen wurde. Ein enger Kontakt bestand zum Institut für Pathologie, an dem Carl Neuberg mit wichtigen Problemen der Biochemie beschäftigt war. Die chemische Abteilung des physiologischen Instituts wurde von C. Thierfelder geleitet, der gemeinsam mit E. Fischer an Problemen der Biochemie der Hefegärung arbeitete. H. Thoms und W. Traube hatten sich beide bei E. Fischer habilitiert und gaben den Forschungen am pharmazeutischen Institut ihr Gepräge. Neben der Universität wurde noch an der Landwirtschaftlichen Hochschule (Buchner), der Tierärztlichen Hochschule und an der Technischen Hochschule in Charlottenburg (Knorr) mit großem Erfolg auf modernen Gebieten der Chemie gearbeitet. Außerdem gab es zahlreiche Kontakte zum „Wissenschaftlich-Chemischen Laboratorium Berlin-N", das von A. Rosenheim geleitet wurde, und natürlich zu van't Hoff, der 1896 ein kleines Laboratorium, untergebracht in einem Mietshaus in Wilmersdorf, bezogen hatte. Auf alle diese Forschungsstätten hatte Fischer mehr oder weniger Einfluß, entweder durch Wissenschaftler, die ihm in gemeinsamer Arbeit verbunden waren, oder durch wissenschaftliche Kritik.

Dieser Einfluß war nicht auf Berlin beschränkt. Wesentlich war seine Verbindung zu Forschungsinstituten der chemischen Industrie, vor allem zum wissenschaftlichen Laboratorium der Firma „C. F. Boehringer und Söhne" in Waldhof bei Mannheim, in dem Fischers Schüler und ehemalige Assistenten, V. Fritz, P. Hunsalz, L. Beensch und L. Ach arbeiteten.[26]

Die Interessen der damals führenden deutschen chemischen Industrie begünstigten die Entwicklung der Chemie und damit der Schule Fischers. Fischer brauchte nicht gegen den Strom zu schwimmen, da seine Interessen mit den herrschenden gesellschaftlichen Interessen übereinstimmten. Das Interesse an den entscheidenen Problemen der Wissenschaft, vor allem der Chemie, beschränkte sich durchaus nicht auf die akademischen Kreise. Dafür spricht das Echo, das z. B. ein Vortrag Emil Fischers, gehalten vor der Deutschen Chemischen Gesellschaft im Jahre 1906, in der Tagespresse gefunden hat.[27]

[25] Sitzungsberichte der Preußischen Akademie der Wissenschaften zu Berlin, Berlin 1893, S. 632ff.

[26] E. Fischer: Untersuchungen in der Purin-Gruppe, Berlin 1907.

[27] Vgl. Fußnote zum Abdruck dieses Vortrages in „Untersuchungen über Aminosäuren, Polypeptide und Proteine", Berlin 1906, S. 1.

Die Arbeiten am Berliner Institut bis 1905

Der Umzug Emil Fischers nach Berlin bedeutete weder für seine eigene Arbeit noch für die Arbeiten der Wissenschaftler, die unter der kommissarischen Leitung von Prof. Gabriel im Institut angestellt waren, eine Umprofilierung. Eine Analyse des Inhalts der Arbeiten, die von 1890–1895 zum Problemkreis „Kohlenhydrate und Fermente“ durchgeführt wurden, zeigt, daß in diesen Arbeiten die Kontinuität gewachsen ist.

Der Rückgang der Anzahl der Veröffentlichungen 1893 ist offensichtlich nur durch die Belastungen des Umzugs bedingt. Soweit aus den Unterlagen ersichtlich, kamen drei Assistenten aus Würzburg mit ihm nach Berlin: Pinkus, Piloty und L. Ach.

Die Arbeiten zur Zuckergruppe galten folgenden Zielen:

1. Der Vervollkommnung der experimentellen Methoden der Synthesen und Synthesen vorgefundener natürlicher wie theoretisch voraussagbarer Zucker sowie deren Derivate.
2. Der Prüfung und Spezifizierung der stereochemischen Theorie, der Theorie des asymetrischen Kohlenstoffatoms.
3. Der Aufklärung des Einflusses der Konfiguration auf die physikalischen und chemischen Eigenschaften der Moleküle.
4. Dem Aufbau einer rationellen Nomenklatur von Syntheseprodukten.

Die oben genannten vier Ziele sind determinierende Faktoren der Problemstruktur für dieses Forschungsgebiet. Sie ermöglichten es, eine Menge konkreter Problemstellungen, die außerordentlich gut geeignet für jüngere Mitarbeiter zur selbständigen Bearbeitung waren, zu vergeben. Aber auch die Arbeiten von Emil Fischer selbst zeichnen sich durch präzise Fragestellungen aus, so daß sich einfach durch systematische Darstellung der einzelnen Arbeiten eine Problemstruktur für einen gegebenen Zeitraum rekonstruieren läßt, die am Beispiel der Arbeiten zur Synthese der Aminosäuren angedeutet werden soll.

Die Untersuchungen der Aminosäuren begann Emil Fischer im Jahre 1899, offensichtlich in Vorbereitung auf die Arbeiten im neuen Institut, das 1900 bezogen werden konnte. Das Programm für diese Forschungsrichtung wurde bereits 1893 formuliert. Die ersten Arbeiten zu diesem umfangreichen Gebiet sind der Spaltung racemischer Aminosäuren in ihrer optisch aktiven Komponente gewidmet.

„Während durch die hydrolytische Spaltung von Protein-Stoffen in der Regel optisch aktive Amino-Säuren entstehen, sind die künstlichen Produkte bekanntlich zunächst racemisch. Die vollständige Synthese der natürlichen Verbindungen ist deshalb erst dann erreicht, wenn es auch gelingt, den Racemkörper in die optisch aktiven Komponenten zu spalten . . .“[28]

[28] Ebenda, S. 87.

Den Rahmen für die speziellen Aufgabenstellungen und die Methoden zu ihrer Lösung hat Fischer so angegeben: „Wegen des physiologischen Interesses, welches die optisch aktiven Aminosäuren besitzen, schien mir ihre Bereitung aus den synthetischen Racem-Körpern auf chemischem Wege wünschenswert. Das Mittel dazu hat sich gefunden in ihren Benzoyl-Derivaten. . . . Als aktive Basen haben sich wieder Strychnin und Brucin, welche ich in der Zuckergruppe für diesen Zweck zuerst benutzte, besonders bewährt.“[29]
Interessant ist, daß die in der Zuckergruppe erprobten Methoden in Arbeiten zu den Aminosäuren angewandt und damit erweitert wurden.

Nach einer detaillierten Darstellung der Methode, auf deren Exaktheit Fischer immer den größten Wert gelegt hat, wurden dann die Aminosäuren abgearbeitet: Das Alanin, die Asparagin-Säure, die Glutamin-Säure, schließlich das Tyrosin. Bei diesen sehr zahlreichen Versuchen, von denen jeder einzelne durch eine detaillierte Problemstellung geleitet war, ist Fischer von einem Mitarbeiter, Dr. F. Hübner, unterstützt worden. In einer ein reichliches Jahr später abgeschlossenen Arbeit, die wiederum durch einen Mitarbeiter, Dr. F. Lehmann, unterstützt wurde, ist die totale Synthese der beiden optisch aktiven Tyrosine beschrieben.[30] Dazwischen folgten eine Abhandlung zur Darstellung der optisch aktiven Komponenten des Leucin[31], an der Dr. Wolfes mitgearbeitet hatte, die Darstellung der optisch aktiven Komponenten des Alamins und der α-Amino-Buttersäure[32], gemeinsam mit Mauneyrat. Im folgenden Jahr arbeitete Rudolf Hagenbach unter der Anleitung Fischers zum Problem der Synthesen der optisch aktiven α-Amino-n-Capronsäure[33].

So zeigt sich, daß die Forschungen, die sowohl von Fischer selbst als auch von seinen Mitarbeitern durchgeführt wurden, auf eine bestimmte Weise miteinander verbunden waren. Diese Arbeiten waren noch nicht abgeschlossen, als Fischer, zunächst unterstützt durch Dr. Wolfes, gemeinsam mit E. Fourneau, Untersuchungen zur Synthese von Peptiden, speziell einiger Derivate des Glykokolls, der einfachsten Aminosäure, begann.[34] Damit war der Schwerpunkt der Arbeiten für die folgenden Jahre abgesteckt. Etwa 10 Mitarbeiter, einschließlich Doktoranden, hatten Teilprobleme dieses umfangreichen Programms zu bearbeiten. Unter ihnen finden wir die Namen: E. Abderhalden, P. Bergell, H. Leuchs, U. Suzuki und O. Warburg. Die Arbeiten zur Purin-Gruppe waren zwar im wesentlichen zu einem vorläufigen Abschluß gekommen, beanspruchten aber noch bis 1906 die Aufmerksamkeit Emil Fischers. Van Loeben, F. Armstrong, E. Fourneau und Tüllner arbei-

[29] Ebenda, S. 88f.
[30] Ebenda, S. 101ff.
[31] Ebenda, S. 118ff.
[32] Ebenda, S. 133ff.
[33] Ebenda, S. 140ff.
[34] Ebenda, S. 279ff.

teten noch an Problemen verschiedener Purin-Abkömmlinge, und im wissenschaftlichen Laboratorium der Firma C. F. Boehringer und Söhne in Waldhof bei Mannheim waren die ehemaligen Schüler und Assistenten L. Ach, V. Fritz, P. Hunsalz und L. Beensch mit der Ausarbeit ungtechnisch realisierbarer Synthesen für die Industrie beschäftigt. L. Ach und K. Kautsch unterstützen diese Arbeiten in Berlin unter unmittelbarer Anleitung E. Fischers.

Organisations- und Leitungsprinzipien in der Schule Emil Fischers

Emil Fischer hatte seine eigenen Arbeiten und die Möglichkeiten, die sein Institut für die Arbeit anderer Chemiker bot, immer im Gesamtzusammenhang seiner Disziplin, der Chemie, und deren Beziehungen zu den Belangen der Industrie wie anderer, vor allem biologischer Disziplinen, gesehen. Diese Fähigkeit, die er seiner Vielseitigkeit bei gleichzeitiger Konzentration auf zentrale theoretische Probleme (der Stereochemie) und methodische Prinzipien verdankte, war wesentliche Voraussetzung dafür, daß er zum Schulenbildner werden konnte. Man mag heute rückblickend sagen, daß die damaligen Bedingungen in der organischen Chemie besonders gute Voraussetzungen für diese Konzeption, in der Spezialisierung der Wissenschaftler und Integration des Fachgebietes zu einer produktiven Synthese geführt wurden, geboten haben. Das darf jedoch nicht darüber hinwegtäuschen, daß die Zersplitterung der Forschung in beziehungslose Teilgebiete damals ebenfalls eine große Gefahr darstellte. E. Fischer erkannte für seine Zeit klar, daß die Zersplitterung „nicht die Schuld der Lehrer, sondern die Folge der Verhältnisse, d. h. einseitigen, durch Mangel an Mittel bedingten Einrichtung und des sparsamsten Betriebes der Institute“ war.[35] Sein Institut wollte er als Einrichtung verstanden wissen, an welcher „die Wissenschaft als einheitliches Ganzes gelehrt und gepflegt werden soll“[36]. Deshalb müsse der allgemeinen Chemie, als Grundlage des Unterrichts und der Forschung, die konzentrierte Aufmerksamkeit gelten.

Sein neues Institut war räumlich so gestaltet und ausgerüstet, daß die Verbindungen zwischen den Spezialgebieten über die allgemeine Chemie als Zentrum ständig hergestellt werden konnte. Fischer bot allen, auch älteren Chemikern, die Interesse an der Verbindung ihrer Spezialgebiete mit den allgemeinen Problemen der Chemie hatten, in seinem Hause Arbeitsmöglichkeiten. „Sie finden in diesem Hause einen natürlichen Mittelpunkt für ihre Interessen und haben den Vorzug, sich gegenseitig die in den Spezialinstituten fehlenden allgemeinen wissenschaftlichen Anregungen auch nach der experi-

[35] E. Fischer: Eröffnungsfeier des neuen ersten chemischen Instituts der Universität Berlin, Berlin 1900, S. 45.
[36] Ebenda.

mentellen Seite geben zu können.“[37] Als Voraussetzung dafür sah er eine möglichst große Freiheit des wissenschaftlichen Betriebes, in welcher die Institutsleitung sich auf die Beschaffung der Arbeitsmittel und die Pflege der persönlichen Kontakte aller Mitarbeiter beschränken sollte. Das darf natürlich nicht darüber hinwegtäuschen, daß die Forderung an das wissenschaftliche Niveau der Arbeit sehr hoch war und durch unerbittliche Kritik, vor allem Emil Fischers selbst, ständig garantiert blieb. Täglich mußte jeder Mitarbeiter damit rechnen, dem Direktor Bericht über den Fortgang der Arbeit geben zu müssen und den scharfsinnig kritischen Fragen, die oft den Charakter härtester Prüfungen hatten, gewachsen zu sein.

Mit dieser Kritik beabsichtigte Fischer immer, die individuelle Begabung und Leistung vor allem der jüngeren Mitarbeiter zu entwickeln. Er wollte sie nie als Aufforderung zur Unterordnung verstanden wissen und beklagte sich gelegentlich über mangelnde Selbständigkeit jüngerer Mitarbeiter. Formen der Zusammenarbeit, vor allem in umfangreichen Experimentaluntersuchungen, sollten nur auf ganz freiwillige Art entstehen und keinesfalls die eigenständige theoretische Arbeit aller Beteiligten irgendwie beeinträchtigen. Dagegen war der Lehrbetrieb, dem etwa zwei Drittel des neuen Hauses galten, streng organisiert und durch Abteilungsvorsteher geleitet.

Aus der Analyse der Archivmaterialien[38] kann man für den Zeitraum 1900 bis 1905 etwa folgenden Aufbau der Institutsforschung erkennen:

Fischer	etwa	10 Mitarbeiter	Sachs	etwa	7 Mitarbeiter
Diels	„	5 „	Ruff	„	5 „
Gabriel	„	5 „	Wohl	„	5 „
Stock	„	3 „	Pschorr	„	3 „

Die Dissertationsthemen der Mitarbeiter waren nicht streng auf ein Gebiet konzentriert, so daß es nicht möglich ist, von Forschungsgruppen in dem Sinne zu sprechen, wie wir das heute verstehen würden. Vielmehr scheinen das Interesse und die eigenen Arbeiten der Betreuer das inhaltlich integrierende Moment gewesen zu sein. Im Privatlaboratorium von Emil Fischer bearbeitete außerdem Abderhalden weitgehend selbständig vor allem Fragen der Biochemie der Eiweiße. Diese 10 Wissenschaftler des Instituts repräsentierten weitgehend selbständige, aber keineswegs voneinander unabhängige Forschungsrichtungen. Sie waren entweder Professoren oder Privatdozenten. Die meisten von ihnen hatten sich bei Emil Fischer habilitiert und in gemeinsamer Arbeit mit ihm ihre Selbständigkeit erworben und bewiesen. Ihnen standen in der Regel einige Assistenten zur Unterstützung aufwendiger Experimente zur Seite, und die meisten ihrer Mitarbeiter waren kurzfristig, ohne arbeitsrechtliche Bindung und Bezahlung, beschäftigt. Es galt als große

[37] Ebenda, S. 46.

[38] Nach Archivmaterialien der Humboldt-Universität erarbeitet.

Ehre, an diesem Institut arbeiten zu dürfen, und gemeinsame Veröffentlichungen mit Emil Fischer eröffneten alle Möglichkeiten für künftige Karrieren.

Nach welchen Kriterien Emil Fischer seine Mitarbeiter auswählte, mag an einem Beispiel deutlich werden. In einem Brief vom 24. 2. 1904 an Engelmann in Berlin gibt Fischer eine Beurteilung von Abderhalden. „Der Abderhalden hat sich dank seiner ungewöhnlichen Arbeitskraft in kurzer Zeit so gut in die schwierigen Methoden der organischen Chemie eingelebt, daß ich ihn seit vorigem Herbst als Mitarbeiter in mein Privatlaboratorium aufnehmen konnte. Ich bemerke, daß ich das bisher noch mit keinem Mediziner gewagt habe. Er ist ein guter Beobachter, ein nüchterner kritischer Kopf und Feind aller überflüssigen Hypothesen. Leider ist die biologische Chemie derjenige Teil unserer Wissenschaft, wo ungenaue und lückenhafte Versuche am meisten mit einem blendenden Schmuck sogenannter geistreicher Betrachtungen zu anspruchsvollen Abhandlungen aufgebauscht werden. Da sind Leute wie Abderhalden ganz am Platze . . .“[39]

Auch P. Rona, der, wie C. Neuberg, später von den Nationalsozialisten verfolgt wurde, war 1903 Mitarbeiter in Fischers Laboratorium. Sehr aufschlußreich sind die zahlreichen Gutachten zu Dissertationen, meist handschriftlich, auf der Rückseite der Promotions-Meldebogen abgefaßt. Sie sprechen für die ausgeprägte Urteilsfähigkeit E. Fischers, die sich nicht auf die schriftlich vorgelegte Arbeit beschränkte, sondern ebenso dem Autor, der sich mit dieser Arbeit ausgewiesen hatte, galt.

Schlußfolgerungen

Wesentliche Voraussetzungen dafür, daß sich um Emil Fischer eine so erfolgreiche wissenschaftliche Schule bildete, sehe ich in folgendem:

1. E. Fischer hatte ein klares, weitreichendes und tragfähiges wissenschaftliches Programm entwickelt, das es gestattete, ausgehend von einem theoretisch fundierten zentralen Anliegen, das Problem in Teilgebiete und Teilprobleme aufzugliedern.
2. Das wissenschaftliche Programm Emil Fischers war unmittelbarer Ausdruck allgemeiner Bedürfnisse der chemischen Industrie, ständig neue Substanzen industrieller Synthese zu erschließen und rationellere Verfahren zu entwickeln.
3. Die Bearbeitung der einzelnen Probleme erforderte die Entwicklung modernster Methoden sowohl der präparativen, synthetischen wie physikalischen Chemie und war auf die Bestätigung und Weiterentwicklung neuester Theorien orientiert.
4. Fischer hatte für sich selbst und seine Mitarbeiter in geschickter Weise

[39] Archiv der Humboldt-Universität, Akte 1450, Blatt 172 und 173.

günstigste Arbeitsbedingungen, die modernsten Ansprüchen genügten, geschaffen.

5. Sowohl im eigenen Hause wie durch zahlreiche Kontakte zu anderen Instituten sicherte Fischer ständig die Verbindung der organischen Chemie mit den anderen Spezialgebieten der Chemie und verwandten, besonders biologischen Disziplinen. Besonders bemerkenswert ist der rege Kontakt zur Technischen Hochschule und zu anderen Arbeitsgruppen der physikalischen Chemie.

6. Fischer arbeitete selbst auf den jeweils entscheidenden Gebieten aktiv, auch experimentell, und er blieb als Leiter immer der führende Wissenschaftler und damit urteilsfähig auf allen Ebenen.

7. In Fischers Institut arbeiteten ständig (mit Ausnahme der Zeit des I. Weltkrieges) mehrere Wissenschaftler selbständig auf verschiedenen Gebieten der organischen, anorganischen, physikalischen und physiologischen Chemie sowie der chemischen Technologie. Im regen Kontakt in der täglichen Arbeit wie zu nahezu allen einschlägigen wissenschaftlichen Instituten in Europa (einschließlich industriellen Laboratorien) gelang es, in kürzester Zeit neue Erkenntnisse und Erfahrungen produktiv auszutauschen.

ALEKSANDR SERGEEVIČ MOZŽUCHIN

Die physiologischen Schulen an der Militärmedizinischen Akademie

Im Jahre 1973 waren es 175 Jahre her, daß an der Akademie Physiologie gelehrt wurde, und 125 Jahre, seit ein selbständiger Lehrstuhl für Physiologie existierte (von 1798 bis 1817 wurde Physiologie am Lehrstuhl für Anatomie und Physiologie und von 1817 bis 1848 am Lehrstuhl für Physiologie und allgemeine Pathologie gelehrt). Seit 1798 gibt es Vorlesungen in Physiologie, die von bekannten Wissenschaftlern und Pädagogen gehalten wurden, die später auch den Lehrstuhl für Physiologie inne hatten. Zu diesen Wissenschaftlern gehörten: P. A. Gagorskij (1799–1817), D. M. Vellanskij (1818 bis 1837), A. P. Zagorskij (1837–1860), N. M. Jakubovič (1860–1868), I. M. Sečenov (1860–1870), I. F. Cion (1872–1874), I. R. Tarchanov (1877–1895), I. P. Pavlov (1895–1925), L. A. Orbeli (1925–1950)[1]. Man kann natürlich nicht alle diese Wissenschaftler nach einem bestimmten wesentlichen Merkmal zu einer Schule zählen. Andererseits begründeten nicht alle genannten Wissenschaftler eigene Schulen. Wenn man unter einer Schule ein Kollektiv von Mitarbeitern (Schülern) versteht, die sich freiwillig um einen bekannten Wissenschaftler (Lehrer) vereinigt haben, dann kann man von den Schulen von I. M. Sečenov, I. R. Tarchanov, I. P. Pavlov und L. A. Orbeli sprechen, da die übrigen Leiter keine Schüler hatten. Wenn man aber davon ausgeht, daß eine Schule eine originelle wissenschaftliche Richtung ausarbeitet und in dieser Hinsicht bestimmte Ergebnisse aufweist, dann kann man nur von den Schulen Sečenovs, Pavlovs und Orbelis sprechen, da Tarchanov im wesentlichen die Ideen Sečenovs weiterführte. Wahrscheinlich ist es richtiger, nicht von den physiologischen Schulen an der Akademie, sondern davon zu sprechen, daß zu den Schulen Sečenovs, Pavlovs und Orbelis auch akademische Abteilungen gehörten, weil Sečenov nacheinander mehrere Lehrstühle innehatte und Pavlov und Orbeli, neben dem Lehrstuhl, physiologische Laboratorien und physiologische Institute leiteten, aus denen ihre physiologischen Schulen hervorgingen.

[1] Vgl. L. B. Popel'skij: Istoričeskij očerk kafedry fiziologii v imperatorskoij Voenno-medicinskoj akademii za 100 let, Petersburg, 1899. A. V. Lebedinskij, A. S. Mozžuchin: Očerki istorii kafedry fiziologii Voenno-medicinskoj akademii, Leningrad 1971.

Alle drei Schulen waren durch eine gemeinsame wissenschaftliche Problematik verbunden, da seit der Zeit I. M. Sečenovs am Lehrstuhl vorwiegend Fragen der Physiologie des Nervensystems bearbeitet wurden. Gemeinsam war ihnen auch das methodologische und methodische Herangehen an die Forschung sowie das Bestreben, die Erfolge der Physiologie für die Bedürfnisse der medizinischen Praxis zu nutzen. In den Vorlesungen wurden die Studenten und darüber hinaus auch eine breite medizinische Öffentlichkeit sowohl mit den Ergebnissen der Physiologie als auch den Ergebnissen der eigenen Laboratoriensarbeit bekannt gemacht.

Die Schulen Sečenovs und Pavlovs waren nur ideenmäßig miteinander verbunden. Im Unterschied dazu war Orbeli ein Schüler und langjähriger Mitarbeiter Pavlovs, der später eine eigene wissenschaftliche Richtung und eine eigene wissenschaftliche Schule begründete.

Über alle drei Schulen ist sehr viel geschrieben worden, und in dem vorliegenden Beitrag erscheint es zweckmäßig, nur solche Fragen zu behandeln, die mit der Herausbildung der Struktur und den Besonderheiten der wissenschaftlichen Tätigkeit der akademischen Abteilungen der Schulen von Sečenov, Pavlov und Orbeli zusammenhängen (vgl. Tab. 1, 2).

Betrachten wir zunächst die drei Schulen im einzelnen. I. M. Sečenov arbeitete zehn Jahre in der Akademie (1860–1870). I. R. Tarchanov, der ein Schüler Sečenovs an der Akademie gewesen war und die Traditionen seiner Schule fortsetzte und entwickelte, leitete den Lehrstuhl für Physiologie achtzehn Jahre (1877–1895). Die Unterbrechung in der Leitung des Lehrstuhls zwischen Sečenov und Tarchanov beträgt sechs Jahre, von denen die Leitung des Lehrstuhls zwei Jahre in den Händen von I. F. Cion lag. Faßt man die Jahre der Lehrstuhlleitung durch I. M. Sečenov und I. R. Tarchanov zusammen, kann man sagen, daß die Sečenovsche Schule am Lehrstuhl 28 Jahre lang existierte. Eine Besonderheit dieser Schule war vor allem die unmittelbare Leitung der Forschungsarbeiten durch den Lehrstuhlleiter. Dabei waren Forschungsarbeiten, in denen die Forschungsergebnisse der Mitarbeiter durch diesen verallgemeinert wurden, für diese Schule nicht charakteristisch. In der Zeit, in der I. M. Sečenov den Lehrstuhl innehatte, wurden von ihm 19 Forschungsarbeiten (eine davon gemeinsam mit V. V. Pašutin) und 15 unter seiner Leitung durchgeführt. Zu den bedeutendsten Arbeiten aus dieser Schaffensperiode Sečenovs gehören die Arbeiten: „Die Reflexe des Großhirns" (1863), „Über die Elektrizität in Lebewesen" (1862), „Die Physiologie des Nervensystems" (1865), „Die Physiologie der Gefühlsorgane. Das Sehen" (1868). In der Mitte des vergangenen Jahrhunderts war dieser Arbeitsumfang offensichtlich ungewöhnlich. Diese Schaffensperiode Sečenovs als Professor an der Medizinisch-Chirurgischen Akademie würdigte I. P. Pavlov später als „die glanzvollste Periode" dessen Wirkens.[2] Es

[2] I. P. Pavlov: Sämtliche Werke, Bd. VI, Berlin 1954, S. 206.

muß betont werden, daß I. M. Sečenov als Professor am Lehrstuhl keine hauptamtlichen Assistenten hatte und die Forschungsarbeiten von sich dafür interessierenden Personen durchgeführt wurden. Viele von ihnen wurden später selbst bekannte Psychologen, wie zum Beispiel V. V. Pašutin und I. R. Tarchanov. Unter der Leitung von I. M. Sečenov arbeiteten übrigens auch die ersten weiblichen Ärzte, die an der Akademie ausgebildet wurden – N. P. Suslova, M. A. Bokova-Obryceva –, die physiologische Untersuchungen durchführten und veröffentlichten.

Während der Lehrstuhlleitung durch I. R. Tarchanov wurden 26 Arbeiten durchgeführt. Alle Forschungsarbeiten seiner Mitarbeiter leitete er persönlich. Unter der Leitung von I. R. Tarchanov wurde im Jahre 1881 erstmalig die Planstelle eines Prosektors, die nacheinander N. O. Cibuls'kij, P. B. Viližanin, B. F. Verigo, V. I. Vartanov innehatten, und die Stelle eines Privatdozenten geführt, die I. P. Pavlov innehatte.

In der Zeit, als I. P. Pavlov die Leitung des Lehrstuhls innehatte (1895 bis 1925), wurden von ihm etwa 215 wissenschaftliche Arbeiten veröffentlicht, darunter 8 in Koautorenschaft mit Mitarbeitern. 44 Arbeiten davon stellten eine Verallgemeinerung von Forschungsergebnissen seiner Mitarbeiter dar. I. P. Pavlov war somit der erste Lehrstuhlleiter, der im Unterschied zu Sečenov und Tarchanov begann, systematisch Aufsätze und Monographien auszuarbeiten, die eine Analyse und Verallgemeinerung von Arbeiten seiner Mitarbeiter enthielten. Sečenov und Tarchanov dagegen wiesen zwar auch auf Arbeiten ihrer Mitarbeiter in ihren Literaturquellen hin, erwähnten aber bestenfalls nur, daß diese Arbeiten unter ihrer Leitung im physiologischen Laboratorium der Akademie durchgeführt worden waren.

Unter unmittelbarer Leitung I. P. Pavlovs wurden am Lehrstuhl 164 Arbeiten durchgeführt. In den letzten Jahren seiner Tätigkeit am Lehrstuhl begann er mehr und mehr die älteren Mitarbeiter (L. A. Orbeli, V. V. Savič, Ju. V. Fol'bort) in die Leitungstätigkeit einzubeziehen. I. P. Pavlov verfügte neben der Planstelle eines Prosektors auch über die eines hauptamtlichen Dozenten, die L. A. Orbeli einnahm. In den dreißig Jahren der Leitung des Lehrstuhls durch I. P. Pavlov lösten sich dort nacheinander zehn Privatdozenten ab: P. Ja. Borisov, L. B. Popel'skij, A. A. Val'ter, V. Ju. Čagovec, V. N. Boldyrev, B. P. Babkin, N. P. Tichomirov, G. P. Zelenyj, L. A. Orbeli, B. F. Verigo. Fast alle hatten einen bedeutenden Namen in der russischen bzw. sowjetischen Physiologie. Außer den aufgezählten Mitarbeitern führten 57 interessierte Ärzte, 13 Institutsärzte und 26 Studenten am Lehrstuhl unter der Leitung von I. P. Pavlov Forschungsarbeiten durch. Die meisten der hierher delegierten Militär- und Zivilärzte beschäftigten sich, nachdem sie ihre Doktordissertationen verteidigt hatten, nicht mit wissenschaftlicher Arbeit, sondern arbeiteten später in Kliniken oder als Organisatoren.

Die Herausbildung der Schule von L. A. Orbeli am Lehrstuhl erfolgte in den Jahren von 1925 bis 1950. Während dieser Zeit hatten sich die Bedingungen für die wissenschaftliche Arbeit am Lehrstuhl sowohl für die hauptamtlichen Assistenten des Lehrstuhlleiters als auch der für die Forschungsarbeit bereitgestellten Mittel entschieden verbessert. In den zwanziger und dreißiger Jahren betrug die Zahl der hauptamtlichen Lehrkräfte 4–6 und in den vierziger und fünfziger Jahren 6–8. In den vierziger und fünfziger Jahren wurden, in Verbindung mit der Bildung eines Laboratoriums für Luftfahrtmedizin, Planstellen für wissenschaftliche Mitarbeiter eingeführt. Um die Qualifikation und die wissenschaftlichen Möglichkeiten des Kollektivs deutlich zu machen, braucht man nur zu erwähnen, daß es im Jahre 1950 am Lehrstuhl 6 Professoren und Doktoren der Wissenschaften sowie 8 Dozenten und verantwortliche wissenschaftliche Mitarbeiter gab. Es ist klar, daß L. A. Orbeli ein solches Kollektiv nicht unmittelbar leiten konnte, um so weniger, als er gleichzeitig sowohl an der Akademie der Wissenschaften und der Akademie der Medizinischen Wissenschaften der UdSSR als auch an der Militärmedizinischen Akademie eine große wissenschaftsorganisatorische Arbeit leistete.

Während der Lehrstuhlleitung durch L. A. Orbeli erhielten 16 Personen am Lehrstuhl eine Assistentenausbildung, von denen 11 (T. K. Džarok'jan, S. M. Dionesov, A. G. Žironkin, L. T. Zagorul'ko, G. A. Komendantov, A. G. Kuznecov, G. I. Mil'štejn, A. S. Mozžuchin, M. N. Saprochin, A. G. Sverdlov und V. V. Strel'cov) später physiologische Lehrstühle und Laboratorien leiteten. Für L. A. Orbeli, seine Schüler und Mitarbeiter war die Zusammenarbeit mit Klinikern charakteristisch. Die Arbeiten wurden gemeinsam mit Ophthalmologen, Otorhinolaryngologen, Neuropathologen, Psychiatern, Chirurgen, Therapeuten und Pädiatern durchgeführt. Am Lehrstuhl arbeitete eine Reihe von Ärzten für Physiologie, die nicht Mitarbeiter des Lehrstuhls waren. Insgesamt existierten die Schule von I. M. Sečenov 28 Jahre, die Schule I. P. Pavlovs – 30 Jahre und die Schule L. A. Orbelis – 27 Jahre. Gemeinsam war ihnen das Interesse an der Physiologie des zentralen Nervensystems sowie die Neigung ihrer Leiter, die physiologischen Probleme mit den Interessen der medizinischen Praxis zu verbinden – wobei in breitem Maße Ärzte und Studenten zu Forschungsarbeiten herangezogen wurden. Ebenso wurden durch diese Schulen ständig die Ergebnisse der Physiologie breiten Kreisen der medizinischen Öffentlichkeit zugängig gemacht. Die Sečenovsche physiologische Schule an der Akademie war die erste wissenschaftliche physiologische Schule in Rußland. Erstmalig wurde an einem Lehrstuhl einer medizinischen Hochschule eine aktive wissenschaftliche Arbeit und die Ausbildung hochqualifizierter Physiologenkader betrieben, die fähig waren, Lehrstühle zu leiten und selbständige wissenschaftliche Arbeit zu leisten. Für diese Schule ist das Vorhandensein einer grundlegenden wissenschaftlichen Idee, einer eigenständigen wissenschaftlichen Richtung, die auf die Vorstellung vom reflektorischen Wesen der Tätigkeit der Großhirnrinde basierte, charakteristisch.

Eine Besonderheit der Schule von I. P. Pavlov war die breite Kollektivität in der Arbeit, die Tendenz zur ständigen Konzentration der Anstrengungen der Forscher auf ausgewählte Fragen bei systematischer Verallgemeinerung der Daten, die bei den Untersuchungen der einzelnen Mitarbeiter erhalten wurden und sich in Referaten und Aufsätzen des Leiters der Schule widerspiegelten. Diese Kollektivität zeigt auch die wachsende Zahl der gemeinsamen Arbeiten des Leiters mit den Mitarbeitern.

Pavlovs Schule beschäftigte sich mit der Ausarbeitung zweier wissenschaftlicher Richtungen, die zeitlich nacheinander bearbeitet wurden: die Frage der nervalen Regulation der Organe des Magen-Darm-Trakts und die physiologischen Mechanismen der höheren Nerventätigkeit (des Verhaltens) der Tiere.

Für die Schule von L. A. Orbeli ist eine breitere Problematik charakteristisch, die nicht nur mit den Fragen der Medizin, sondern auch mit den Bedürfnissen des militärmedizinischen Dienstes und den Besonderheiten der militärischen Arbeit zusammenhing. In dieser Schule wurden daher mehrere Forschungsgegenstände, mehrere wissenschaftliche Richtungen, nebeneinander bearbeitet. Gleichzeitig verstärkte sich die Tendenz der gemeinsamen Arbeit von Leiter und Mitarbeitern, und der Leiter nahm in stärkerem Maße eine Verallgemeinerung von Forschungsergebnissen seiner Mitarbeiter als Bestandteil seiner Forschungsarbeit vor. Dies hing in erster Linie mit dem Ansteigen der Zahl der ständigen Mitarbeiter und der damit verbundenen Möglichkeit zusammen, bestimmte Fragen der Physiologie planmäßig und systematisch zu bearbeiten. Die meisten der an Orbelis Lehrstuhl durchgeführten Forschungsarbeiten wurden von seinen ständigen Mitarbeitern geleistet, wobei durch Orbeli zu deren Anleitung ältere und erfahrene Wissenschaftler, wie A. V. Lebedinskij und M. P. Berestkin, herangezogen wurden. Das hing einerseits mit der großen wissenschaftsorganisatorischen Belastung L. A. Orbelis durch seine Mitarbeit in verschiedenen Akademien zusammen und war andererseits besonders in den Jahren des Vaterländischen Krieges auch durch die Aufsplitterung des Lehrstuhlkollektivs bedingt, welches zu dieser Zeit gleichzeitig in Moskau, Leningrad und Samarkand arbeitete.

Aus den angeführten Tabellen wird ersichtlich, wie verschieden die Struktur der Schule von I. M. Sečenov im vergangenen Jahrhundert im Vergleich zur Schule des ersten – die Schule von I. P. Pavlov – und des zweiten Viertels des gegenwärtigen Jahrhunderts – die Schule von L. A. Orbeli – ist. Auch hinsichtlich der Struktur der wissenschaftlichen Arbeiten unterscheidet sich die Schule des vergangenen Jahrhunderts von der der beiden folgenden Schulen in diesem Jahrhundert wesentlich, und letztere unterscheiden sich wiederum untereinander. Das wirft die Frage auf, ob man ein und denselben Maßstab für die Bewertung von Schulen verschiedener historischer Epochen anwenden kann, da jede von ihnen den Stempel ihrer Zeit trägt.

Geht man davon aus, daß für eine Schule eine oder mehrere originelle wissenschaftliche Richtungen, eine bestimmte Forschungsmethodik und eine originelle Methode für die Systematisierung des experimentellen Materials sowie eine, nur dieser Schule eigene Besonderheit der innerschulischen Wechselbeziehungen (darunter auch zwischen Lehrer und Schülern) charakteristisch sein sollen, dann entspricht der Gesamtheit dieser Charakteristika nur die Schule von I. P. Pavlov, die man dann als Synonym für den Begriff einer wissenschaftlichen Schule ansehen kann.

Tabelle 1: Die Struktur der wissenschaftlichen Kollektive der Schulen von I. M. Sečenov, I. P. Pavlov und L. A. Orbeli*

Leiter:	I. M. Sečenov		I. P. Pavlov	L. A. Orbeli
Prosektoren (Lehrkräfte)	–	(4)	9	28
Privatdozenten	2	(1)	10	–
Institutsärzte (Assistenten)	3	(2)	13	16
Wissenschaftliche Mitarbeiter	–		–	15
Ärzte (Freiwillige, Delegierte)	4	(44)	57	38
Studenten	8	(15)	28	18

* In Klammern sind die Angaben in bezug auf das Kollektiv von I. R. Tarchanov angeführt, die in die Schule von I. N. Sečenov einbezogen wurden.

Tabelle 2: Die Struktur der Arbeiten der wissenschaftlichen Kollektive der Schulen von I. M. Sečenov, I. P. Pavlov und L. A. Orbeli

Leiter:	I. M. Sečenov		I. P. Pavlov	L. A. Orbeli
Eigene Arbeiten des Leiters davon:				
Experimentelle und theoretische Arbeiten	18	(26)	163	79
Arbeiten mit Verallgemeinerndem Charakter	–	(–)	44	72
Arbeiten in Koautorenschaft	1	(1)	8	16
Arbeiten, die unter ihrer Leitung durchgeführt wurden:				
Unmittelbare Leitung	15	(105)	164	189
Mittelbare Leitung durch ältere Schüler	–		–	192

Volker Klemm

Entstehung, Grundideen und charakteristische Merkmale der agrarwissenschaftlichen Schule A. D. Thaers

Ursachen für die Entstehung der Schule

Im Laufe des 18. Jahrhunderts wuchs die Bevölkerung Deutschlands relativ rasch an. Gewerbe und Handel machten trotz der hemmenden Rolle der feudalen Produktionsverhältnisse größere Fortschritte. Entsprechend vergrößerte sich der Bedarf an landwirtschaftlichen Erzeugnissen. Diese günstige Konjunktur für Agrarprodukte veranlaßte eine Anzahl Großgrundbesitzer und ökonomisch stärkere Bauern, ihre Produktion zu intensivieren. In zunehmendem Maße begann sich die kapitalistische Warenproduktion in der deutschen Landwirtschaft durchzusetzen, wobei die Anfang des 19. Jahrhunderts durchgeführten bürgerlichen Agrarreformen diesen historischen Prozeß forcierten. Der damit untrennbar einhergehende Fortschritt der Produktivkräfte führte zu einem wachsenden Bildungsbedürfnis der Gutsbesitzer bzw. ihrer Beamten. Ihr fachliches Niveau, das für die Leitung einer feudalen Gutswirtschaft noch ausgereicht hätte, war der komplizierten Wirtschaftsführung des entstehenden kapitalistischen Agrarbetriebes nicht mehr gewachsen. Die „Betreibung der Landwirtschaft als ein Gewerbe", wie A. D. Thaer sagte[1], moderne Formen der Organisation der Produktion, die erfolgreiche Intensivierung der Feld- und Viehwirtschaft setzten einen höheren Qualifikationsgrad des Leiters des Produktionsprozesses voraus. Für die Lösung einer derartigen Aufgabe war die an den Kameralismus gebundene Landwirtschaftslehre untauglich. Sie berücksichtigte unzureichend die sich aus dieser Entwicklung ableitenden wissenschaftlichen und praktischen Erfordernisse und stützte sich fast ausschließlich auf ältere empirische Überlieferungen. Die neuen Erkenntnisse der klassischen, bürgerlichen, politischen Ökonomie und der Naturwissenschaften fanden in ihrem Lehrsystem kaum einen Niederschlag. Außerdem waren die agrarwissenschaftlichen Lehr- und Forschungsinstitutionen für die sich verändernden Bedingungen völlig unzureichend. Der Übergang zu einer höheren Qualitätsstufe der Landwirtschaftslehre, d. h. die Entstehung natur- und gesellschaftswissenschaftlich

[1] A. D. Thaer: Einleitung zur Kenntnis der englischen Landswirthschaft und ihrer neueren practischen und theoretischen Fortschritte in Rücksicht auf die Vervollkommnung deutscher Landwirthschaft für denkende Landwirthe und Cameralisten, Bd. 2, T. 2, Hannover 1801, S. 1.

fundierter agrarwissenschaftlicher Fachgebiete und die Gründung entsprechender Lehr- und Forschungsinstitutionen, war damit zu einer gesellschaftlichen Notwendigkeit geworden.

Diese neue Qualitätsstufe wurde durch die „Lehre von der rationellen Landwirtschaft" erreicht. Ihre Grundideen fanden vor allem deshalb große Resonanz bei der erstarkenden Agrarbourgeoisie, weil sie die kapitalistische Intensivierung der Agrarproduktion wissenschaftlich fundierten. Die Anfang des 19. Jahrhunderts entstehende erste wissenschaftliche Schule auf dem Gebiete der Agrarwissenschaften in Deutschland gründet sich auf diese Lehre von der rationellen Landwirtschaft.

Das entscheidende Verdienst um die Begründung dieser Lehre und ihrer Schule kommt dem Mediziner und Agrarwissenschaftler Albrecht Daniel Thaer[2] zu. Der 1752 in Celle geboren und 1828 in Möglin bei Bad Freienwalde verstorbene A. D. Thaer formulierte nicht nur die wichtigsten Leitsätze der neuen Lehre, sondern er verfügte auch über die erforderlichen wissenschaftsmethodischen, pädagogischen und organisatorischen Fähigkeiten, die als subjektiver Faktor für das Entstehen einer derartigen Schule von entscheidender Bedeutung sind. Sein für die damalige Zeit fundamentales naturwissenschaftliches und gesellschaftswissenschaftliches Wissen waren mit einer rastlosen Arbeitsenergie gepaart. Wenn er von der Richtigkeit einer Sache überzeugt war, versuchte er sie mit Nachdruck in der Praxis durchzusetzen und ließ sich auch nicht von ersten Mißerfolgen abschrecken. Seine Arbeitsmethoden, seine Gewissenhaftigkeit und seine wissenschaftliche Ehrlichkeit machten ihn zu einem Vorbild für jeden Wissenschaftler.

Nur wenigen ist es seitdem vergönnt gewesen, in der gleichen Weise wie Thaer von der Öffentlichkeit als Repräsentant der Agrarwissenschaften in Deutschland anerkannt zu werden. Und wenn Ende des 19. Jahrhunderts die deutsche Landwirtschaftswissenschaft einen führenden Platz in der Welt einnahm und sich innerhalb der akademischen Ausbildung als gleichberechtigtes Studienfach durchgesetzt hatte, dann war das nicht zuletzt auf das Werk und die Persönlichkeit Thaers zurückzuführen.

Grundideen der Schule

Das wissenschaftliche Konzept der Schule Albrecht Daniel Thaers wurde durch die Grundideen der Lehre von der rationellen Landwirtschaft bestimmt. Die theoretische Grundlage für die neue Lehre bildeten die Ideen der bürgerlichen Aufklärung, die Vorstellungen der klassischen bürgerlichen politischen Öko-

[2] Vgl. zu den wissenschaftlichen Leistungen und dem Lebenslauf A. D. Thaers: V. Klemm, G. Meyer: Albrecht Daniel Thaer, Pionier der Landwirtschaftswissenschaften in Deutschland, Halle 1968.

nomie und der Anfang des 19. Jahrhunderts erreichte Erkenntnisstand der naturwissenschaftlichen Grundlagenfächer Biologie, Chemie und Physik. Schon im Titel des 1809 bis 1812 erschienenen Hauptwerkes Thaers, „Grundsätze der rationellen Landwirthschaft“[3], kam das zum Ausdruck. Rationelle Landwirtschaft, das war eine nach wissenschaftlichen Grundsätzen geleitete und kapitalistisch kalkulierte Agrarproduktion. Die rationelle Landwirtschaftslehre suchte nach naturwissenschaftlichen und ökonomischen Begründungen für landwirtschaftliche Prozesse und darüber hinaus nach deren allgemeinen Zusammenhängen und Gesetzmäßigkeiten. Mit dem Entstehen der neuen Lehre löste sich die Agrarwissenschaft nicht nur endgültig aus den Fesseln des Kameralismus, sondern es begann damit auch die allmähliche Verselbständigung der wichtigsten agrarwissenschaftlichen Disziplinen in Deutschland. In seinen wesentlichen Zügen entwickelte sich das noch heute bestehende System der Agrarwissenschaften Die Vorrangstellung in diesem System – und dies war die erste Grundidee der rationellen Landwirtschaftslehre – nahm die Agrarökonomie ein. Thaer benutzte für die agrarökonomischen Fachgebiete den Begriff „landwirtschaftliche Gewerbslehre“. Ohne diese „Gewerbslehre“ hatte „die ganze Landwirtschaft keinen Schluß und keine Haltung“[4]. Nach der Lehre von der rationellen Landwirtschaft besaßen die Forschungsergebnisse der anderen agrarwissenschaftlichen Disziplinen und der naturwissenschaftlichen Grundlagenfächer für die Landwirtschaft nur dann Bedeutung, wenn ihre effektive Anwendung durch ökonomische Untersuchungen bewiesen worden war. Die Agrarökonomie stellte also nach dieser Auffassung das wichtigste wissenschaftliche Band zwischen Theorie und Praxis dar. Sie faßte die Erkenntnisse aller Wissenschaften zusammen und machte sie für die Agrarproduktion nutzbar.[5]

Die zweite entscheidende Grundidee der neuen Lehre beschäftigte sich mit dem Zweck der Agrarproduktion. Sie grenzte die Auffassung Thaers nicht nur entschieden von den bisherigen konservativen feudalen Vorstellungen zu dieser Frage ab, sondern konstituierte zugleich das Leitprinzip, das von nun an die Richtschnur jeglicher landwirtschaftlicher Produktion unter kapitalistischen Bedingungen werden sollte. Thaer umriß diesen Zweck mit folgenden Worten: „Die Landwirtschaft ist ein Gewerbe. Der Zweck der Landwirtschaft ist also nicht, die möglichst höchste Produktion aus dem Boden zu erzielen, sondern den möglichst höchsten Gewinn daraus zu erhalten . . .“, und er zog

[3] Vgl. A. D. Thaer: Grundsätze der rationellen Landwirthschaft, Berlin 1809 bis 1812.
Dieses Werk erschien in vier Bänden und erlebte bis 1880 in den deutschen Ländern, in Österreich, Dänemark, England, den USA, Italien, Rußland, Polen und Schweden 37 Auflagen.

[4] A. D. Thaer: Leitfaden zur allgemeinen landwirthschaftlichen Gewerbslehre, Berlin/Wien 1815, Vorwort, S. 1.

[5] Vgl. Ebenda, S. 1f.

daraus den Schluß, daß „. . . die Kunst, richtig zu berechnen, für den Landwirth ebenso wichtig ist als die Kunst, den Acker gut zu bestellen".[6]

Die Auffassungen Thaers, daß die Agrarökonomie ein bestimmtes Element im System der Agrarwissenschaften darstellt, hatte zur Folge, daß auch in den naturwissenschaftlichen Grundlagenfächern bzw. in den anderen stärker naturwissenschaftlich orientierten agrarwissenschaftlichen Fachgebieten agrarökonomische Aspekte eine maßgebliche Rolle spielten. Es handelte sich dabei keinesfalls um eine Unterschätzung naturwissenschaftlicher Erkenntnisse für das erfolgreiche Gestalten der Agrarproduktion.

Im Gegenteil, durch die Lehre von der rationellen Landwirtschaft wurden zum ersten Male in Deutschland im größeren Umfange die in der zweiten Hälfte des 18. und zu Beginn des 19. Jahrhunderts erreichten Fortschritte der Naturwissenschaften in die agrarwissenschaftliche Lehre und Forschung einbezogen. Thaer selbst begründete das naturwissenschaftlich orientierte landwirtschaftliche Versuchswesen. Die naturwissenschaftlichen Grundlagenfächer wurden zu wesentlichen Bestandteilen der in dieser Zeit entstehenden akademischen landwirtschaftlichen Ausbildung. Und auch die bekanntesten Mitstreiter und Schüler Thaers haben immer wieder auf eine gediegene naturwissenschaftliche Fundierung der agrarwissenschaftlichen Lehre und Forschung größten Wert gelegt.

Dennoch ließ die rationelle Landwirtschaftslehre, im Unterschied zu der späteren, durch Julius Kühn (1825–1910)[7] repräsentierten agrarwissenschaftlichen Schule, keinen Zweifel daran – und darin bestand die dritte Grundidee der Schule Thaers –, daß die Agrarwissenschaften von einer über die Naturwissenschaften weit hinausgehenden Erkenntnisbasis ausgehen müßten. Während Kühn die Auffassung vertrat, daß die Landwirtschaftswissenschaft eine Disziplin sei, „die nach ihrem wesentlichen Inhalte als die Physiologie oder Biologie der Kulturorganismen bezeichnet werden kann"[8], betonte Thaer, daß neben der „Beihilfe der Naturwissenschaften" auch die „Erfahrung", „Versuche", „Beobachtungen" und insbesondere „politische, staatswirtschaftliche, rechtskundige und merkantilistische Kenntnisse" bedeutende Quellen der agrarwissenschaftlichen Lehre darstellten.[9]

[6] A. D. Thaer: Einleitung zur Kenntnis der englischen Landwirthschaft und ihrer neueren practischen und theoretischen Fortschritte in Rücksicht auf die Vervollkommnung deutscher Landwirthschaft für denkende Landwirthe und Cameralisten, a. a. O., S. 1.

[7] Julius Kühn gründete 1862 das landwirtschaftliche Institut an der Universität Halle, das sich unter seiner Leitung in der 2. Hälfte des 19. Jahrhunderts zu einer der bedeutendsten deutschen landwirtschaftlichen Lehr- und Forschungseinrichtungen entwickelte.

[8] J. Kühn: Das Studium der Landwirtschaft an der Universität Halle, Halle 1888, S. 27.

[9] Vgl. A. D. Thaer: Grundsätze der rationellen Landwirthschaft, Berlin 1880, S. 6ff.

Nach Meinung der Vertreter der Lehre von der rationellen Landwirtschaft zählten die Agrarwissenschaften zu den Wissenschaftszweigen, die nach Thaer „auf Erfahrung beruhen und Ausführung bezwecken“ [10], d. h., deren Ergebnisse unmittelbar in der Produktion angewendet werden.

Nicht zuletzt sind zu den Grundideen der rationellen Landwirtschaftslehre auch die Vorstellungen über den Inhalt und das Ziel der akademischen landwirtschaftlichen Ausbildung zu zählen. Thaer begründete nicht nur die erste deutsche akademische landwirtschaftliche Lehranstalt, sondern er formulierte auch die ersten Grundsätze der bürgerlichen landwirtschaftlichen Hochschulpädagogik. Die Schule der rationellen Landwirtschaftslehre wandte sich entschieden gegen eine vorrangig naturwissenschaftlich-theoretische Ausbildung des akademischen Landwirtes, wie sie zunächst durch Justus v. Liebig und einige Jahrzehnte später durch Julius Kühn propagiert wurde. Grundprinzip der rationellen Landwirtschaftslehre war die Einheit von Theorie und Praxis auch bei der hochschulmäßigen landwirtschaftlichen Ausbildung. Nach der Ansicht Thaers verfällt der einseitig orientierte Theoretiker oftmals dem Fehler, die Landwirtschaft ausschließlich als „angewandte Naturkunde“ zu betrachten.[11] Die Landwirtschaft könne Fortschritte jedoch nur von solchen „Köpfen“ erwarten, „welche Theorie und eigene Praxis – Wissenschaft und Ausführung – vereinigten“ [12]. Um diese Forderung zu realisieren, sollte jede akademische landwirtschaftliche Unterrichtsanstalt mit einem Großbetrieb verbunden sein, in dem dann die praktisch-wissenschaftliche Ausbildung der Studenten durchgeführt werden sollte.[13]

Charakteristika der Schule

Die Lehre von der rationellen Landwirtschaft fand eine für uns heute kaum noch vorstellbare Resonanz bei den landwirtschaftlichen Praktikern und Agrarwissenschaftlern. Diese, durch Albrecht Daniel Thaer begründete, erste deutsche agrarwissenschaftliche Schule zeichnete sich vor allem durch folgende Charakteristika aus:

Erstens basierte die Schule mit den Grundideen der Lehre von der rationellen Landwirtschaft auf einem einheitlichen wissenschaftlich-theoretischen Konzept. Dieses Konzept wurde in seinem Grundanliegen von allen Vertretern der Schule akzeptiert, obwohl sie in Einzelfragen, wie z. B. in der Frage der rentabelsten Ackerbausysteme, gegenüber Thaer auch recht un-

[10] A. D. Thaer: Leitfaden zur allgemeinen landwirthschaftlichen Gewerbslehre, a. a. O., S. 168.
[11] Ebenda, S. 177.
[12] A. D. Thaer: Grundsätze der rationellen Landwirthschaft, a. a. O., S. 6.
[13] Ebenda, S. 16ff.

terschiedliche Auffassungen vertraten. Das trifft beispielsweise auf Johann Heinrich von Thünen (1783–1850), den Begründer der kapitalistischen landwirtschaftlichen Intensitäts- und Standortlehre in Deutschland, ebenso zu wie auf Johann Gottlieb Koppe (1782–1863), einem der bedeutendsten landwirtschaftlichen Publizisten auf agrarökonomischem und pflanzenbaulichem Gebiet in der ersten Hälfte des 19. Jahrhunderts in Deutschland. Die Lehre von der rationellen Landwirtschaft bestimmte nicht nur auf Jahrzehnte hinaus in entscheidender Weise die Entwicklung der Agrarwissenschaften in Deutschland, sondern sie grenzte auch entschieden die, auf diesen theoretischen Prinzipien beruhende, agrarwissenschaftliche Schule Thaers von der alten kameralistischen sowie der durch Justus von Liebig initiierten und von Julius Kühn voll ausgebildeten, ausschließlich naturwissenschaftlich fundierten Landwirtschaftslehre ab.

Zweitens wurde die Schule der rationellen Landwirtschaftslehre durch die überragende Persönlichkeit Albrecht Daniel Thaers für die Entwicklung und Propagierung der Grundideen der Schule sowie die Gestaltung ihrer Kommunikations- und Organisationsformen geprägt. Thaer erkannte nicht nur die gesellschaftlichen Erfordernisse, Anforderungen der entstehenden kapitalistischen Ordnung an die Landwirtschaft, sondern er verfügte auch über die Fähigkeiten, diese Notwendigkeiten in überzeugender Weise darzustellen. Gerade in dieser letzteren Hinsicht unterschied er sich von vielen seiner Vorgänger und Zeitgenossen, die sich ebenfalls mit landwirtschaftlichen Fragen beschäftigten. Von großer Bedeutung war es auch, daß Thaer, entsprechend den damaligen Bedingungen, ein hervorragendes naturwissenschaftliches und gesellschaftswissenschaftliches Wissen besaß und er zugleich über das notwendige organisatorische Talent verfügte, dieses Wissen in der Praxis erfolgreich anzuwenden. Diese Vorbildwirkung Thaers als Forscher und Lehrer stellte einen wesentlichen Faktor für die Entstehung und Existenz seiner wissenschaftlichen Schule dar.

Drittens war, ebenso wie für die Schule Justus von Liebigs, die Entwicklung neuer Lehrmethoden und eines neuen Ausbildungssystems ein typisches Merkmal der Thaerschen Schule.

Zum ersten Male wurde hier in Deutschland eine selbständige akademische Ausbildung von Landwirten durchgeführt, und damit befreiten sich die entstehenden Landwirtschaftswissenschaften endgültig von den Fesseln des Kameralismus. Die spezielle landwirtschaftliche Fachausbildung basierte auf einer, für damalige Verhältnisse, gründlichen naturwissenschaftlichen Ausbildung. Im Zentrum der von der Schule propagierten Lehrmethoden stand die Erziehung der Studenten zum selbständigen, wissenschaftlich begründeten Denken und Handeln.[14] Die wichtigste Unterrichtsform war daher

[14] Vgl. V. Klemm: Albrecht Daniel Thaer, Begründer der landwirtschaftlichen Hochschulpädagogik in Deutschland, in: Wissenschaftliche Zeitschrift der Humboldt-Universität zu Berlin, Math.-nat. R., 1967, H. 5, S. 723ff.

für Thaer nicht die Vorlesung, sondern das seminaristische didaktische Lehrgespräch in kleinen Gruppen, auf das sich die Teilnehmer im Selbststudium vorzubereiten hatten. Seiner Meinung nach würde durch eine „offene und freie Unterhaltung ... am besten der Austausch von Ideen und Meinungen, ein tieferes Nachdenken über selbige und ein Abreiben aller mitgebrachten Schlacken eines Vorurteils bewirkt“[15]. Forschung und Lehre bildeten in diesen Lehrinstitutionen eine Einheit. Der Studierende sollte nicht nur mit den modernsten agrarwissenschaftlichen Forschungsmethoden bekannt gemacht werden, sondern innerhalb des Unterrichts auch die Möglichkeit erhalten, die erfolgreiche Anwendung seiner theoretischen Erkenntnisse in der Praxis zu erlernen. Zur Realisierung dieses Ausbildungskonzepts gründete Thaer im Jahre 1802 ein landwirtschaftliches Ausbildungsinstitut in Celle und im Jahre 1806 die spätere „Königlich Preußische Akademische Lehranstalt des Landbaus“ in Möglin. Nach diesem Vorbild entstanden in den folgenden Jahrzehnten in Deutschland eine ganze Anzahl weiterer landwirtschaftlicher Akademien, deren Gründer in den meisten Fällen Schüler oder Anhänger der Lehren Thaers waren. Diese Ausbildungsinstitutionen entwikkelten sich zu einer wichtigen organisatorischen Basis der wissenschaftlichen Schule Albrecht Daniel Thaers. Aus den an ihnen Lernenden, Lehrenden und Forschenden rekrutierte sich die Mehrzahl der Propagandisten, Interpreten und wissenschaftlichen Vollender der von Thaer entwickelten rationellen Landwirtschaftslehre.

Viertens waren für die Existenz und die Wirkungsweise der agrarwissenschaftlichen Schule Thaers die von ihr geschaffenen bzw. genutzten Kommunikationsmittel kennzeichnend. Dabei sind vorrangig die durch Thaer gegründeten oder redigierten landwirtschaftlichen Zeitschriften sowie die landwirtschaftlichen Vereine zu nennen.[16]

Insbesondere die Zeitschriften haben für die Propagierung und Entwicklung der rationellen Landwirtschaftslehre eine maßgebliche Rolle gespielt. Der in ihnen ausgetragene wissenschaftliche Meinungsstreit trug wesentlich zur Entstehung und Festigung der Schule bei. Dieser Prozeß wurde auch durch die Tätigkeit der landwirtschaftlichen Vereine gefördert. Zwar gelang es Thaer nicht, seinen ursprünglichen Plan zur Gründung einer zentralen deutschen Landwirtschaftsgesellschaft in die Tat umzusetzen, doch haben er und seine Anhänger die Tagungen, Ausstellungen und Publikationen der verschiedenen territorialen Vereine nachhaltig dafür genutzt, ihre agrarwissenschaftlichen Ansichten miteinander zu diskutieren und der Öffentlichkeit bekanntzumachen. Auf diese Weise gestalteten sich die Aktivitäten der Vereine zu einer wichtigen Kommunikationsform für die agrarwissenschaftliche Schule Albrecht Daniel Thaers.

[15] A. D. Thaer: Grundsätze der rationellen Landwirthschaft, a. a. O., S. 17.
[16] Vgl. V. Klemm, G. Meyer: Albrecht Daniel Thaer, Pionier der Landwirtschaftswissenschaften in Deutschland, a. a. O., S. 62f., 87ff.

Fünftens bestand ein wichtiges Merkmal der wissenschaftlichen Schule Thaers in ihrer umfangreichen zeitlichen und territorialen Ausdehnung sowie in ihrer großen Anhängerschar.

Die Ansichten und Forderungen Thaers haben mehrere Jahrzehnte während der ersten Hälfte des 19. Jahrhunderts die agrarwissenschaftliche Forschung und Lehre sowie die betriebsorganisatorische Praxis in den kapitalistischen Landwirtschaftsbetrieben Deutschlands bestimmt. In mehreren bürgerlichen agrarhistorischen Publikationen wird dieser Zeitabschnitt geradezu als „Thaer-Zeit“ bezeichnet.[17] Teile der rationellen Landwirtschaftslehre haben ihre Aktualität und ihren Einfluß weit über die Mitte des 19. Jahrhunderts hinaus bewahrt. So erschien 1880, über 50 Jahre nach dem Tode Thaers, in Berlin eine vollständige Ausgabe der „Grundsätze der rationellen Landwirtschaft“ – nicht einfach als historische Ehrung, sondern als die Neuauflage eines, noch in wesentlichen Zügen aktuellen, landwirtschaftlichen Handbuches. Einige seiner Vorstellungen, wie zum Beispiel eine Anzahl seiner agrarökonomischen Thesen, sein System der Agrarwissenschaften und vor allem die von ihm begründeten und praktizierten Grundzüge seiner akademischen landwirtschaftlichen Ausbildung, wirkten bis weit in das 20. Jahrhundert hinein.[18] Trotz aller gegenteiligen Behauptungen deckt sich zum Beispiel der von den heutigen bürgerlichen Agrarökonomen definierte Zweck der kapitalistischen Agrarproduktion grundsätzlich mit dem von Thaer aufgestellten Prinzip, und moderne agrarwissenschaftliche Handbücher benutzen nach wie vor das von Thaer in seinen „Grundsätzen“ kreierte System der Agrarwissenschaften. Einige der von Thaer formulierten Ausbildungsprinzipien haben ihren gültigen Platz in der Agrarpädagogik gefunden und verdienen bis auf den heutigen Tag Beachtung.

Das territoriale Wirkungsfeld der wissenschaftlichen Schule Thaers wies beträchtliche Dimensionen auf. Das eigentliche Zentrum bildeten Nord- und Nordwestdeutschland. Ausstrahlungen dieser Schule reichten nach Süddeutschland, Österreich-Ungarn, Skandinavien, Rußland, Frankreich, Italien und Nordamerika.

Die große Anhängerschar der rationellen Landwirtschaftslehre rekrutierte sich in der ersten Generation vor allem aus Mitarbeitern und Studenten in Celle und Möglin sowie aus Lesern der Thaerschen Publikationen zur Zeit seiner aktiven Schaffensperiode. Die überragende Ausstrahlungskraft der Forscher- und Lehrerpersönlichkeit dieses Pioniers der Agrarwissenschaften in Deutschland, gemeinsam erfolgreich gelöste Forschungsaufgaben, der

[17] Vgl. u. a. S. v. Frauendorfer: Ideengeschichte der Agrarwirtschaft und Agrarpolitik, Bd. 1, Bonn/München/Wien 1957, S. 199ff.;
H. Haushofer: Die deutsche Landwirtschaft im technischen Zeitalter, Stuttgart 1963, S. 40ff.

[18] Vgl. V. Klemm: Albrecht Daniel Thaer, Begründer der landwirtschaftlichen Hochschulpädagogik in Deutschland, a. a. O., S. 723ff.

intensive wissenschaftliche Meinungsaustausch zwischen Lehrer und Schüler machten diesen Personenkreis – fast ohne Ausnahme – zu Anhängern und Propagandisten der neuen Lehre und damit zugleich zu Mitgliedern der entstehenden agrarwissenschaftlichen Schule. Auch bei ihrer späteren Tätigkeit an verschiedenen Orten blieb der persönliche Kontakt vielfach erhalten. Neben den schon genannten Kommunikationsmitteln, Zeitschriften und gemeinsamen Vereinen bildeten dabei insbesondere eine umfangreiche Korrespondenz zuagrar wissenschaftlichen Fragen und gegenseitige Besuche die wichtigsten Kommunikationsformen innerhalb der Schule.

Zu dieser ersten Generation der Schule der rationellen Landwirtschaftslehre zählt eine größere Anzahl von Personen, die in der Geschichte der Agrarwissenschaften in Deutschland selbst eine hervorragende Rolle spielten, weil sie die durch Thaer begründete Lehre wesentlich vertieften und erweiterten. Neben den bereits erwähnten J. G. Koppe und J. H. v. Thünen sind in diesem Zusammenhang vor allem K. v. Wulffen, M. Schönleutner, C. Sprengel und A. G. Schweitzer zu nennen. Karl von Wulffen (1785–1853) wurde der bekannteste Vertreter der landwirtschaftlichen Statiklehre; Max Schönleutner (1777–1831) begründete die landwirtschaftliche Lehranstalt in Weihenstephan (Bayern); Carl Sprengel (1787–1849) wurde zum Begründer der modernen landwirtschaftlichen Düngungslehre in Deutschland und zum Mitbegründer der Mineraltheorie. August Gottfried Schweitzer (1788–1844) war, als Autor zahlreicher landwirtschaftlicher Publikationen und Professor für Landwirtschaft an der Universität Bonn, zugleich der Begründer der landwirtschaftlichen Akademie Bonn-Poppelsdorf. Sie alle waren zu Lebzeiten Thaers seine Studenten oder Mitarbeiter in Celle oder Möglin gewesen.

Die zweite Gruppe von Vertretern dieser Schule waren jene, die zu Thaer zwar keine direkte persönliche Verbindung besaßen, doch von seiner Persönlichkeit und seinen Gedanken so tief beeindruckt waren, daß sie bei ihren eigenen Arbeiten von den Grundideen der rationellen Landwirtschaftslehre ausgingen. Die bekanntesten dieser Schüler sind A. Block, J. Burger, H. W. Pabst, F. G. Schulze und J. F. L. Schmalz. Albrecht Block (1774–1847) wurde zu einem bekannten Vertreter des landwirtschaftlichen Rechnungswesens und zum Begründer einer landwirtschaftlichen Lehranstalt in Schlesien, Johann Burger (1773–1842) wurde der Pionier der Agrarwissenschaften in Österreich; Heinrich Wilhelm Pabst (1798–1868) war Direktor der landwirtschaftlichen Akademien in Eldena (bei Greifwald) und Hohenheim (Württemberg) sowie Autor zahlreicher landwirtschaftlicher Publikationen; Friedrich Gottlieb Schulze (1795–1860) erwarb sich als Agrarökonom große Verdienste um die Entwicklung des landwirtschaftlichen Unterrichtswesens. Er begründete eine landwirtschaftliche Lehranstalt an der Universität Jena und die landwirtschaftliche Akademie in Eldena. Johann Friedrich Leberecht Schmalz (1781–1847) schließlich war ein bekannter Agrarwissenschaftler, landwirtschaftlicher Praktiker und Autor zahlreicher agrarwissenschaftlicher Publikationen.

Zu den nachfolgenden Generationen der Thaerschen Schule sind faktisch alle bürgerlichen Agrarwissenschaftler zu rechnen, die nach dem Tode Thaers, unter Berücksichtigung der ständigen Fortschritte der Naturwissenschaften, die entscheidenden Ideen der Lehre von der rationellen Landwirtschaft weiterhin prinzipiell anerkannten. Hier alle bekannten Persönlichkeiten zu nennen ist unmöglich, die Reihe reicht von der Mitte des 19. Jahrhunderts bis weit in das 20. Jahrhundert hinein. Erwähnt seien nur Emil von Wolff (1818–1896), Professor in Hohenheim, ein ebenso bedeutender Agrikulturchemiker wie Adolf Mayer (1843–1942), Professor in Heidelberg und Wageningen (Niederlande), Theodor von der Goltz (1836–1905), der als Professor für Landwirtschaft an den Universitäten in Jena, Königsberg und Bonn wirkte und es verdient, als führender Vertreter der bürgerlichen Agrarökonomie am Ende des 19. Jahrhunderts in Deutschland ebenso hervorgehoben zu werden, so wie Friedrich Aereboe (1865–1942), Professor für landwirtschaftliche Betriebslehre in Breslau, Bonn, Berlin und Hohenheim, welcher in den ersten Jahrzehnten des 20. Jahrhunderts einer der führenden Vertreter dieses Faches war.

Schließlich ist als ein *sechstes* Charakteristikum der Schule der rationellen Landwirtschaft ihre große Resonanz und ihr starker Einfluß in der praktischen Landwirtschaft besonders hervorzuheben. Die Forderung nach der Einheit von Theorie und Praxis war für die Schule Thaers nicht nur eine allgemeine These, sondern eine entscheidende Grundidee, und die meisten ihrer Vertreter bemühten sich auch stets aktiv, diese Einheit in der Agrarproduktion zu realisieren. Neben den schon genannten Akademien strebte man dabei vor allem die Einrichtung von landwirtschaftlichen Versuchsstationen und Musterbetrieben an, um hier die Anwendbarkeit der erarbeiteten wissenschaftlichen Erkenntisse zu überprüfen bzw. der Öffentlichkeit zu demonstrieren. Schon Thaer hatte seine Ausbildungsstätten in Celle und Möglin mit derartigen Einrichtungen verbunden und als Mitte des 19. Jahrhunderts in Deutschland zahlreiche selbständige, neue landwirtschaftliche Versuchsstationen entstanden, ging die Initiative zu ihrer Gründung von Anhängern der rationellen Landwirtschaftslehre aus.

Der überzeugendste Beweis für dieses Charakteristikum der Schule Thaers war jedoch die Entwicklung der Agrarproduktion selbst.[19] Im 19. Jahrhundert setzten sich in der deutschen Landwirtschaft die kapitalistischen Produktionsverhältnisse endgültig durch. Zugleich vollzog sich eine wesentliche Etappe des Übergangs von der extensiven zur intensiven Agrarproduktion. Für das verstärkte Eindringen des Kapitalismus in die Landwirtschaft, die

[19] Vgl. V. Klemm, G. Meyer: Albrecht Daniel Thaer, Pionier der Landwirtschaftswissenschaften in Deutschland, a. a. O., S. 159ff.

allgemeine Anwendung der Fruchtwechselwirtschaft, den Beginn einer geregelten Humuswirtschaft, die beträchtliche Ausdehnung des Feldfutterbaus, die Intensivierung der Rinder- und Schweinehaltung und auch für die in der zweiten Hälfte des 19. Jahrhunderts beginnende Chemisierung der Landwirtschaft bildete die rationelle Landwirtschaftslehre die entscheidende wissenschaftliche Grundlage. Damit bewies die Schule Thaers nachdrücklich – und das war das erste Mal mit einer derartigen Klarheit in der deutschen Landwirtschaft der Fall – die große Bedeutung der Agrarwissenschaften als Produktivkraft.

Bedeutung für die Geschichte der Agrarwissenschaften in Deutschland

Bis zur Mitte des 19. Jahrhunderts nahmen die Lehre von der rationellen Landwirtschaft und die auf ihr basierende Schule Thaers in der deutschen agrarwissenschaftlichen Forschung und Lehre eine überragende Stellung ein. Im Laufe der 50er Jahre wurden jedoch Anzeichen eines gewissen Verfalls der Schule immer deutlicher. An ihre Stelle trat die schon erwähnte agrarwissenschaftliche Schule von Julius Kühn, welche die Agrarwissenschaften und entsprechend die Agrarproduktion ausschließlich als angewandte Naturwissenschaft auffaßte. Die Ursache lag vor allem in der zu dieser Zeit erneut rasch anwachsenden Nachfrage nach landwirtschaftlichen Erzeugnissen. Die sich beschleunigende industrielle Revolution mit all ihren Begleiterscheinungen führte zu einem stark ansteigenden Bedarf an Agrarprodukten und damit zu einer erheblichen Erhöhung der Agrarpreise. Das Interesse der agrarkapitalistischen Betriebe richtete sich daher besonders auf die Steigerung der Erträge und weniger auf die Senkung der Produktionskosten. Für dieses Ziel stellte die Anwendung der sich in diesen Jahren beträchtlich erweiternden naturwissenschaftlichen Kenntnisse die wichtigste Maßnahme dar. Die Probleme einer rationelleren Gestaltung der Agrarproduktion durch betriebsorganisatorische und ökonomische Maßnahmen traten auf Grund der günstigen Konjunkturlage für Agrarprodukte in den Hintergrund. Entsprechend orientierten sich die Agrarwissenschaften in ihrer Zielstellung. Eine agrarwissenschaftliche Lehre bzw. Schule, welche den ökonomischen Disziplinen den Vorrang gab und die Ergebnisse der Naturwissenschaften nur dann als brauchbar akzeptierte, wenn sie zur Steigerung der Arbeitsproduktivität führten, mußte in dieser Situation beträchtlich an Interesse verlieren.

Ende des 19. Jahrhunderts erlebte die Lehre von der rationellen Landwirtschaft jedoch eine Renaissance, die weit bis in das 20. Jahrhundert reichte. Die auch in Deutschland mit dem Übergang zum Imperialismus immer deutlicher werdenden Auswirkungen der Agrarkrise zwangen die kapitalistischen

Landwirtschaftsbetriebe und damit auch die agrarwissenschaftliche Forschung und Lehre, erneut den dialektischen Wechselwirkungen zwischen ökonomischen und naturwissenschaftlichen Disziplinen verstärkte Aufmerksamkeit zu widmen. Der einst progressive Charakter der Schule ging allerdings verloren. Ihr wichtigstes Ziel bestand nun darin, die ökonomische und politische Vormachtstellung der agrarkapitalistischen Betriebe in der deutschen Landwirtschaft um jeden Preis zu rechtfertigen und zu stärken.

Dieser retardierende Ausklang kann jedoch die große vorwärtsweisende historische Rolle der Lehre von der rationellen Landwirtschaft und ihrer wissenschaftlichen Schule im 19. Jahrhundert nicht prinzipiell beeinflussen. Zwar ist heute die Wissenschaft über die meisten Forschungsergebnisse Thaers und seiner wissenschaftlichen Schule weit hinweggegangen. Das Werk von K. Marx, F. Engels und W. I. Lenin revolutionierte die ökonomische Theorie auch im Bereich der Landwirtschaftswissenschaften. Die von Thaer gegründete landwirtschaftliche Akademie in Möglin wurde in der DDR durch moderne sozialistische Hochschulen und Forschungsinstitute mit Tausenden von Wissenschaftlern und Studenten ersetzt. An die Stelle der rückständigen kapitalistischen Junkerwirtschaft traten in den sozialistischen Ländern moderne sozialistische Großbetriebe, und damit veränderte sich die gesellschaftliche Basis der Agrarproduktion grundsätzlich. Die wissenschaftliche Arbeitsmethodik der Schule der rationellen Landwirtschaftslehre jedoch, die durch materialistischen Geist geprägte systematische und nüchterne Forschungsmethodik ihrer führenden Vertreter sowie ihre Einsatzbereitschaft für den Fortschritt der Agrarwissenschaften stellen auch heute noch ein Vorbild für jeden Wissenschaftler dar. Ihre Bestrebungen zur Realisierung eines engen Wechselverhältnisses von Theorie und Praxis sowie zur rationellen Leitung der Agrarproduktion im landwirtschaftlichen Großbetrieb besitzen auf einer völlig anderen Klassengrundlage auch für die sozialistischen Länder nach wie vor ihre besondere Aktualität. Das Wirken und die Arbeitsergebnisse der durch Albrecht Daniel Thaer gegründeten ersten deutschen Schule auf dem Gebiete der Agrarwissenschaften zählen daher zu den bedeutendsten Leistungen in der Geschichte dieser Wissenschaftsdisziplin.

Vera Nikolaevna Gutina

Die wissenschaftliche Schule Pasteurs

Die Tatsache, daß es zur Charakterisierung des Phänomens „wissenschaftliche Schule“ sich als notwendig erweist, die Mehrdeutigkeit und Vielschichtigkeit dieses Begriffes anzuerkennen, zeugt davon, daß diese Frage eine der kompliziertesten und am wenigsten erforschten Fragen der Wissenschaftswissenschaft und des wissenschaftlichen Schöpfertums ist. Daß fast in jedem konkreten Fall, wenn man einzelne wissenschaftliche Schulen betrachtet, zahlreiche individuelle Wesenszüge auftauchen, die die bereits ausgearbeiteten, fundamentalen Vorstellungen von den „typischen“ wissenschaftlichen Schulen ergänzen oder korrigieren, zeugt nicht nur von den Schwierigkeiten bei der Klärung der Gesetzmäßigkeiten der Wechselbeziehungen des menschlichen Handelns im allgemeinen, darunter auch bei der Klärung der Rolle der Persönlichkeit in der Wissenschaftsentwicklung, sondern auch von den Schwierigkeiten des allgemeinen Erkennens der Logik und Gesetzmäßigkeiten der Entwicklung des wissenschaftlichen Wissens, welches sich unter dem ständigen Einfluß sozialhistorischer, wissenschaftslogischer und psychologischer Faktoren herausbildet. Gerade diese Faktoren bestimmen in bedeutendem Maße Charakter und Eigenart eines solchen Phänomens in der Wissenschaftsgeschichte, wie es die „wissenschaftliche Schule“ darstellt.

Diese Schwierigkeiten zeigen sich auch bei der Analyse der wissenschaftlichen Schule von Louis Pasteur, dem Begründer der Mikrobiologie.

Uns scheint, daß der Charakter der Herausbildung und Entwicklung der wissenschaftlichen Schule Pasteurs einerseits weitgehend dem in der Wissenschaftswissenschaft bekannten Evolutionsschema der inneren Struktur wissenschaftlicher Kollektive entspricht, die sich im Zusammenhang mit der allgemeinen Entwicklung der Wissenschaft wandelt, andererseits sich durch eine gewisse Eigenart auszeichnet, die durch die besondere historische Mission bestimmt ist, die Pasteur und seine wissenschaftliche Schule beim Entstehen und der Entwicklung der neuen wissenschaftlichen Disziplin, der Mikrobiologie, ausübte.

Die These, daß die Evolution der wissenschaftlichen Schule Pasteurs die allgemeinen Merkmale der Evolution wissenschaftlicher Forschungskollektive und -laboratorien aufweist, läßt sich durch folgende Fakten belegen:

Bekanntlich ist es für die frühe Epoche der Herausbildung der Wissenschaft, für die Entstehung der modernen experimentellen Naturwissenschaft, die K. Marx mit dem Namen Bacons verband[1], charakteristisch, daß die wissenschaftliche Arbeit vorwiegend von einzeln arbeitenden Wissenschaftlern ausgeübt wurde. Der Interessenkreis dieser Wissenschaftler war mitunter sehr breit. Nicht zufällig bezeichnet man diese Epoche häufig als die „Zeit der Enzyklopädisten". Der Wissenschaftler jener Zeit führte ähnlich wie der Handwerksmeister des Mittelalters die gesamte wissenschaftliche und technische Arbeit vorwiegend selbst aus. Sein ganzes „wissenschaftliches Kollektiv" bestand aus zwei oder drei Gehilfen, die in der Folge den Lehrer ablösten. Ein großer Teil der wissenschaftlichen Informationen ging verloren, und das Entwicklungstempo der Wissenschaft war äußerst niedrig.

Bereits im 18. Jahrhundert „bedingten das allgemeine Wachstum der Wissenschaft und der Informationen, die Verbreitung experimenteller Methoden und das Komplizierterwerden ihrer Technik sowie das Anwachsen des Arbeitsaufwandes der Forschungen das Auftauchen stabiler, ständig arbeitender Kollektive, einer Art ‚Keimzellen' der Laboratorien"[2].

Eine prinzipiell neue Tendenz bei der Herausbildung der genannten Gemeinschaften war die beginnende Kooperation in der Arbeit des Wissenschaftlers mit der Arbeit der Laboranten, Techniker und Gehilfen. Auf diese Weise entstanden in dieser Entwicklungsetappe der Wissenschaft die Bedingungen dafür, daß sich mehr oder weniger stabile wissenschaftliche Vereinigungen bildeten, deren Arbeit auf die Lösung gemeinsamer Aufgaben gerichtet war. Gleichzeitig ist diese Periode dadurch gekennzeichnet, daß Arbeiten, die von mehreren Autoren stammten, fast völlig fehlen. Ein führender Gelehrter, der seine wissenschaftliche Arbeit veröffentlichte, erwähnte gewöhnlich die Namen seiner Gehilfen nicht. Erst in der Mitte des 19. Jahrhunderts entstehen in den in wissenschaftlicher Hinsicht fortgeschrittensten Ländern die ersten wissenschaftlichen Vereinigungen, die die Merkmale heutiger wissenschaftlicher Kollektive aufweisen. In diesen Vereinigungen arbeiten neben dem wissenschaftlichen Leiter, dem Leiter des wissenschaftlichen Kollektivs und außer den Laboranten und Technikern auch wissenschaftliche Mitarbeiter. Das lag darin begründet, daß es entsprechend der allgemeinen Differenzierung der Wissenschaft und der Erweiterung der konkreten Forschungsprogramme, verbunden mit dem tieferen Eindringen in das Wesen der untersuchten Erscheinungen, für einen einzelnen, selbst sehr bedeutenden Wissenschaftler, unmöglich wurde, die wachsende Zahl der wissenschaftlichen Aufgaben und Probleme allein zu lösen. Die Bildung eines wissenschaftlichen Kollektivs um einen bedeutenden Gelehrten, das sowohl aus unmittelbaren

[1] K. Marx, F. Engels: Die Heilige Familie, in: Karl Marx/Friedrich Engels, Werke (im folgenden MEW), Bd. 2, Berlin 1962, S. 135f.

[2] I. I. Lejman: Nauka kak social'nyj institut, Leningrad 1971, S. 115.

Schülern des Leiters als auch aus reifen Wissenschaftlern bestand, beruhte nicht nur auf der Notwendigkeit der organisatorischen Erfüllung der vorgesehenen wissenschaftlichen Programme, sondern auch auf dem aktiven schöpferischen Beitrag der Mitglieder dieses Kollektivs, die sich die wissenschaftliche Methodologie des Leiters zu eigen gemacht hatten. Dabei gingen oft aus den Reihen früherer Schüler selbständige Wissenschaftler hervor – ebenfalls ein charakteristisches Merkmal für die Entwicklung der wissenschaftlichen Kollektive in der zweiten Hälfte des 19. Jahrhunderts, die dann häufig außerhalb dieser Kollektive die Entwicklung der Ideen ihres Lehrers fortsetzten oder eigene wissenschaftliche Richtungen begründeten.

Die Gesetzmäßigkeiten der Wissenschaftsentwicklung im 20. Jahrhundert bedingten das Entstehen prinzipiell neuer Organisationsformen der wissenschaftlichen Arbeit, die dem neuen Tempo und der Spezifik der Wissenschaftsentwicklung angepaßt waren. Sie sind aber nicht Gegenstand unserer Untersuchung.

Der in diesem Beitrag skizzierte Prozeß des Ablaufs der historischen Evolution der Struktur und Organisation der Wissenschaft findet jedoch – auch wenn er die allgemeinen Tendenzen und Gesetzmäßigkeiten in ihrer Entwicklung widerspiegelt, in einzelnen Fällen einen spezifischen individuellen Ausdruck. In der Wissenschaft spielen Ausnahmen bekanntlich manchmal eine nicht geringere Rolle als die Regel. Gerade eine solche spezifische, individuelle Variante dieses allgemeinen Schemas läßt sich auch im Charakter jener Erscheinung in der Geschichte der Mikrobiologie feststellen, die durch den Terminus „wissenschaftliche Schule Pasteurs" bestimmt ist. Das zeigt sich in diesem Fall darin, daß eine Abweichung von dem genannten Schema im „chronologischen Ablauf" in der oben beschriebenen Dynamik der strukturellen Wandlungen von wissenschaftlichen Kollektiven vorliegt. Es handelt sich darum, daß in der Entwicklung der wissenschaftlichen Schule Pasteurs gewissermaßen eine Art von „Zurückbleiben", eine „Verzögerung" gegenüber dem allgemeinen Entwicklungstempo der Organisation wissenschaftlicher Forschungskollektive vorliegt. Unserer Ansicht nach wurde die genannte Erscheinung durch zwei Hauptfaktoren bedingt: Einmal durch den allgemeinen Zustand in der Methodologie des Erkennens der Welt der Mikroorganismen, der sich zu Beginn der Tätigkeit Pasteurs auf dem Gebiet der Mikrobiologie, d. h. in den fünfziger Jahren des 19. Jahrhunderts darbot, und zum anderen durch das besondere sozialhistorische und psychologische Klima in der Wissenschaft, das in der damaligen Zeit unter der Herrschaft Napoleons III. (1852–1870) in Frankreich herrschte. Diese beiden Faktoren haben die Eigenart der wissenschaftlichen Schule Pasteurs in bedeutendem Maße bestimmt und lassen gleichzeitig keinerlei Zweifel an der Tatsache ihrer Existenz.

Welche Bedeutung haben nun diese beiden genannten Faktoren und in welcher Weise haben sie den Charakter der Entwicklung der wissenschaftlichen Schule Pasteurs beeinflußt?

Zu Beginn der Tätigkeit Pasteurs existierte die Mikrobiologie noch nicht als selbständige Wissenschaft. Während bis zu den dreißiger Jahren des 19. Jahrhunderts viele biologische Disziplinen, die verschiedene Makroobjekte zum Gegenstand ihrer Untersuchungen hatten, ihr methodologisches Vorgehen, d. h. die grundlegenden theoretischen Verallgemeinerungen und ein entsprechendes methodisches Instrumentarium bereits ausgearbeitet hatten, beschränkten sich die Kenntnisse über die Mikroorganismen auf eine empirische Ausnutzung mikrobiologischer Prozesse, ohne tieferes gedankliches Eindringen in ihr Wesen, sowie auf Beschreibungen und Versuchen zur Systematisierung der durch mikroskopische Beobachtungen entdeckten Formen der Mikroorganismen. Die wissenschaftlichen Kenntnisse über die Mikroorganismen befanden sich somit in jenem Zustand, auf den mit Recht die Charakteristik anwendbar ist, die F. Engels der Entwicklung der Naturwissenschaft am Ende des 18. Jahrhunderts gegeben hat: „Die Dinge mußten erst untersucht werden, ehe die Prozesse untersucht werden konnten. Man mußte erst wissen, was ein beliebiges Ding war, ehe man die an ihm vorgehenden Veränderungen wahrnehmen konnte[3]“.

Eine der wichtigsten Fragen der frühen Bakteriologie, deren Studium das Fundament für die anschließende Herausbildung der wissenschaftlichen Mikrobiologie legten – die Frage nach der mikrobiellen Ätiologie der Infektionskrankheiten –, befand sich im Stadium hypothetischer Konstruktionen und spekulativer Erörterungen. Exakte Beweise für die Doktrin des „contagium vivum“ fehlten. „Im Verlaufe des ganzen 19. Jahrhunderts“, schrieb der französische Wissenschaftshistoriker J. Théodoridès diesbezüglich, „wurde die Theorie des contagium vivum nicht nur nicht angenommen, sondern mehr noch, die Idee des Kontagiums selbst hatte entschiedene und hartnäckige Gegner; dabei spielten politische und soziale Faktoren eine äußerst wesentliche Rolle[4]“. So erfolgte der Eintritt Pasteurs in das Gebiet der Mikrobiologie in jenem Moment ihrer Geschichte, als sich die Mikrobiologie noch im Stadium der Sammlung der ersten Kenntnisse über den „Gegenstand“ ihrer Untersuchung befand.

Außerdem beeinflußten, wie erwähnt, die politischen und sozialökonomischen Bedingungen im damaligen Frankreich nicht nur die Wissenschaftsentwicklung schlechthin, sondern auch speziell den Charakter der wissenschaftsorganisatorischen Tätigkeit. Frankreich war zwar im Gefolge der revolutionären Ereignisse von 1847/48 in die Periode der industriellen Produktion eingetreten, jedoch in ökonomischer Hinsicht hinter einer Reihe anderer europäischer Länder beträchtlich zurückgeblieben, was sich nicht

[3] F. Engels: Ludwig Feuerbach und der Ausgang der klassischen deutschen Philosophie, in: MEW, Bd. 21, Berlin 1973, S. 294.

[4] J. Théodoridès: Un grand médecin et biologiste, Casimir-Joseph Davaine, Paris 1968, S. 64.

zuletzt in seiner Niederlage im Krieg mit Deutschland von 1870/71 zeigte. Das Vorherrschen der kleinen Warenproduktion in Industrie und Landwirtschaft bremste die Einführung der wissenschaftlichen Errungenschaften außerordentlich. Außerdem behinderten geistige Trägheit und Routine, die Engstirnigkeit der reaktionären klerikal-monarchistischen Kreise der französischen Gesellschaft in ethischer Hinsicht, das äußerst gleichgültige Verhalten der Regierung der Entwicklung der Wissenschaft gegenüber und die vollständige Ignorierung der elementaren Bedürfnisse der Wissenschaftler nach normalen Arbeitsbedingungen die wissenschaftliche Forschungstätigkeit beträchtlich. Auf diesem gesellschaftlichen Hintergrund begann das Wirken Pasteurs. Der Zustand der Wissenschaft in Frankreich war mehrfach Gegenstand seiner öffentlichen Reden. Bekannt ist der mit patriotischen Gefühlen und voller Empörung im Zusammenhang mit der Niederlage Frankreichs geschriebene Aufsatz Pasteurs mit dem Titel: „Warum Frankreich im Augenblick der Gefahr keine wahrhaft großen Menschen gefunden hat?" Hierin heißt es: „Frankreich hat sich bereits ein halbes Jahrhundert gegenüber der geistigen Tätigkeit und besonders gegenüber den exakten Wissenschaften gleichgültig verhalten, . . . Zweifellos ein Opfer der eigenen politischen Instabilität, hat Frankreich nichts dafür getan, um den Fortschritt der Wissenschaft zu unterstützen, zu verbreiten und zu entwickeln . . . es lebte von seiner Vergangenheit, indem es sich weiterhin groß dünkte durch seine wissenschaftlichen Entdeckungen, weil es ihnen seinen materiellen Reichtum verdankte, und es ist dessen nicht gewahr geworden, daß es durch solches Verhalten unvernünftigerweise diese Quellen versiegen ließ."[5]

Eine konkrete Widerspiegelung dieser von Pasteur umrissenen allgemeinen Situation in der Wissenschaft war das Fehlen von Laboratoriumsräumen für die Wissenschaftler, die mangelnde Bereitstellung von Mitteln für die Ausbildung der wissenschaftlichen Kader und für den Kauf von Laboratoriumsausrüstungen. Bekanntlich haben Claude Bernard das ganze Leben hindurch im Keller des Collége de France und Pasteur fast 20 Jahre auf dem Dachboden der École normale gearbeitet.

So wurde zu jener Zeit, als in den führenden europäischen Ländern die Forschungstätigkeit großer Wissenschaftler (in der einen oder anderen Weise) Unterstützung von der Regierung erfuhr und dadurch immer stärker den Charakter kollektiver Arbeit annahm, in Frankreich die Entwicklung dieser Tendenzen in der genannten Periode weitgehend gehemmt. Das hatte unmittelbaren Einfluß auf die Entwicklung der wissenschaftlichen Schule Pasteurs.

Vor dem Hintergrund der bereits genannten theoretischen Anschauungen in der Wissenschaft von den Mikroorganismen sowie des besonderen Ent-

[5] L. Pasteur: Pourqui la France n'a pas trouvée d'hommes supéreurs au moment du péril, in: Revue Scientifique, Bd. 1, 1871, S. 73.

wicklungscharakters der Wissenschaft in Frankreich begann Pasteur seine wissenschaftliche Tätigkeit. Gerade die genannten Faktoren bestimmten auch jenen Umstand, daß Pasteur nahezu 20 Jahre in völliger „wissenschaftlicher Einsamkeit" arbeitete, zunächst in Paris an der École normale, dann in Strasbourg, Lille und wiederum in Paris in einem auf dem Dachboden der École normale eingerichteten Laboratorium. Und doch führte Pasteur in jener Periode, mit Hilfe von nur vier Präparatoren – E. Maillot, Ch. Gernez, D. Raulin und F. van Tieghem, alle waren ehemalige Schüler der École normale – seine klassischen Forschungsarbeiten zu den Problemen der Gärung, der Urzeugung und der Krankheiten der Seidenraupen durch und leitete damit die große „Pasteursche Epopöe, die heroische Ära", nach einem bildlichen Ausdruck von A. Calmette, „des Kampfes zwischen Armut und Größe ein"[6]. Indessen hatte Pasteur bereits seit dem Jahre 1857 eine Professur für Physik und Mathematik an der École normale inne. Formal besaß er also alle Rechte, die Zahl seiner Assistenten zu vergrößern, jedoch blieben es außerordentlich wenige. Trotzdem haben Pasteur, seine wenigen Schüler und Mitarbeiter gerade in dieser Zeit so viele Forschungsarbeiten durchgeführt, daß der englische Historiker der Bakteriologie, W. Bulloch, davon spricht, daß „Pasteur innerhalb von sieben Jahren, nämlich von 1857–1864, den Grundstein für die Entwicklung einer völlig neuen Wissenschaft legte – der Mikrobiologie mit ihren zahlreichen wissenschaftlichen Zweigen"[7]. Die englischen Bakteriologin M. Stephenson, die durch ihr objektiv-kritisches Verhältnis zum Pasteurschen Erbe bekannt ist, beginnt ihre ausgezeichnete Monographie „Der Metabolismus der Bakterien" mit folgenden die Leistung der Pasteur-Schule würdigenden Worten: „Im November 1946 fand in Paris ein denkwürdiger Kongreß statt, der dem 50. Todestag Pasteurs gewidmet war. Auf diesem Kongreß, an dem Delegierte aller zivilisierten Länder teilnahmen, wurde eine Einschätzung des gegenwärtigen Standes aller Zweige der Mikrobiologie gegeben. Die Referenten waren gebeten worden, aufzuzeigen, auf welche Weise die Entwicklung auf ihren Spezialgebieten ihren ersten Anstoß dem Werk des Meisters verdankten. Die Ergebnisse müssen auch den Phantasielosesten frappiert haben; von jedem Zweig der Mikrobiologie, ob theoretisch oder angewandt, wurde aufgezeigt, daß er seine Entstehung einer Phase der Arbeit Pasteurs oder seiner nächsten Schüler zu verdanken hat[8]". Noch eindrucksvoller hat A. L'vov, ein Landsmann Pasteurs, die Bedeutung Pasteurs und dessen Schule für die Entwicklung der mikrobiologischen Wissenschaft auf der Sitzung zum 150. Geburtstag Pasteurs in Moskau am 13. Januar 1973 charakterisiert: „Somit ist Pasteur für Ereignisse von hoher Wichtigkeit verantwortlich, wissentlich – für die Schaffung der Mikrobiolo-

[6] A. Calmette: Pasteur et les instituts Pasteurs, Paris 1923, S. 7.
[7] W. Bulloch: The history of bacteriology, London 1938, S. 57.
[8] M. Stephenson: Bacterial Metabolism, London/New York/Toronto 1950, S. 1.

gie und der experimentellen Medizin – und ungewollt als Folge davon – für die Veränderung des Denkens des Menschen des 19. Jahrhunderts.[9]" Und K. A. Timirjazev stellte in diesem Zusammenhang fest: „Wenn irgendwo die Worte – Die dankbare Menschheit ihrem Wohltäter – nicht wie eine rethorische Phrase klingen, dann auf dem Grabhügel Louis Pasteurs"[10].

Worauf stützte sich nun diese hohe Wertschätzung Pasteurs und seiner Schule? Nicht zuletzt basierte sie auf der persönlichen Ausstrahlungskraft dieses humanistischen Wissenschaftlers, der allen objektiven gesellschaftlichen Schwierigkeiten trotzend eine außerordentlich aktive schöpferische Tätigkeit entwickelte und junge Wissenschaftler um sich scharte.

Pasteur bereicherte die mikrobiologische Wissenschaft um viele neue Erkenntnisse. Auf der Grundlage seiner kristallographischen Untersuchungen kam Pasteur auf die Idee, daß lebende Mikroorganismen die Fähigkeit besitzen, die Struktur der chemischen Stoffe völlig umzuwandeln, und diese Idee legte er auch dem Aufbau einer physiologischen Theorie der mikrobiologischen Prozesse zugrunde. Gerade diese Idee diente Pasteur als Leitfaden, der ihm half, die Konzeption des biologischen Wesens der Gärung aus jener Sackgasse herauszuführen, in die sie der unfruchtbare Streit der Verfechter der biologischen Doktrin mit ihren autoritären Gegnern – J. Berzelius und J. Liebig, die Anhänger der rein chemischen Natur der Gärung waren – geführt hatte. Die durch unwiderlegbare experimentelle Untersuchungen glänzend bewiesene physiologische Gärungstheorie, die die Annahme über die Kompliziertheit und Vielfalt der physiologischen Funktionen der Mikroorganismen bestätigte, lieferte auch den Schlüssel für die Lösung des Problems der sogenannten Urzeugung der Mikroorganismen. Auf der Grundlage der physiologischen Theorie und der Idee von der prinzipiellen Unmöglichkeit der Entstehung eines asymmetrischen lebenden Stoffes in der unbelebten, ihrer Struktur nach symmetrischen Materie bewies Pasteur auf strenger, ausschließlich experimenteller Grundlage das Fehlen einer Urzeugung der Mikroben, auf die nach Timirjazev diese Frage in der klassischen Untersuchung Pasteurs gerichtet war[11]. Diese Tatsache hatte außerordentlich weitreichende methodologische Folgen. Sie wurden zur Grundlage für die theoretische Begründung des exogenen (und nicht im Ergebnis der Urzeugung endogenen) Auftauchens der Erreger von Infektionskrankheiten im Körper höherer Organismen, was Pasteur auch bald erfolgreich in den Untersuchungen über die Krankheiten der Seidenraupen demonstrierte.

Die äußeren Bedingungen für die wissenschaftliche Arbeit Pasteurs waren denkbar schlecht. Nach dem Zeugnis des Biographen Pasteurs – seines

[9] A. L'vov: Paster – tvorec naučnogo metoda v medicine, in: Priroda 1973, Nr. 7, S. 91.

[10] K. A. Timirjazev: Lui Paster, in: Werke, Bd. 5, Moskau 1938, S. 192.

[11] Ebenda, S. 195.

Schwiegersohnes R. Vallery-Radot – waren Pasteur in dieser Schaffensperiode „in einem neuen Pavillon im Hofe der École normale zwar fünf kleine Zimmer zur Verfügung gestellt worden, die in zwei Etagen lagen ... Ihre Beschaffenheit war allerdings so, daß er sich stark bücken mußte, um in diese stickigen Räume hinaufzusteigen. Dennoch fühlte er sich glücklich, wenn auch nur eine solche Zuflucht für seine Versuche zu haben. Ihn erwartete noch eine weitere Überraschung: Man gab ihm einen Präparator."[12]

So hatte Pasteur einen stickigen, unbequemen Raum und zunächst nur einen einzigen Präparator zur Verfügung. Seine Forschungen verlangten aber nicht nur langwierige, arbeitsaufwendige Untersuchungen, die sowohl im Laboratorium als auch auf dem Felde, auf dem Gipfel der Berge und an den mit Lebewesen reichen und ausgedehnten Gewässern des Südens Frankreichs durchgeführt werden mußten, sondern auch den ständigen Kampf gegen die Feinde seiner Ideen, gegen die Kritiker des methodischen Aufbaus seiner Versuche. Jedoch wurde die Anziehungskraft Pasteurs bereits sichtbar. Eine immer größere Zahl von Schülern der École normale, an der Pasteur Physik und Chemie lehrte, wurde von dem Forschungstalent und der Überzeugungskraft Pasteurs sowie seinem außerordentlich menschlichen Verhalten als Leiter und Lehrer angezogen. „Er brachte seinen Schülern nicht nur Lust am Lernen bei", schrieb Vallery-Radot, „er flößte ihnen wahre Begeisterung für die Wissenschaft ein. Die Idee, die Verbindung zwischen den Schülern und Professoren nach einem dreijährigen gemeinsamen Leben aufrechtzuerhalten, veranlaßte Pasteur im Jahre 1859, einen Rapport zu geben, in dem er die Nützlichkeit nachwies, einen Sammelband unter der Bezeichnung wissenschaftliche Annalen der École normale herauszugeben. Er wollte in dieser Zeitschrift auch die Arbeiten seiner ehemaligen Schüler veröffentlichen."[13]

Nach Abschluß der Untersuchungen der Krankheiten der Seidenraupen, bei denen zwei ehemalige Schüler Pasteurs an der École normale, Ch. Gernez und E. Maillot, seine Assistenten waren, untersuchte Pasteur die Krankheiten des Weines und des Bieres. Damit legte er das Fundament für seine Tätigkeit auf dem Gebiet der Infektionspathologie, die so fruchtbar wurde, daß Ch. Richet, ein Zögling aus dem Pasteur Institut, die Geschichte der Infektionspathologie in zwei Perioden einteilte, in die vor Pasteur und die nach ihm[14], Pasteur begann seine Untersuchungen zu Infektionskrankheiten bei Menschen und Tieren in jener Periode, als „die theoretischen Vorstellungen auf dem Gebiet der Medizin in der Hauptsache auf Beobachtungen basierten und experimentelles Material noch kaum vorhanden war"[15].

[12] R. Vallery-Radot: La vie de Pasteur, Paris 1946, S. 119.
[13] Ebenda, S. 140f.
[14] Ch. Richet: Cent années d'Immunologie, in: Revue des Deux Mondes, 1. 12. 1939, S. 19.
[15] A. L'vov: Paster – tvorec naučnogo metoda v medicinie, a. a. O., S. 87.

Aus den Untersuchungen zur Gärung, die einen engen Zusammenhang mit Problemen der Urzeugung haben, ging auch hervor, daß keine spontane Urzeugung von Mikroorganismen existiert und alle Arten mikrobiologischer Prozesse das Ergebnis einer höheren spezifischen physiologischen Tätigkeit verschiedener Arten von Mikroorganismen sind.

Pasteurs Arbeiten auf dem Gebiet der medizinischen Mikrobiologie und der Infektionspathologie waren in methodologischer Hinsicht völlig neu: Theoretisch exakt begründet, basierten sie auf dem festen Fundament der experimentellen Methode. Diese im Jahre 1865 begonnenen Forschungsarbeiten wurden im Jahre 1885 mit der Ausarbeitung von Impfmethoden gegen Tollwut abgeschlossen. Ihr voraus ging die Entdeckung der Prinzipien der Attenuation von Mikroorganismen und auf dieser Grundlage die Schaffung von Impfmethoden gegen eine Reihe von Infektionskrankheiten. Die auf dem Studium des allgemeinbiologischen Problems – des Problems der Wechselbeziehungen zwischen Parasit und Wirt – beruhenden Untersuchungen von Pasteur entwickelten sich zu einer völlig neuen Richtung. Pasteur zeigte, daß eine Erkrankung wie auch der Immunitätszustand sowohl von den Eigenschaften und vom Zustand des Organismus als auch von den Eigenschaften, Infektionswegen und der Lebenstätigkeit der Krankheitserreger abhängen. Die Schaffung der experimentellen Mikrobiologie und Medizin, der Grundlagen der Immunologie und der Serotherapie sowie der neuen Richtungen der Mikrobiologie – der ökologischen Mikrobiologie, der technischen, der landwirtschaftlichen, der Veterinärmikrobiologie usw. – waren ein Ergebnis der Tätigkeit Pasteurs und seiner wissenschaftlichen Schule.

Sie begründeten ihren Ruf und ihren Platz in der Geschichte der Mikrobiologie und Medizin.

Welches waren aber die Voraussetzungen, und dank welcher Faktoren wurden so hervorragende Erfolge erreicht? Wie sah das Verhältnis zwischen den objektiven und subjektiven Faktoren bei der Herausbildung und Auswahl der Forschungsrichtungen der wissenschaftlichen Schule Pasteurs aus? Welche Rolle spielte Pasteur als Leiter der „großen Pasteurschen Epopöe“ bei der Organisation und Durchführung der wissenschaftlichen Programme? Worin bestand schließlich die Originalität der wissenschaftlichen Schule Pasteurs?

Es ist nicht möglich, alle Fragen in gleicher Weise zu beantworten. In der Geschichtsschreibung gibt es keine Quellen, in denen direkte Hinweise darauf vorhanden wären, wie die konkreten Prinzipien und Verfahren für die Organisation der Forschungsarbeit in seinen Laboratorien ausgesehen haben, welchen Charakter die täglichen Kontakte Pasteurs mit seinen Schülern und Mitarbeitern hatten und wie die Forschungsprogramme praktisch festgelegt und durchgeführt wurden. Pasteur hinterließ keine Autobiographie, in der eine Antwort auf die hier gestellten Fragen zu finden wäre. Deshalb können die genannten Fragen lediglich auf der Grundlage indirekter Quellen beantwortet werden. Das sind einerseits die Erinnerungen der Schüler, Mitarbeiter, Verwandten oder einfach der Zeitgenossen Pasteurs. Andererseits können die objektiven Zeitumstände zur Einschätzung der Tätigkeit Pasteurs und seiner Schüler herangezogen werden. Diese subjektiven und objektiven Faktoren haben sicher in den verschiedenen Tätigkeitsetappen Pasteurs und seines wissenschaftlichen Kollektivs und vor allem bei der Festlegung der Richtung der Forschungsarbeiten eine unterschiedliche Rolle gespielt. Während, wie bereits gezeigt wurde, der Beginn der Tätigkeit Pasteurs auf dem Gebiet der Mikrobiologie in erster Linie eine Äußerung seiner individuellen wissenschaftlichen Interessen war, bildeten alle anschließenden Etappen entweder das Ergebnis einer gründlichen wissenschaftlichen und methodologischen Kontinuität in der Entwicklung der Forschungen Pasteurs und seiner Schüler oder eine Widerspiegelung der wissenschaftlichen Lösung der objektiv herangereiften und durch die vorangegangene Wissenschaftsentwicklung vorbereiteten Aufgaben und Probleme. In diesem Falle trat Pasteur als Begründer der neuen, physiologischen Richtung in der Mikrobiologie, als Realisator der in der Wissenschaft herangereiften Tendenzen auf, und, indem er sich von prinzipiell neuen Ideen leiten ließ, machte er auf der Basis der bereits vorhandenen Beobachtungen und empirischen Fakten wichtige Verallgemeinerungen, die von ihm der neuen Methodologie zur Erkenntnis der mikrobiologischen Prozesse zugrunde gelegt wurden. Gerade dieser Umstand war bei der Ermittlung der historischen Mission der Tätigkeit Pasteurs und seiner Schule in der Mikrobiologie von entscheidender Bedeutung. Er war gerade in jener Entwicklungsperiode der Mikrobiologie besonders wichtig für deren Umwandlung aus einem System empirischer Fakten und beschreibender Beobachtungen in eine selbständige experimentelle Wissenschaft.

Wie erwähnt, verlief die Tätigkeit Pasteurs und seiner Schüler in einer äußerst ungünstigen Situation. Wenn es dem menschlichen Bewußtsein allgemein eigen ist, auf Gewohnheiten und Traditionen zu beharren, so waren Konservatismus und Trägheit in der damaligen französischen Gesellschaft und in wissenschaftlichen Kreisen besonders stark ausgeprägt. Es ist absolut kein Zufall, daß Ch. Darwin als angeblicher „Schöpfer sinnloser Hypothesen" im Jahre 1872 bei der Wahl in die Französische Akademie der Wissenschaften durchfiel. Allem Neuen begegnete man im damaligen Frankreich mit sehr großem Widerstand, alles, was den allgemein üblichen Dogmen und Traditionen zuwiderlief, wurde einer außerordentlich heftigen Kritik unterzogen.

Dem entging auch Pasteur nicht – der Neuerer, der nicht nur im System der wissenschaftlichen Anschauungen neue Wege bahnte, sondern auch „das Denken des 19. Jahrhunderts veränderte". „Seine Behauptungen waren revolutionierend", schreibt A. L'vov, „revolutionierend in dem Sinne, daß sie den Kenntnissen und Überzeugungen jener Epoche widersprachen"[16].

[16] Ebenda, S. 87.

Hinzu kommt, daß die gesamte schöpferische Tätigkeit Pasteurs eine unmittelbare Beziehung zur Praxis hatte, auf das engste mit dem Leben der Menschen verbunden war und die wichtigsten Seiten ihres täglichen Lebens berührten. Sie war daher der allgemeinen Erörterung und Bewertung besonders zugänglich und rief in allen Schichten der französischen Gesellschaft eine lebhafte Reaktion hervor. Ihre Aufnahme schwankte von begeisterter Zustimmung bis zur scharfen, erbitterten Verurteilung, besonders in den reaktionären bürgerlichen und religiösen Kreisen. Man kann ohne Übertreibung sagen, daß Pasteurs wissenschaftliche Tätigkeit sich im ständigen Kampf gegen seine zahlreichen Kritiker und Opponenten sowohl in wissenschaftlichen als auch gesellschaftlichen Kreisen vollzog. Das war ein Kampf des neuen, progressiven Denkens in der Wissenschaft gegen das alte, überlebte, sich jedoch hartnäckig behauptende Denken, ein Kampf, der sich gerade auf jenen Gebieten abspielte, die das Alltagsleben der Menschen am meisten berührte – in der Medizin, der Industrie und der Landwirtschaft. „Er war gezwungen zu kämpfen, wobei er fast jede seiner Ideen verteidigte", schrieb K. A. Timirjazev.[17] Jedoch „attackierte Pasteur energisch seine Gegner und gewann die Auseinandersetzungen. Pasteur gewann alle Auseinandersetzungen, in die er ging"[18]. Es ist verständlich, daß ein solches Vorbild eines Menschen und Wissenschaftlers, der den Menschen einen so großen Nutzen gebracht hat, „der einen unerschöpflichen Vorrat an Erfindergeist äußert, der alle Hindernisse überwindet"[19], eine sehr große Anziehungskraft für die studierende Jugend und unvoreingenommen denkenden Wissenschaftler besaß. Tatsächlich erfreute sich Pasteur, dessen Lebensgrundsatz es war, „danach zu streben, den Menschen nützlich zu sein", und der die Ansicht vertrat, daß „die Pflicht erst dort endet, wo das Unmögliche anfängt", einer großen Beliebtheit, Autorität und Verehrung sowohl bei seinen Schülern – den Studierenden der École normale – als auch bei allen jenen, die durch seine bemerkenswerten Eigenschaften als Mensch und Wissenschaftler angezogen wurden. Daraus erwuchs dann auch letztlich das besondere „Klima" der wissenschaftlichen Schule Pasteurs.

Wie erwähnt, war der Kreis der Assistenten und Schüler Pasteurs außerordentlich klein. Es steht außer Zweifel, daß die bereits genannten allgemeinen Bedingungen für die Organisation der wissenschaftlichen Tätigkeit in Frankreich eine Erweiterung dieses Kreises verhindert haben. Wenn Pasteur anfangs auch nicht die Möglichkeit hatte, das Kollektiv seiner wissenschaftlichen Mitarbeiter zu vergrößern, so unterhielt er doch enge Beziehungen zu seinen Schülern an der École normale. Einige von ihnen wurden, wie gesagt, später direkt Fortsetzer seines Werkes.

[17] K. A. Timirjazev: Lui Paster, a. a. O., S. 198.
[18] A. L'vov: Paster – tvorec naučnogo metoda v medicinie, a. a. O., S. 87.
[19] K. A. Timirjazev: Lui Paster, a. a. O., S. 210.

Von den Lehrkräften der École normale kümmerten sich wenige so wie Pasteur um eine Verbesserung der Lehre an der Schule, um die Lage der Studenten und des jungen wissenschaftlichen Personals, um den Zustand der Laboratorien und Ausrüstungen. So ist z B. eine Aufzeichnung Pasteurs vom 21. Januar 1867 bekannt, worin er konkrete Vorschläge zur Verbesserung der Organisation an der École normale und der Lage der Studierenden macht: „Die Fakultäten müssen erwägen, wie sie den Menschen, die sich durch originelle Arbeiten in der Wissenschaft auszeichnen, geachtete, unabhängige und materiell gesicherte Positionen einräumen können . . . man muß die Zahl der Wissenschaftler vergrößern. Eines der Mittel bestünde in einer bedeutend besseren Bezahlung der Präparatoren . . . Die Frage der Laboratoriumsgehilfen ist eine der wichtigsten, und sie steht in direktem Zusammenhang mit dem Fortschritt der Wissenschaft . . . Diese Stellung muß so bezahlt werden, daß sie für intelligente Leute anziehend ist und ihnen die Möglichkeit einer dauerhaften Arbeitstätigkeit bietet."[20]

Der Brief eines Schülers der École normale, den er im Zusammenhang mit dem von Pasteur beabsichtigten Verlassen der Schule schrieb, zeugt von dem Vertrauensverhältnis der Schüler der École normale zu Pasteur: „Wenn Ihr Fortgang von der Schule", schrieb dieser Schüler an Pasteur, „noch nicht endgültig entschieden ist, wenn es noch möglich ist, ihn zu verhindern, werden alle Studenten der Schule es sich zur Ehre und Pflicht machen, alles zu tun, was von ihnen dazu abhängen kann."[21] Viele Schüler der École normale verließen nach ihrem Abschluß die Schule nicht; sie blieben dort, um bei ihrem Lehrer Pasteur zu arbeiten. Dies „rief bei jenen große Verwunderung hervor, die nicht wußten, welch außerordentlichen Einfluß Pasteur zu jener Zeit schon ausübte"[22], schreibt Vallery-Radot in seinem bemerkenswerten Buch über Pasteur. Und weiter heißt es dort: „. . . aus dieser Schule eine der großen Stätten der Wissenschaft unseres Landes zu machen; bei den Studenten Forscher- und Erfindergeist zu erwecken suchen; zu sehen, wie sich die Reihen der mathematischen, physikalischen und der Naturwissenschaften mit jungen Wissenschaftlern füllen: dieses Ziel hatte Pasteur von 1857–1867 verfolgt, und jeden Tag war er ihm ein Stück näher gekommen." Er wurde von „allen Studenten der wissenschaftlichen Einrichtung nicht nur verstanden, nicht nur bewundert: er wurde geliebt"[23].

Pasteur selbst, der seine Schüler sehr liebte, sie ständig betreute und ihnen half, gestand ein: „Die Zeichen der Dankbarkeit und Verehrung, die ich in diesen zehn Jahren meiner Leitungstätigkeit von allen Studenten der wissenschaftlichen Abteilung ausnahmslos erhielt . . ., sind für mich der schönste

[20] R. Vallery-Radot: La vie de Pasteur, a. a. O., S. 192f.
[21] Ebenda, S. 209.
[22] Ebenda.
[23] Ebenda, S. 210.

Lohn für die Festigkeit, die wohlwollende Gerechtigkeit und die Hingabe, die ich in die Erfüllung meiner Pflichten legte."[24]

Wie bereits erwähnt, bestand das wissenschaftliche Kollektiv Pasteurs – seine unmittelbaren Schüler und Assistenten – zunächst gänzlich aus seinen ehemaligen Schülern an der École normale. Erst im Jahre 1866, während der Forschungsarbeiten über die Seidenraupenkrankheit, hatte Pasteur erstmalig einen wissenschaftlichen Mitarbeiter – den Chemiker E. Duclaux. Im Jahre 1878 wurde ihm, im Zusammenhang mit dem Beginn der Ausarbeitung und Einführung der Impfmethoden gegen Milzbrand, ein zweiter Mitarbeiter bewilligt. Das war E. Roux, der bis dahin Assistent von A. v. Baeyer gewesen war. 1867 lehnte die Regierung noch den Bau eines kleinen Laboratoriums für Pasteur an der École normale ab, und erst 11 Jahre später, im Jahre 1878, wurde dieses Laboratorium in Paris in der Rue d'Ulm gebaut. Zu Mitarbeitern Pasteurs wurden in dieser Zeit E. Roux, D. Joubert, Ch. Chamberland, L. Thuillet, und im Jahre 1883 kamen L. Straus und die Veterinäre E. Nocard und G. Bouley hinzu.

Somit war bis zur Eröffnung des Pasteur-Instituts am 14. November 1888 die Zahl der Schüler und Mitarbeiter Pasteurs verhältnismäßig klein. Jedoch gerade diesem Kollektiv gelang es, diese hervorragenden wissenschaftlichen Erfolge zu erreichen.

Wodurch kann man diese so ungewöhnliche Erscheinung in der Wissenschaftsgeschichte erklären, die außerordentlich hohe wissenschaftliche Leistung dieses Kollektivs, die den üblichen Vorstellungen über allgemeine Prinzipien des Verhältnisses von Organisation, Planung, Umfang und Qualität der Forschungsarbeit in keiner Weise entspricht? Eine Ursache dafür ist sicherlich in der Persönlichkeit Pasteurs selbst zu sehen.

Der besondere Geist, für den Menschen „Gutes zu schaffen", der die Tätigkeit Pasteurs kennzeichnete, sein völlig selbstloser, hingebungsvoller und kompromißloser Dienst an der Wissenschaft, das unablässige Verfolgen eines einmal gewählten Weges, die Überwindung zahlloser Hindernisse – das alles war eine große Anziehungskraft, schuf die besondere Atmosphäre von Enthusiasmus und selbstlosem Dienst zwischen den Menschen, die Pasteur umgaben. Nur dadurch kann man erklären, daß es dem kleinen Kollektiv Pasteurs möglich war, die umfangreichen Forschungsarbeiten zu den Krankheiten von Seidenraupen durchzuführen, die Impfstoffe vorzubereiten und die Impfung einer sehr großen Zahl von Tieren während der Ausarbeitung von Impfmethoden gegen Milzbrand, Rotlauf, Rinderpest und schließlich gegen Tollwut durchzuführen. Ein anderer, nicht minder wichtiger Grund ist jene Tatsache, daß allmählich Menschen, die auf anderen Gebieten der Wissenschaft eine wissenschaftliche Ausbildung erhalten hatten, zu Mitarbeitern Pasteurs wurden, wie Duclaux, Joubert, Nocard u. a. Daß sie zu Pasteur

[24] Ebenda.

kamen, war das Ergebnis der vorbehaltlosen Anerkennung seiner wissenschaftlichen Ideen, seiner Denkweise, seines Credos als Mensch und Wissenschaftler. Sie alle wurden, nachdem sie die wissenschaftliche Konzeption Pasteurs übernommen hatten, nicht nur zu unmittelbaren Assistenten und Mitarbeitern seiner Arbeit, sondern zu den glühendsten Verfechtern der Ideen ihres Lehrers in jenem nicht enden wollenden Kampf, den er während seines gesamten schöpferischen Weges zu führen gezwungen war. Gerade diesem Umstand ist es zu verdanken, daß man das wissenschaftliche Kollektiv Pasteurs durch den Terminus „streitbar" definieren kann. In diesem Sinne ist das Beispiel der Schule Pasteurs unserer Ansicht nach ohne Vorgänger in der Wissenschaftsgeschichte.

Die besondere Atmosphäre der Selbstaufopferung und des Enthusiasmus, die im Kreise der „Pasteurianer" (wie sich später Pasteurs Schüler zu bezeichnen begannen) herrschte, war in den wissenschaftlichen Kreisen Frankreichs bereits gut bekannt. Nicht zufällig schrieb der Lehrer und ständige Freund Pasteurs diesem in einem seiner Briefe: „. . . Es ist notwendig, daß Sie weiterhin um sich junge Menschen sammeln, die Sie mit Ihrem Geist anregen und mit Ihren Methoden erfüllen. Geben Sie Van Tieghem, Duclaux, Gernez, Raulin Nachfolger und Nacheiferer, und schaffen Sie so eine neue Generation von jungen Wissenschaftlern, die an Ihrer Schule erzogen wurden. . ."[25]

Diese Atmosphäre der Selbstaufopferung, der beispiellosen Uneigennützigkeit und Ergebenheit für die Wissenschaft blieb auch in jenem Kollektiv erhalten, das sich nach der Eröffnung des aus internationalen Spenden erbauten Pasteur-Instituts um Pasteur bildete. Dieses Institut war jene Einrichtung, von der, wie Vallery-Radot sich erinnert, Pasteur sein ganzes Leben geträumt hat. Nach einem Zeugnis von A. Calmette, der ein Buch über das Pasteur-Institut geschrieben hat, „. . . füllte sich das Institut sofort mit Wissenschaftlern, Medizinern, Veterinären und Chemikern, die danach dürsteten, sich die Forschungsmethoden des großen Pasteur anzueignen. Diese Methoden zu entwickeln und zu vertiefen schien äußerst interessant und anziehend"[26]. Und bei Timirjazev heißt es: „Diese erhabene Vorstellung vom Dienst an der Wissenschaft verstand Pasteur durch Wort und Beispiel auch seinen nächsten Mitarbeitern und Schülern zu vermitteln, die sich in den letzten Jahren in seinem Institut um ihn gruppiert hatten."[27] Das Beispiel des Leiters, des Lehrers und Freundes Pasteur war für die „Pasteurianer" eine nie versiegende Quelle für Begeisterung, war ein Vorbild für den uneigennützigen Dienst an der Wissenschaft. A. Delaunay beschrieb in seinem Buch „Das Pasteur-Institut" das moralische Antlitz, das lebendige Credo

[25] R. Vallery-Radot: La vie de Pasteur, a. a. O., S. 327.

[26] A. Calmette: Pasteur et les Institut Pasteur, a. a. O., S. 6.

[27] K. A. Timirjazev: Lui Paster, a. a. O., S. 193.

und das Verhältnis der Mitglieder des Pasteurschen Kollektivs zur Wissenschaft so: „... diese Menschen sind uns ein Beispiel strengster Tugenden, des Gelöbnisses der Armut und des selbstlosen Dienstes an der Menschheit ... Dieses Institut ist ein Kloster der Zukunft, das einem neuen Kult geweiht ist, dem Kult der Wissenschaft.“[28] Und weiter heißt es: „Man verspürt ein freudiges, die Seele erhebendes Gefühl beim Anblick des mit moralischer Würde erfüllten Lebens dieser Einsiedler, besonders wenn man deren Leben mit jenem Kampf ums Dasein vergleicht, der das Leben unserer Mediziner von heute ausmacht.“[29] „Diese Gleichheit zwischen ihnen“, schrieb bereits Timirjazev, „drückt sich in einem Gemeinschaftsgeist aus, der in dieser Einrichtung herrscht.“[30]

Von dieser Selbstaufopferung und Uneigennützigkeit, die Pasteur und seine Schüler auszeichnete, zeugen u. a. folgende Tatsachen: Zum Beispiel stellte der Mitarbeiter E. Roux die Gehaltserhöhung, die ihm für eine Entdeckung gewährt worden war, dem Institut zur Verfügung; Yersin fuhr auf eigene Initiative in die gefährlichsten Seuchengebiete – nach China, wo die Rinderpest wütete, nach Madagaskar, wo die Menschen vom Fieber dahingerafft wurden, L. Thuillier, ein früherer Schüler Pasteurs aus der École normale, starb in Alexandria an der Cholera. Es ist bekannt, wie tief Pasteur den Tod Thuilliers betrauerte.[31]

Die bekanntesten Schüler und Mitarbeiter des Pasteurschen Instituts, welche einen großen Beitrag zur Entwicklung der Ideen ihres Lehrers geleistet haben, sind E. Duclaux, der nach dem Tode Pasteurs im Jahre 1895 Institutsdirektor wurde, und E. Roux, der Duclaux im Jahre 1904 ablöste, sowie Ch. Chamberland, D. Joubert, H. Gueneau de Mussy, G. Bouley, N. Charrin, D. Grancher, P. Bert, J. Lucas-Championniere, E. Vulpian, Ch. Sédillot, E. Viala und die russischen Gelehrten N. F. Gamleja, I. I. Mečnikov, A. A. Bezredka, S. N Vinogradskij, S. A. Ivanov. Sie alle würdigten neben dem besonderen Geist der Solidarität und dem Enthusiasmus, der im Pasteur-Institut herrschte, vor allem Pasteur selbst, der nach den kürzlich veröffentlichten Erinnerungen S. A. Ivanovs „auffallend liebenswürdig und gütig war. Er war bereit, alle und jeden in sein Laboratorium aufzunehmen, der Zugang zu seinem Arbeitszimmer war, wenn er sich dort befand, für jeden offen.“[32]

Pasteur war zu dieser Zeit bereits ein alter und kranker Mensch. Offensichtlich vermochte er nicht mit der früheren Energie und Unermüdlichkeit die Arbeit des Instituts zu leiten. Jedoch die wissenschaftlichen Richtungen,

[28] A. Delaunay: L'institut Pasteur, Paris 1962, S. 13.
[29] Ebenda.
[30] K. A. Timirjazev: Lui Paster, a. a. O., S. 218.
[31] L. Pasteur: Izbranie trudy, Bd. 2, Moskau 1960, S. 650.
[32] S. A. Ivanov: Russkie učenye v Pasterovskom institute. Pis'ma iz Pariža, in: Priroda, 1973, H. 7, S. 93.

die Pasteur noch in der Periode begründete, als mehrere Präparatoren seine Assistenten waren, und die seine Schüler und Nachfolger mit dem ihm eigenen Enthusiasmus weiterentwickelten sowohl als Mitarbeiter des Pasteurschen Instituts wie auch weit über die Grenzen Frankreichs hinaus, sowie jene moralischen Prinzipien und Einstellungen, die dank seines Beispiels zur Norm für den Dienst an der Wissenschaft wurden, blieben für immer hervorstechende Wesenszüge der wissenschaftlichen Schule Pasteurs.

Marianne Lindemann
Sofia Aleksandrovna Česnokova

Der Einfluß der Schule Carl Ludwigs auf die Entwicklung der Physiologie in der zweiten Hälfte des vorigen Jahrhunderts

Unter den physiologischen Schulen des 19. Jahrhunderts nimmt die Schule des deutschen Wissenschaftlers Carl Ludwig (1816–1895) von ihrem Umfang und ihrer internationalen Zusammensetzung her einen hervorragenden Platz ein.

C. Ludwig begann seine schöpferische Tätigkeit in Marburg, leitete dann für einige Jahre den Lehrstuhl für Physiologie in Zürich und später, fast 10 Jahre, den Lehrstuhl für Physiologie an der Militärakademie – dem „Josefinum" – in Wien. Die volle Entfaltung und Entwicklung seiner wissenschaftlichen Tätigkeit fällt aber in die Zeit seines Leipziger Aufenthalts, wo er ein seiner Art nach einmaliges Institut für Physiologie schuf, das nicht nur eine führende Ausbildungsstätte in Deutschland, sondern auch Anziehungspunkt für Wissenschaftler vieler Länder wurde.

Ludwig war Zeit seines Lebens von Schülern umgeben. Bei ihm lernten und vervollkommneten ihre physiologische Ausbildung mehr als 300 Schüler, Vertreter theoretischer und klinischer Fächer aus dem In- und Ausland. H. Kronecker (1839–1914), einer seiner deutschen Schüler, hob hervor, daß kein Physiologe so viele Schüler aller Nationalitäten gebildet habe wie Ludwig und daß ungefähr 200 Männer der Wissenschaft ihm mindestens einen Teil ihrer Ausbildung verdanken[1]. Die jungen Wissenschaftler kehrten mit einem Wissen und Erfahrungen in ihre Länder zurück, welches zur Entstehung und Entwicklung der Physiologie in ihren Ländern beitrug.

Außer J. v. Liebig (1803–1873) gab es wohl keinen zweiten deutschen Naturforscher, der seine Gedanken einer gleich großen Zahl von Schülern aus aller Welt so nachhaltig einprägen konnte wie Ludwig. Es galt damals fast als selbstverständlich für junge Physiologen, eine bestimmte Zeit im Ludwigschen Laboratorium gearbeitet zu haben.

Die Arbeiten der Schule Ludwigs sind allmählich in Vergessenheit geraten, da weder seine Zeitgenossen noch seine Nachfolger etwas über diesen Wissenschaftler geschrieben haben.

Eine Reihe seiner deutschen Schüler wurden später bekannte Physiologen und erhielten selbständige Ordinariate: H. Kronecker in Berlin und Bern,

[1] H. Kronecker: zit. bei H. Schröer: Carl Ludwig, Stuttgart 1967, S. 9.

A. Fick (1829–1901) in Zürich, M. v. Frey (1852–1932) in Zürich und Würzburg, J. v. Kries in Freiburg. Eine große Zahl von Ludwigs Mitarbeitern kam aus Rußland[2]. Unter ihnen befanden sich führende Physiologen ihres Landes, wie I. M. Sečenov, J. P. Pavlov, F. V. Ovsjannikov (1827–1906), A. Šmidt (1832–1894), Danilevskij (1852–1939), N. O. Kovalevskij (1840–1895), I. P. Ščelkov (1833–1909).

Die jungen Wissenschaftler kamen aus verschiedenen Gründen, um Vorlesungen zu hören, zu promovieren oder auch um ihre eigenen Ideen mit den besseren Apparaturen in Leipzig zu verwirklichen. Einige nahmen aktiv an der Vervollkommnung von Apparaten teil. Auch kamen Vertreter anderer Fachgebiete der Medizin zu Ludwig, um seine Lektionen zu hören, wie der bekannte Internist S. P. Botkin (1832–1889), oder um seine modernen Methoden kennenzulernen.

Aus bisher gesichteten Quellen in der UdSSR und der DDR über die Kontakte Ludwigs zu russischen Wissenschaftlern geht hervor, daß mehr als 50 junge Spezialisten während ihrer Arbeitsaufenthalte bei Ludwig Erfahrungen für ihre spätere Tätigkeit in Rußland sammeln konnten.

Das erste physiologische Laboratorium in den Vereinigten Staaten von Amerika wurde 1871 von einem Schüler Ludwigs, H. P. Bowditch (1840 bis 1911), an der Harvard-Universität in Boston gegründet. Bowditch schickte drei seiner Mitarbeiter, H. S. Minot (1852–1914), W. P. Lombard (1855 bis 1939) und W. S. Hall (1844–1924)[3], als Schüler zu Ludwig nach Leipzig. Hall gründete später selbst ein Laboratorium für Physiologie an der „John Hopkins Universität" in Baltimore. An dieser Universität konzentrierten sich in den ersten Jahren ihres Bestehens eine Reihe ehemaliger Schüler Ludwigs, darunter der Physiologe H. Newell-Martin (1848–1896), welcher durch die Methode des isolierten Herzens bekannt wurde, der Anatom P. Mall (1862–1917), der Pharmakologe J. J. Abe (1857–1938) sowie der Pathologe W. H. Welch. In Yale wurde ein Laboratorium für physiologische Chemie durch R. H. Chittenden (1856–1943) gegründet, der bei einem Mitarbeiter Ludwigs, W. Kühne (1837–1900), gewesen war, welcher sich speziell mit physiologisch-chemischen Methoden befaßt hatte.

Auch aus England kamen Wissenschaftler zu Ludwig, die später Bedeutung erlangten, so W. H. Gaskell (1847–1914), E. Schaefer (1850–1935) und A. D. Waller (1856–1922).

Gaskell befaßte sich bei Ludwig mit der Erforschung der Herz-Kreislauf-Tätigkeit. Diese Untersuchungen setzte er nach seiner Rückkehr nach Eng-

[2] S. A. Česnokova, M. Lindemann: Iz istorii biologii., Moskau 1971, Vypusk 3, 162.

[3] M. H. Frank: The Physiological influence of Carl Ludwig in the English speaking Countries, in: Wissenschaftliche Zeitschrift der Karl-Marx-Universität Leipzig, Mathematisch-naturwissenschaftliche Reihe, 19. Jg., H. 2, 1970.

land fort. Der bekannte Neurochirurg und Neurologe V. Horsley (1857–1916) arbeitete ebenfalls eine Zeitlang unter Ludwigs Leitung.

Aus den skandinavischen Ländern waren eine Reihe von Physiologen bei Ludwig, unter ihnen E. Holmgren (1831–1897), Ch. Lovén (1835–1904)[4], O. Hammersten (1841–1932), Ch. Bohr (1855–1911) sowie R. Tigerstedt (1853 bis 1923), der bekannt wurde durch Untersuchungen auf dem Gebiet der Kreislaufphysiologie. Von Bedeutung sind auch L. Luciani und A. Mocco, mit deren Namen die Entwicklung der Physiologie in Italien verbunden ist.

Verfolgt man die Richtungen in der Entwicklung der Physiologie in den verschiedenen Ländern, läßt sich feststellen, daß in Rußland und in Amerika besonders neuroregulatorische Untersuchungen weitergeführt wurden. Die eingeschlagenen Forschungswege dienten später als Grundlage für die immer mehr in den Vordergrund tretenden Beobachtungen des Verhaltens, wobei in den beiden Ländern verschiedene Wege gegangen wurden. In einigen Laboratorien Amerikas und in Skandinavien wurden Kreislaufforschungen und Experimente über Blutgase fortgesetzt, die ebenfalls bei Ludwig begonnen wurden.

Zu den „Enkeln" Ludwigs zählt sich der berühmte amerikanische Physiologe W. Cannon (1871–1945), der bei Bowditch gearbeitet hatte und später dessen Nachfolger wurde.[5]

Worin bestehen die Besonderheiten der wissenschaftlichen Schule Ludwigs, und welches waren die Voraussetzungen für ihre hervorragenden Leistungen?

Die Tätigkeit Ludwigs war, wie die eines jeden Wissenschaftlers, mit der historischen Entwicklung seiner Zeit, mit dem Entwicklungsstand seines eigenen Fachgebietes und der Nachbardisziplinen, seinen persönlichen Eigenschaften sowie seinen schöpferischen Ideen und Methoden verbunden.

Die historischen Bedingungen in Deutschland in der zweiten Hälfte des vorigen Jahrhunderts begünstigten die Entwicklung wissenschaftlicher Schulen. Wissenschaftliche Schulen entstanden in dieser Zeit vor allem an den Universitäten. H. v. Helmholtz (1821–1894) hat die Besonderheiten der deutschen Universitäten seiner Zeit im Vergleich zu denen anderer europäischer Länder beschrieben.[6] So weist er darauf hin, daß in den einzelnen deutschen Fürstentümern und Königreichen die Universitäten Kultur- und Wissenschaftszentren waren. Daher war jedes Land daran interessiert, seine Universität zu einem Anziehungspunkt für Wissenschaftler und Studenten zu machen. Die Studenten hatten im allgemeinen die Möglichkeit, sich die Universität auszusuchen, an der sie studieren wollten, und sie konnten auch

[4] Vgl. Y. Zottermann: International Union of Physiological science, in: Newsletter 5, 1972, Nr. 1, 7.

[5] Vgl. W. Cannon: The Way of an Investigator. New York, 1942.

[6] H. v. Helmholtz: Über die akademische Freiheit der deutschen Universitäten. Rektoratsrede am 15. 10. 1877 in Berlin, in: Vorträge und Reden, 2. Bd., Braunschweig 1903.

während der Ausbildung die Universität nach eigenem Ermessen wechseln, um verschiedene Lehrer und Ansichten kennenzulernen. So entwickelte sich eine Art Wettstreit zwischen den Universitäten mit dem Ziel, solche Bedingungen zu schaffen, daß möglichst viele berühmte Wissenschaftler ihrem Rufe folgten, zumal damit auch die Zahl der Studenten dieser Universität verbunden war, was seinerseits für die Finanzierung und Entwicklung der Universitäten von Bedeutung war.

Nach der Vereinigung nahm Deutschland eine starke ökonomische Entwicklung. Diese historische Etappe stellte besondere Anforderungen an die Entwicklung der Wissenschaft. Die führende Rolle der Universitäten für die Entwicklung der deutschen Wissenschaft wurde damit noch unterstützt. Wie der bekannte englische Wissenschaftler J. Bernal hervorhob, haben sich gegen Ende des vorigen Jahrhunderts in Deutschland die Universitäten zu bedeutenden Wissenschaftszentren in Europa entwickelt und bildeten damit besonders gute Voraussetzungen für die Entstehung und Entwicklung wissenschaftlicher Schulen.[7]

Neue Möglichkeiten und notwendige Bedingungen für die Entwicklung der Physiologie als selbständiger Wissenschaftsdisziplin entstanden in der zweiten Hälfte des 19. Jahrhunderts. Der Einfluß der Naturphilosophie, der besonders in Deutschland vorherrschte, wurde durch die sich entwickelnden experimentellen Richtungen in den Wissenschaften überwunden. Die Erfolge der Physik und Chemie schufen ein ausreichendes Fundament, um auf ihrer Grundlage neue Vorstellungen über die Funktionsmechanismen des Organismus zu entwickeln.

In dieser Periode hatten Carl Ludwig und seine Freunde Helmholtz, E. Du Bois-Reymond und E. Brücke einen bedeutenden Anteil an der Entstehung der neuen physikalisch-chemischen Richtung in der Physiologie. Ludwig gilt als „Fahnenträger" dieser neuen Richtung. Diese „Pionier"-Rolle des Wissenschaftlers war eine der Ursachen, die Schüler zu ihm hinzog. Eine wesentliche Rolle spielten dabei zweifellos auch die progressiven philosophischen Ansichten Ludwigs, die der fortschrittlichen Intelligenz der 60er und 70er Jahre imponierten. In jener Zeit hatten viele Wissenschaftler idealistische Vorstellungen über das Wesen der Prozesse, die sich im lebenden Organismus vollziehen. Doch Ludwig und ihm verwandte Denker waren glühende Verfechter des Materialismus und wandten sich gegen alle vitalistischen und spekulativen Tendenzen. Die erfolgreiche Tätigkeit Ludwigs gründete sich auch darauf, daß er Autor vieler Methodiken und Apparaturen war, die es gestatteten, die Funktionsweise des Organismus objektiv zu registrieren und exakt zu messen. In dieser Hinsicht gab es damals dem Ludwigschen Laboratorium nichts Vergleichbares. Das Institut verfügte für die damalige Zeit über eine hervorragende Ausrüstung, was eine notwendige Voraussetzung für

[7] J. D. Bernal: Die Wissenschaft in der Geschichte, Berlin 1961.

die Durchführung von Experimenten war. So schuf Ludwig u. a. 1846 ein Gerät, mit dessen Hilfe es erstmalig gelang, eine Registrierung als Funktion der Zeit vorzunehmen, das sog. Kymographion. Er führte damit die autographische Methode in die Physiologie ein.[8] Ein Jahr später entstand ein brauchbares Manometer für die blutige Messung des arteriellen Blutdrucks.

Nach Ideen seines russischen Schülers Sečenov (1829–1905) wurde eine Quecksilber-Blutgaspumpe von Ludwig konstruiert. Mit diesem Apparat wurde es möglich, die im Blut gelösten Gase zu extrahieren. Sečenov bestellte ein weiteres Gerät zur Bestimmung der Blutgase, das heute noch im Sečenov-Museum des I. Moskauer Medizinischen Instituts zu sehen ist. Pavlov (1849 bis 1936) fuhr nach Leipzig, um für Arbeiten zu seiner Dissertation die von Ludwig entwickelte Stromuhr benutzen zu können, mit der er bessere Ergebnisse erzielen konnte, als mit den in Rußland verfügbaren.

Die Forschungsrichtung Ludwigs unter einer einheitlichen Idee zusammenfassen zu wollen ist unmöglich. Es gab in den Ludwigschen Laboratorien keine Spezialisierung auf bestimmte Forschungsrichtungen. Damals fing die Physiologie erst an, Mechanismen von Organtätigkeiten und Regulationen zu klären. So war ein breites Untersuchungsfeld vorhanden, aus dem sich Schüler Ludwigs Arbeitsthemen wählen konnten. Aus den Veröffentlichungen Ludwigs und seiner Mitarbeiter geht deutlich hervor, daß in vielen Richtungen geforscht worden ist.[9] Theoretische Fragen wurden mit Problemen der Pathologie und Histologie, der Pharmakologie, der Chemie und Physik sowie der Medizin verbunden.

Die meisten Entdeckungen wurden in Ludwigs „Physiologischer Anstalt" auf dem Gebiet der vegetativen Funktionen gemacht. Die Arbeiten betrafen die physikochemischen Eigenschaften des Blutes, Diffusion und Osmose, Lymphbildung, Sekretion der Verdauungsdrüsen, Mechanismen der Atmung und des Blutkreislaufs und der Harnbildung. Wie H. Drischel betont, gehören die fundamentalen Resultate dieser fruchtbaren experimentellen Forschungen zum anonymen und selbstverständlichen Bestand unseres heutigen physiologischen Wissens.[10]

Ludwig stellte auch eine neue Theorie über die Harnbereitung auf. Diese Interpretation des Filtrationsprozesses in den Nierenglomeruli hat noch heute für bestimmte Teilprozesse ihre Gültigkeit (Theorie von Ludwig –

[8] S. A. Česnokova, M. Lindemann: Russische Physiologen in den Laboratorien Carl Ludwigs, in: Wissenschaftliche Zeitschrift der Karl-Marx-Universität Leipzig, Mathematisch-naturwissenschaftliche Reihe, 19. Jg., H. 2, 1970, S. 315.

[9] C. Ludwig: Arbeiten aus der Physiologischen Anstalt zu Leipzig, Leipzig 1869–1874.

[10] H. Drischel: Über Leben und Wirken eines großen deutschen Physiologen, in: Wissenschaftliche Zeitschrift der Karl-Marx-Universität Leipzig, Mathematisch-naturwissenschaftliche Reihe, H. 2, 1970.

Cushny)[11]. Hervorzuheben ist auch, daß Ludwig sich mit regulationsphysiologischen Problemen befaßte, wie zum Beispiel mit der Untersuchung der Blutdruckregluation.

Zur Bildung einer wissenschaftlichen Schule waren aber auch bestimmte persönliche Qualitäten als Leiter notwendig. Ludwig zeichnete sich hier durch eine glückliche Verbindung der Qualitäten aus, die ein wissenschaftlicher Leiter besitzen muß. Er war nicht nur ein bedeutender Wissenschaftler, Autor fundamentaler Entdeckungen und Theorien, sondern besaß auch organisatorisches Talent. Er leitete und koordinierte die Tätigkeit seines wissenschaftlichen Kollektivs, erreichte eine hohe Effektivität der Arbeiten seiner Schüler, wovon die außerordentlich hohe Zahl von Publikationen aus seinem Laboratorium zeugt.

An allen seinen Untersuchungen waren Schüler und Mitarbeiter Ludwigs beteiligt. Einem Bericht seines amerikanischen Schülers Welch zufolge nahm er nur Schüler auf, die in der Lage waren, selbständig zu arbeiten. Meist kamen Leute, die schon den Doktortitel besaßen. Einer seiner deutschen Mitarbeiter, J. Kries (1853–1928), betonte, daß Ludwig in feiner Anpassung *hier* in engster Zusammenarbeit unterrichtet und *dort* selbständigem Können freie Bahn gelassen habe.[12] Es ist daher oft schwierig festzustellen, in welchem Maße Ludwig selbst bei den einzelnen Arbeiten beteiligt war, überließ er doch häufig auch die Publikation von Forschungsergebnissen seinen Schülern, ohne seinen eigenen Namen hinzuzufügen, auch wenn er maßgeblich an den Untersuchungen beteiligt gewesen war, oder er veröffentlichte sie zumindest gemeinsam mit seinen Schülern. Es gibt sehr wenige Arbeiten, die von ihm allein verfaßt worden sind. Von ihm stammt ein zweibändiges „Lehrbuch der Physiologie des Menschen" (1852–1856). Die meisten seiner wissenschaftlichen Arbeiten bestehen überwiegend aus einzelnen Artikeln, die zum Teil nicht einmal seinen Namen tragen und meistens nur in den Laboratoriumsmaterialien veröffentlicht worden sind. Das ist auch eine Ursache dafür, daß der Name dieses Gelehrten allmählich in Vergessenheit geraten ist.

Ludwig war kein Dogmatiker und zwang seinen Schülern keine Meinung auf, die die schöpferische Entwicklung der Individualität der jungen Wissenschaftler beeinträchtigt hätte. Er war zu Korrekturen seiner Ansichten bereit, wenn Versuchsergebnisse neue Erkenntnisse brachten. Einer seiner Schüler, der Pathologe Welch, berichtet, daß Ludwig jede wissenschaftliche Theorie einer genauen Nachprüfung unterzog. So lehrte er seine Mitarbeiter, sich nicht mit vagen Hypothesen und halben Beweisen zu begnügen, nicht zu spekulieren und zu theoretisieren, sondern genau und sorgfältig Tatsachen

[11] H. Drischel: Carl-Friedrich Wilhelm Ludwig, in: Bedeutende Gelehrte in Leipzig, Bd. 2, Leipzig 1965, S. 73.

[12] J. v. Kries: zit. bei H. Schröer: Carl Ludwig, Stuttgart 1967, S. 9.

zu beobachten. Ludwig kümmerte sich intensiv um jeden einzelnen Mitarbeiter. Seine ständige Anwesenheit im Institut (er wohnte im Gebäude des Instituts und befand sich daher von morgens bis abends dort), der enge Kontakt zu seinen Mitarbeitern, die persönliche Kontrolle aller Arbeiten des Laboratoriums – all das gewährleistete eine hohe Effektivität seines Kollektivs.

Ludwig waren nationale Vorurteile fremd. Er wertete seine Mitarbeiter nach ihrer Arbeit und ihrem Talent. Das ist einer der Gründe dafür, daß seine Schule internationalen Charakter trägt und in dieser Hinsicht beispiellos in der Geschichte der Physiologie ist. Über das herzliche Verhältnis zwischen ihm als Lehrer und seinen Schülern zeugen eine Vielzahl von Aussagen seiner Schüler. So schrieb z. B. der russische Physiologe I. A. Cujevskij (1856–1926), daß der glänzende Erfolg der wissenschaftlichen Tätigkeit Ludwigs auch mit seinen Charaktereigenschaften verbunden war, mit dem Reichtum seiner persönlichen Initiative und seinen individuellen Besonderheiten sowie mit der Fähigkeit, Schüler an sich zu ziehen und die Arbeit für die Forschung zwischen Lehrer und Schüler zu teilen.[13] Nach Ansicht des russischen Physiologen S. I. Čirjev (1850–1915) verließen die Schüler ein Institut, an dem sie die Wissenschaft verehren und selbstlose Gelehrte schätzen gelernt hatten.[14]

Zusammenfassend kann man sagen, daß die Erfolge der Schule Ludwigs, durch die historische Situation in Deutschland begünstigt, auf der avantgardistischen Rolle Ludwigs in der Wissenschaft, seinen wissenschaftlichen Leistungen, seinen materialistischen Ansichten, den internationalen Verbindungen sowie auf der unmittelbaren Teilnahme an der Arbeit seiner Schüler, seiner ständigen Leitung und seinem Organisationstalent beruhten.

Welches sind die bestimmenden Merkmale der wissenschaftlichen Schule Ludwigs, die sie von anderen unterscheidet?

Nach unserer Ansicht gehören zu den charakteristischen Merkmalen einer wissenschaftlichen Schule, erstens, das Vorhandensein einer originellen Konzeption oder eines Problems, an dem die Mitglieder des Kollektivs arbeiten; zweitens, die Gemeinsamkeit des methodologischen Herangehens an die untersuchten Fragen und, drittens, die Anwendung spezifischer Methoden.

Die genannten Merkmale sind charakteristisch für die Mehrzahl wissenschaftlicher Schulen, obgleich sie unterschiedlich stark in den einzelnen Schulen ausgeprägt sein können.

Die Schule Ludwigs beschäftigte sich nicht mit der Ausarbeitung eines einheitlichen Problems oder Konzepts. Die Wissenschaftler arbeiteten an verschiedenen Problemen der Physiologie. Nach dem Tode Ludwigs hörte seine Schule faktisch auf zu existieren. Es fehlte ihr ein einheitliches For-

[13] I. A. Čujevskij: Professor Karl Ludwig, Nekrolog, Charkov 1895.
[14] S. I. Čirjev: Karl Ludvig. Nekrolog, Kiev 1896.

schungskonzept, welches die Nachfolger Ludwigs hätten weiterführen können. Typische Merkmale der Schule von C. Ludwig waren folgende: ein einheitliches Herangehen an die Fragen der Physiologie (die Bewertung physiologischer Funktionen ausgehend von physikalischen und chemischen Gesichtspunkten) und die Anwendung neuer, eigener experimenteller Methodiken.

Was die wissenschaftliche Methodologie Ludwigs und die von ihm entwickelten experimentellen Methodiken anbetrifft, so sind sie von einem großen Kreis von Physiologen verschiedener Länder übernommen worden, werden in vielen Laboratorien angewandt und stellen eine traditionelle Grundlage der Physiologie dar.

In dieser Hinsicht spielte die Schule Ludwigs in der Geschichte der Physiologie eine herausragende Rolle.

Ihre Untersuchung gewinnt in der Gegenwart besonders im Zusammenhang mit der wachsenden Rolle der Organisation der wissenschaftlichen Arbeit in Forschungskollektiven an Bedeutung.

Nora Andreevna Grigorjan

Die Entstehung der Kazaner physiologischen Schule (Die Schule von N. O. Kovalevskij)

In den sechziger Jahren des 19. Jahrhunderts bildeten sich in Rußland drei große Entwicklungszentren der physiologischen Wissenschaft heraus: die Medizinisch-Chirurgische Akademie in Petersburg, die medizinischen Fakultäten an der Kazaner und an der Charkower Universität. An ihnen entstanden die ersten russischen physiologischen Schulen von europäischer Bedeutung.

Die Formierung der ersten wissenschaftlichen physiologischen Schulen erfolgte zu einer Zeit, in der die Physiologie, ebenso wie einige andere Gebiete der Naturwissenschaften, einen qualitativen Sprung in ihrer Entwicklung machte, der sowohl die Methodologie der Forschung als auch die Verfahren und Formen des Denkens revolutionierte und die Lehre auf diesem Gebiet grundlegend veränderte. In den dreißiger bis vierziger Jahren des 19. Jahrhunderts vollzog sich in der Physiologie eine entschiedene Wende von der Metaphysik und Naturphilosophie zur empirischen Erforschung der Lebenstätigkeit von Organismen. Die experimentellen Methoden, quantitativen Analysen und graphischen Verfahren zur Registrierung von Lebenserscheinungen wurden zum hauptsächlichen Instrumentarium der physiologischen Forschung. Da die Physiologie damals die physiologische Chemie, die Biophysik, die Pharmakologie und die Morphophysiologie vereinigte, bedeutete dies einen Wendepunkt in der Entwicklung eines ganzen Komplexes von Wissenschaften, die mit der Physiologie verbunden waren. Ohne Übertreibung kann man sagen, daß das eine Zeit war, in der alle Blicke und Hoffnungen (nicht nur der Wissenschaftler, sondern auch der Gesellschaft) auf die Physiologie gerichtet waren. So schrieb z. B. der russische Anatom N. I. Pirogov in seinen „Heidelberger Briefen“ (1863) „. . . Solange die Anatomie und die Physiologie in unseren Schulen keine aktiven Vertreter haben, so lange werden wir weder in der Medizin noch in den Naturwissenschaften auf einen Fortschritt hoffen können.“[1]

Die Herausbildung der ersten wissenschaftlichen Kollektive von Physiologen war durch die Organisation physiologischer Laboratorien und Institute bedingt. Die Eröffnung der letzteren hing wiederum mit der Absonderung der Physiologie von der Anatomie, mit der Herausbildung der Physiologie zu einer

[1] N. I. Pirogov: Pis'ma iz Gejdel'berga, in: Sočinenia, Bd. I, Kiev 1910, S. 542.

selbständigen Wissenschaft zusammen, die ihren eigenen Gegenstand und eigene Forschungsmethoden auszuprägen begann. Wie Claude Bernard schrieb, „fehlt es der Physiologie nicht nur an Mitteln für die Arbeiten, sondern . . . es mangelt ihr auch an physiologischem Genie“[2].

Die Logik der Entwicklung der experimentellen Wissenschaften im 19. Jahrhundert führte unausweichlich zu der Erkenntnis, daß die weitere erfolgreiche Entwicklung der Wissenschaft nur durch eine kollektive Bearbeitung ihrer Probleme erfolgen konnte. So begannen sich in den vierziger bis sechziger Jahren des vergangenen Jahrhunderts in den verschiedensten Ländern die ersten Kollektive von Wissenschaftlern herauszubilden, die sich in der Regel um einen Universitätsprofessor gruppierten.

Die ersten russischen Physiologen (I. M. Sečenov, N. O. Kovalevskij, I. P. Ščelkov), die in den besten europäischen Laboratorien eine umfassende physiologische Ausbildung erhalten hatten, erkannten die Forderungen ihrer Zeit sehr klar. Sie begannen ihre Tätigkeit mit einer grundlegenden Reorganisation der Lehre, der Laboratoriumsorganisation und der Erziehung einer neuen Generation russischer Physiologen im eigenen Lande.

Die Tätigkeit der russischen Physiologen in den sechziger Jahren führte zu einem Aufblühen der Physiologie und Anfang der neunziger Jahre zur Gründung spezialisierter physiologischer Institute in Petersburg (Physiologische Abteilung des Instituts für experimentelle Medizin, 1890), in Kazan (1890) und in Moskau (Physiologisches Institut an der Moskauer Universität, 1893). Diese neuen Zentren waren eine Schule für die Erziehung vieler hervorragender russischer und sowjetischer Physiologen.

Ende der fünfziger Jahre des 19. Jahrhunderts war an der Kazaner Universität eine günstige Situation für die Organisation wissenschaftlicher Forschungen entstanden. Die entscheidende Rolle spielten dabei die wissenschaftlichen Traditionen, die von N. I. Lobačevskij und A. M. Butlerov begründet worden waren. Gerade mit aktiver Unterstützung Butlerovs wurde im Jahre 1858 das erste physiologische Laboratorium der Universität eröffnet, an das F. V. Ovsjannikov berufen wurde, der an der Universität Dorpat eine gründliche Ausbildung in Histologie und Physiologie erhalten hatte. Ovsjannikov war der Organisator der ersten morpho-physiologischen Untersuchungen an der Kazaner Universität, und sein Schüler, N. O. Kovalevskij (1840–1891), wurde später zum Begründer der Kazaner physiologischen Schule. Kovalevskij leitete den Lehrstuhl für Physiologie 25 Jahre lang von 1865 bis 1891: Während dieser Zeit wurden unter seiner Leitung über 100 Forschungsarbeiten durchgeführt, darunter 15 Dissertationen.

Für die Herausbildung der Kazaner physiologischen Schule hatte besonders die zehn Jahre umfassende Periode von 1867 bis 1877 eine entscheidende

[2] C. Bernard: Leçons sur les phénoménes de la vie communs aux animaux et aux végéaux, Paris 1878–1879, S. 2.

Bedeutung, als aus dem physiologischen Laboratorium eine Reihe von grundlegenden Forschungsarbeiten hervorging, die die Aufmerksamkeit der Spezialisten auf sich lenkten. Eine der ersten Habildissertationen, die unter der Leitung N. O. Kovalevskijs durchgeführt wurden und die „in der damaligen Wissenschaft aufhorchen ließen“[3] sowie den Grundstein für die russische Opthalmologie legte, ist die 1867 erschienene fundamentale Arbeit von E. V. Adamjuk. Sie trug den Titel „Zur Lehre vom Blutkreislauf und -druck innerhalb des Auges“[4]. Obwohl Kovalevskij unter dem Einfluß von F. V. Ovsjannikov und E. Brücke eine breite Ausbildung auf den Gebieten der Histologie und anderer morphologischer Wissenschaften erhalten hatte, begann er jedoch seine eigentliche Forschungstätigkeit mit der Organisation und Durchführung einer großen Zahl von experimentell-physiologischen Untersuchungen, die das Fundament für eine systematische Ausarbeitung der experimentellen Physiologie in Kazan legten.

Im Verlaufe dieses Jahrzehnts kamen jährlich aus dem physiologischen Laboratorium Kovalevskijs Forschungsarbeiten, die den wichtigsten Fragen der Physiologie des Blutkreislaufs und der Atmung, der Physiologie des Lymphkreislaufs und den Fragen des Stoffwechsels gewidmet waren. Kovalevskijs hervorragende Tätigkeit als Organsiator experimentell-physiologischer Untersuchungen und als Erzieher junger Wissenschaftler wurde sofort hoch eingeschätzt. Im Jahre 1868 wurde er zum ordentlichen Professor der Universität gewählt. Dank der Arbeiten des physiologischen Laboratoriums wurde die Kazaner Universität zum allgemein anerkannten Zentrum für die Entwicklung der physiologischen Wissenschaft.

Ein zentrales Problem der Schule Kovalevskijs war die Untersuchung der allseitigen und tieferen Zusammenhänge zwischen den verschiedenen funktionalen Systemen des Organismus. Das von Kovalevskij aufgestellte Programm zur Untersuchung der Regulation der Funktionen im Organismus wurde jetzt am konkreten Beispiel der Erforschung der Wechselbeziehungen zwischen Atmung und Blutkreislauf verwirklicht. Auf der Grundlage einer allseitigen und gründlichen Analyse eines umfangreichen experimentellen Materials, das in jenen zehn Jahren (1867–1877) im Laboratorium durch ihn und seine nächsten Schüler – E. V. Adamjuk, I. G. Navalichin, N. A. Mislavskij und A. M. Dochman – gesammelt worden war, gelangte Kovalevskij zu wichtigen theoretischen Verallgemeinerungen hinsichtlich der reflektorischen Beziehungen zwischen Atmung und Blutkreislauf, der Wechselbeziehungen zwischen dem kleinen und dem großen Blutkreislauf. Mit diesen Arbeiten des Laboratoriums von Kovalevskij ist der Beginn der systematischen experimentellen Ausarbeitung einer Reihe wichtiger Probleme der

[3] N. A. Mislavskij: Nikolaj Osipovič Kovalevskij (1840–1891), Nekrolog, Kazan 1892, S. 6.

[4] E. V. Adamjuk: K učeniju o vnutriglaznom krovoobraščenii i davlenii, Kazan 1867.

Physiologie des Blutkreislaufs verbunden: die Physiologie des kleinen (Lungen-) Blutkreislaufs; die Rolle der Lungengefäße bei der Regulation des arteriellen Druckes; die Rolle der zentralen und peripheren Nervenapparate bei der Regulation des arteriellen Drucks, die Entstehung der Traube-Heringschen Wellen und die allseitige Analyse des Einflusses der künstlichen Atmung auf den Blutkreislauf. „Angesichts einer so beträchtlichen Menge von Fragen", schrieb Kovalevskij, „die eine experimentelle Bearbeitung in unserem Laboratorium verlangen, wurde bereits vor einiger Zeit eine ganze Reihe von Untersuchungen in Angriff genommen, die teilweise entweder von mir persönlich oder auch von einigen meiner Schüler durchgeführt wurden."[5]

In den Laboratoriumsuntersuchungen von Kovalevskij wurde die Rolle der Atmungsbewegungen, der Atmungsphasen als eines wesentlichen extrakardinalen Faktors für die Regulation des Lungenblutkreislaufs festgestellt und die Rolle des Lungenblutkreislaufs bei der allgemeinen Regulation des Blutdrucks gezeigt.

Eine neue Forschungsrichtung, die mit der Entwicklung des regionalen Blutkreislaufs zu einem selbständigen Problem der Physiologie verbunden war, entwickelte sich auf der Grundlage einer von Kovalevskij in den Jahren 1873–1876 ausgearbeiteten, originellen Injektionsmethode, der sogenannten Methode der unvollständigen Injektionen. Mit ihrer Hilfe wurden dann in den folgenden Jahren die Struktur und Anordnung der Blutzirkulationssysteme der Leber, der Speicheldrüsen und der Zunge erforscht.

Durch die Untersuchungen Kovalevskijs und seiner Schüler N. Šešmincev, (1886), J. A. Moskvin, (1889) und D. V. Polumordvinov (1888)[6] wurde auch der enge Zusammenhang zwischen der Struktur des Blutzirkulationssystems und der Funktion dieser Organe sowie die Rolle der Vasomotoren bei der Regulation des regionären Blutkreislaufs aufgedeckt.

Auch die Forschungsarbeiten des Laboratoriums zu den peripheren Reflexen, die von den Studenten N. M. Sokovnin[7] (1873, 1877) begonnen und

[5] N. O. Kovalevskij: Materialy k izučeniju vlijanija dychanija na krovoobraščenie (1877), in: Trudy, Bd. I, Kazan 1895, S. 22.

[6] N. Šešmincev: Krovoobraščenie v jazyke i vlijanie na etot process sosudistych nervov i myšečnych sokraščenij organa (1885). Manuskript. Die Meinung Kovalevskijs zu dieser Arbeit ist veröffentlicht in: „Godičnyj akt v Kazan'skom universitete 5 nojabrja 1886". Kazan 1886, S. 105–106.

J. A. Moskvin: Vlijanie različnych pritokov krovi k pečeni na process otdelenija želči i na ee sostav (1889). Manuskript. Die Meinung N. O. Kovalevskijs zu dieser Arbeit ist veröffentlicht in: „Godičnyj akt v Kazan'skom universitete, 5 nojabrja 1890". Kazan 1890, S. 73; D. V. Polumordvinov, Eksperimental'naja proverka učenija ob izmenenii krovi v pečeni. Manuskript. Die Meinung N. O. Kovalevskijs zu dieser Arbeit ist in: „Godičnyj akt v Kazan'skom universitete 5 nojabrja 1888 g". Kazan 1888, S. 140–143.

[7] N. M. Sokovnin: Materialy dlja fiziologii aktov vydelenija i zaderžanija moči, Kazan 1877.

von N. M. Rožanskij[8] fortgesetzt wurden – waren logisch mit der traditionellen Richtung der Schule verbunden, nämlich mit der Lehre von den vasomotorischen Reflexen.

Man kann ohne Übertreibung sagen, daß bis zu den Untersuchungen I. P. Pavlovs zur Physiologie des Blutkreislaufs das Kazaner Laboratorium Kovalevskijs das einzige Laboratorium in Rußland war, in dem die Probleme der Physiologie des Blutkreislaufs systematisch bearbeitet wurden. Die wissenschaftliche Schule Kovalevskijs entstand im Zuge der Ausarbeitung der grundlegenden Probleme der Physiologie des Blutkreislaufs. Bis zum Jahre 1876 bis 1877, als die ersten Untersuchungen Pavlovs zum Studium der nervalen Regulation des Blutdrucks erschienen, waren bereits durch die Untersuchungen Kovalevskijs und seiner Schüler bedeutende Fakten gewonnen und theoretische Verallgemeinerungen gezogen worden, die in die speziellen und verallgemeinernden Arbeiten eingegangen sind, die der Physiologie des Blutkreislaufs gewidmet sind.

Es muß noch ein sehr wichtiger Umstand erwähnt werden, der den allgemeinen Geist der Forschungen in der Schule Kovalevskijs charakterisiert. In der Regel wurden im Laboratorium Fragen gestellt, deren experimentelle Bearbeitung gerade erst begonnen hatte oder die kompliziert und strittig waren. Das Ergebnis war dann stets, wenn auch keine Entdeckung – so aber doch eine Hinführung zum logischen und überzeugenden Beweis der einen oder anderen These, der einen oder anderen Lehre. Das trifft zum Beispiel zu für die Forschungsarbeiten von N. M. Sokovnin und N. M. Rožanskij, die zur Entdeckung des peripheren Reflexes geführt hatten. Ähnlich war es auch bei den Untersuchungen von N. A. Mislavskij, der mit seinen experimentellen und theoretischen Arbeiten die schon länger im Mittelpunkt der Forschung stehende Lehre vom Atmungszentrum[9] (1885) zu einem relativen Abschluß brachte.

Kovalevskij war ein hervorragender Wissenschaftsorganisator. Mit bescheidenen materiellen Mitteln verstand er es, die Arbeit des physiologischen Laboratoriums so zu organisieren, daß sich darin jährlich bis zu zehn Ärzte und Studenten mit speziellen Untersuchungen beschäftigen konnten. Bereits im Jahre 1869 erschien unter seiner Redaktion die erste Ausgabe der „Raboty laboratorii“[10] (die zweite im Jahre 1873). Als seine Lebensaufgabe betrachtete Kovalevskij die Gründung eines physiologischen Instituts, das

[8] N. M. Rožanskij: K učeniju ob otnošenii spinnogo mozga i simptatičeskich uzlov k sosudistoj sisteme, Kazan 1899.

[9] N. A. Mislavskij: O dychatel'nom centre, Kazan 1885.

[10] Raboty iz fiziologičeskoj laboratorii Kazan'skogo universiteta, izd. prof. N. Kovalevskim. Bd. I, Kazan 1869. Bd. 2, 1873. Das waren die ersten Arbeiten dieser Art. Bekanntlich begannen die „Trudy“ des Sečenov-Instituts in Moskau im Jahre 1896, aber die des physiologischen Laboratoriums der Petersburger Universität erst im Jahre 1906 zu erscheinen.

ein Jahr vor seinem Tode, im Jahre 1890, eröffnet wurde. Als Kovalevskij im damaligen Rußland diese erste spezialisierte physiologische Einrichtung mit einem physiologischen, physikochemischen, histologischen und pharmakologischen Laboratorium organisierte, wurde er durch die Ideen und die Persönlichkeit Jan Purkins, des hervorragenden tschechischen Physiologen und Histologen, inspiriert. Dieser war der Begründer des ersten physiologischen Instituts in Europa (1839) sowie der berühmten Schule der Physiologen und Histologen an den Universitäten Breslau und Prag.[11]

Das erste Kollektiv des Laboratoriums, das sich um den jungen Professor im Jahre 1865 gruppierte – als Kovalevskij den Lehrstuhl übernahm, war er 25 Jahre alt –, bestand aus Studenten und Ärzten, Menschen mit den verschiedenartigsten und breitesten wissenschaftlichen Interessen. Unter den ersten Schülern und Mitarbeitern Kovalevskijs befanden sich die Physiologen und Histologen I. G. Navalichin, N. A. Mislavskij, I. M. Šumkov, die Pharmakologen G. P. Suščinskij, I. M. Dogel', der Opthalmologe E. V. Adamjuk, die Therapeuten L. N. Simonov, N. I. Kotovščikov, die Chirurgen N. I. Boboljubov, N. M. Sokovnin, der Neuropathologe A. N. Dochman, der Pathologe und Bakteriologe N. F. Vysockij sowie der Sozialhygieniker und Politiker I. P. Skvorcov. Alle diese Schüler Kovalevskijs wurden später zu bedeutenden Wissenschaftlern und gesellschaftlichen Persönlichkeiten an der Kazaner und anderen Universitäten und begründeten ebenfalls eigene Schulen. Das ist kein Zufall: Kovalevskij erzog keine engen Spezialisten, sondern Wissenschaftler mit einer gründlichen theoretischen Ausbildung, mit breiten wissenschaftlichen und gesellschaftlichen Interessen. Kovalevskijs Schüler wurden am Beispiel ihres Lehrers, eines Menschen mit fortschrittlichen gesellschaftlichen Ansichten erzogen, der zunächst an der Kazaner Universität – unter seinen Universitätslehrern befanden sich Butlerov und Ovsjannikov – und anschließend in den besten europäischen Laboratorien eine glänzende Bildung erhalten hatte. Auf die Physiologie und Physiologen setzte Kovalevskij große Hoffnungen, denn er betrachtete die Physiologie als Grundlage für den Fortschritt in der Naturwissenschaft und Medizin seiner Zeit. Diese Ansicht entwickelte er bereits während seiner Ausbildung. N. A. Mislavskij schrieb, die Breite der allgemein-wissenschaftlichen und experimentellen Ausbildung Kovalevskijs charakterisierend: „Nicht für die Produktion irgendwelcher Arbeit, nicht für das Studium der sogenannten Physiologie des Menschen, der Physiologie, die die Ziele des praktischen Arztes verfolgt, bereitete sich der 22jährige Wissenschaftler vor, sondern für das Erkennen jenes riesigen Fachgebiets, daß das organische Leben untersucht.“[12] Die wissenschaftliche Tätigkeit Kovalevskijs trug einen deutlich ausgeprägten gesellschaftlichen Charakter.

[11] Bei der Eröffnung des Institutes hielt Kovalevskij die Rede: „Pamjati Purkine“. In: N. O. Kovalevskij: Publičnye lekcii i reči, Kazan 1892, S. 174–182.

[12] N. A. Mislavskij: Nikolaj Osipovič Kovalevskij, a. a. O., S. 5.

Kovalevskij wurde Gründungsmitglied der Kazaner Ärztegesellschaft (1868), in der er die Sektion für Körpererziehung leitete, später wurde er Gründungsmitglied, Vizepräsident und Präsident der Gesellschaft der Naturforscher an der Kazaner Universität (1869), Dekan der medizinischen Fakultät (1878–1880) und Rektor der Universität (1880–1882). Mit aktiver Unterstützung Kovalevskijs organisierte Bechterev die Kazaner Neurologische Gesellschaft (1891). Unter dem Vorsitz Kovalevskijs fand in Kazan der IV. Kongreß der russischen Naturforscher und Ärzte statt (1873), auf dem er mit anderen den Vorschlag machte, ein allgemeines Programm einer „gut durchdachten, gut organisierten kollektiven wissenschaftlichen Arbeit"[13] auszuarbeiten. Als eine unaufschiebbare und erstrangige Aufgabe der russischen Naturforscher betrachtete Kovalevskij den Aufbau eines wissenschaftlichen Verlages vor allem für periodische, wissenschaftliche und populärwissenschaftliche Literatur.

Auf Kovalevskijs Initiative wurden in das Programm des Kongresses auch solche Vorträge aufgenommen, die den sozialen Problemen der Wissenschaft gewidmet waren. Ein Schüler Kovalevskijs, der spätere Professor an der Warschauer und Charkower Universität, bedeutender Gesundheitspolitiker und Sozialhygieniker, I. P. Skvorcov, entwickelte in dem Referat „Hygiene und Zivilisation", das in der zweiten Plenarsitzung des Kongresses (am 24. August 1873) vorgetragen wurde, die Idee, daß der Fortschritt der menschlichen Gesellschaft ohne das Eingreifen der Wissenschaft undenkbar sei.[14]

Kovalevskijs Schule stellte nicht nur eine große wissenschaftliche Kraft dar, sondern spielte im gesellschaftlichen und kulturellen Leben Kazans eine hervorragende Rolle.

Die gründliche, breite und allgemein-theoretische Ausbildung Kovalevskijs bedingte, daß der Lehrstuhl für Physiologie zum Zentrum für die Entwicklung der medizinischen Fakultät der Kazaner Universität insgesamt wurde. Deshalb ist es nicht zufällig, daß die künftigen Begründer der größten Schulen für experimentelle Pathologie und Neurologie V. V. Pašutin und V. M. Bechterev ihre ersten Untersuchungen in Kazan, im physiologischen Laboratorium Kovalevskijs, durchführten. Gerade in Kazan begann die Entwicklung der Pathologie als experimentelle Wissenschaft, und hier wurde der erste Lehrstuhl für experimentelle Pathologie gegründet.

Sich an die Ausbildungsjahre vor seiner Professur in Kazan erinnernd, schrieb Pašutin in seiner Autobiographie (1893): „Nach Auffassung bestimmter Kazaner Professoren mußte der Lehrstuhl für allgemeine Pathologie mit dem jetzt verstorbenen Professor Kovalevskij an der Spitze den Charakter

[13] N. O. Kovalevskij: Predloženie s'ezdu, in: Trudy IV s'ezda russkich estestvoispytatelej i vračej, in: Protokoly i reči obščich sobranij, Bd. I. Kazan 1874, S. 35.

[14] I. P. Skvorcov: Gigiena i civilizacija, in: Ebenda, S. 83–92.

einer rein experimentellen Wissenschaft erhalten, und deshalb müßte er nach ihrer Meinung mit einer Persönlichkeit mit einer grundlegenden physiologischen Bildung besetzt werden."[15] Dann präzisierte Pašutin, daß es zu jener Zeit auch in Europa „keinen einzigen Pathologen mit grundlegender Kenntnis der experimentellen Physiologie"[16] gäbe. Die neue Richtung der theoretischen Medizin – die experimentelle Pathologie –, die ursprünglich an der Kazaner Universität entstanden war, fand bald auch an den anderen Universitäten und in anderen Ländern Verbreitung. Die These, daß nur eine grundlegende physiologische Ausbildung „Initiative, Gründlichkeit und Fruchtbarkeit" auf allen Gebieten der theoretischen und klinischen Medizin gewährleistet, hat auch im 20. Jahrhundert[17] ihre Bedeutung beibehalten.

Die schöpferischen Erfolge der medizinischen Fakultät der Kazaner Universität in den sechziger bis achtziger Jahren waren in bedeutendem Maße auch durch jenen Umstand bedingt, daß sich fast gleichzeitig an den theoretischen Lehrstühlen talentierte wissenschaftliche Kräfte befanden, Menschen, die mit einem scharfen kritischen Geist begabt und der Wissenschaft ergeben waren, so wie zum Beispiel Kovalevskij, I. M. Dogel' und K. A. Arnštejn. So war es aber nicht nur an der Kazaner Universität. Zu Beginn der sechziger Jahre wurden gleichzeitig Sečenov und Botkin an die Militärmedizinische Akademie in Petersburg berufen, deren schöpferische Zusammenarbeit die Entwicklung der Wissenschaft an der Akademie befruchtete und zur Entstehung der beiden größten wissenschaftlichen Schulen führte: der physiologischen Schule Sečenovs und der therapeutischen Schule von Botkin.

Der schöpferische Kontakt der drei theoretischen Lehrstühle und Laboratorien (der physiologischen, pharmakologischen und histologischen) führte zu bedeutsamen wissenschaftlichen Ergebnissen. Eine überzeugende Illustration für die Fruchtbarkeit einer solchen Zusammenarbeit sind die gemeinsamen Forschungsarbeiten, die von Vertretern dieser drei Laboratorien geleistet wurden. Allgemein bekannt sind die gemeinsamen morpho-physiologischen Untersuchungen N. A. Mislavskijs und des Histologen A. E. Smirnov, die es erlaubten, eine originelle Hypothese über das Wesen der Speichelabsonderung aufzustellen. Zu den gemeinsamen Arbeiten des physiologischen und pharmakologischen Laboratoriums kann man auch die Untersuchung von I. Egorov zählen. Sie trägt den Titel „Über den Augenknoten. Eine anatomisch-physiologische Untersuchung"[18] (1886), in der ein neues histochemi-

[15] V. V. Pašutin: Avtobiografija, in: V. V. Pašutin, Kurs obščej i eksperimental'noj patologii, Bd. I, Teil I, St.-Petersburg 1902, S. XV–XVI.

[16] Ebenda, S. XVI.

[17] Pavlov in einem Brief an den Rat des Instituts für experimentelle Medizin vom 7. Juli 1924 (in: Perepiska I. P. Pavlova, Leningrad 1970, S. 27).

[18] I. Egorov: O glaznom uzle, Anatomo-fiziologičeskoe issledovanie, in: Trudy Obščestva estestvoispytatelje pri Kazanskom universitete, Kazan 1886, Bd. XVI, S. 3–136.

sches Verfahren für die Färbung der Nervenknoten verwendet wurde, das im physiologischen Laboratorium N. O. Kovalevskijs von dem Prosektor N. A. Buchalov ausgearbeitet worden war. Im gleichen Laboratorium wurden gemeinsame Untersuchungen von V. M. Bechterev und N. A. Mislavskij durchgeführt, die das Fundament nicht nur für eine neue Richtung der Forschungsarbeiten in der Schule Kovalevskijs – die Untersuchung des Einflusses des Haupthirns auf die Tätigkeit der inneren Organe –, sondern auch für die künftige fundamentale Arbeit Bechterevs „Die Grundlagen der Lehre von den Hirnfunktionen“[19] (1903–1907) gelegt haben.

In Erinnerung an seine schöpferische Tätigkeit in Kazan von 1885 bis 1893 schrieb Bechterev: „Ich war so mit der wissenschaftlichen Arbeit an der sympathischen Provinzuniversität zufrieden, ... und hatte sehr engen Kontakt mit den besten wissenschaftlichen Repräsentanten der durch ihre Traditionen berühmten medizinischen Fakultät, wie zum Beispiel Prof. Vinogradov, N. O. Kovalevskij, I. M. Dogel', K. A. Arnštejn, Zajcev u. a., daß ich, als man mich damals an meine alma mater – die Militärmedizinische Akademie – an den Lehrstuhl meines Lehrers Prof. I. P. Meržeevskij rief ..., innerlich protestierte, überhaupt schwankte.“[20]

Der deutlichste Wesenszug der Kazaner Kliniker war ihre gründliche und allseitige physiologische Ausbildung. Die Idee, daß die experimentelle Physiologie die Grundlage der Medizin sei, wurde in der Schule Kovalevskijs auf verschiedenen Wegen entwickelt. Einmal durch die Einbeziehung künftiger Kliniker in das Laboratorium, deren Tätigkeit im Laboratorium darauf gerichtet war, sich die Methoden und Verfahren des physiologischen Forschens und Denkens anzueignen und eine breite wissenschaftliche Basis für die künftige klinische Arbeit zu bekommen. Die von ihnen durchgeführten Dissertationen waren kein Selbstzweck, sondern zeugten von der Ernsthaftigkeit ihrer physiologischen Ausbildung. Zum andern zeichneten sie sich durch die Zielrichtung der wissenschaftlichen Forschungen aus, die in ihrer Thematik sowohl auf Grundfragen als auch auf spezielle Fragen der theoretischen und klinischen Medizin (Pharmakologie, Therapie, Chirurgie, Opthalmologie, Neuropathologie) gerichtet waren.

Die Herausbildung einer wissenschaftlichen Schule ist ein komplizierter Prozeß, der von objektiven und subjektiven Faktoren abhängt. Neben den für die Gründung einer Schule günstigen Umständen (gesellschaftliche Bedingungen, wissenschaftliche Traditionen) ist es wichtig, daß der Universitätsprofessor vor allem ein guter Lehrer ist.

Die Aufgaben auf dem Gebiet der Lehre der Physiologie als einer experimentellen Wissenschaft sah Kovalevskij darin, den Studenten Wissen über die

[19] V. M. Bechterev: Osnovy učenija o funkcijach mozga, Bd. 1–7, St.-Petersburg 1903–1907.

[20] V. M. Bechterev: Avtobiografija, Moskau 1928, S. 20.

Methoden und Mittel der Wissenschaft zu vermitteln sowie sie damit vertraut zu machen, wie wissenschaftliche Probleme gestellt und gelöst werden müssen. Für den erst beginnenden Forscher hielt er nicht so sehr die Kenntnis einer großen Menge einzelner Fakten der Wissenschaft als vielmehr das gründliche Vertrautsein mit ihren Methoden für wichtig. Von einer solchen Auffassung über Aufgaben der Lehre ausgehend, wählte Kovalevskij die am besten ausgearbeiteten Gebiete der Physiologie aus und lehrte an ihrem Beispiel, wie man einen Gegenstand untersuchen muß. Im pädagogischen System Kovalevskijs wurde der wissenschaftlichen Kritik, dem Vermögen, ein rationales Herangehen an die zu beobachtenden Erscheinungen zu entwickeln, viel Platz eingeräumt. Wer eine solche Schule durchlaufen hatte, hatte nicht nur Kenntnisse erworben, sondern es auch gelernt, wissenschaftliche Fragen richtig zu stellen und zu lösen, und war zu einem selbständigen Forscher geworden.

Eine spezielle Untersuchung verdient die Frage nach den Persönlichkeitseigenschaften der Wissenschaftler und Begründer von Schulen.

Die persönlichen Eigenschaften eines Wissenschaftlers sind von besonderer Bedeutung, wenn dieser zum Lehrer wird. Den Erfolg K. Ludwigs als internationalen Lehrer der Physiologie sah Sečenov im Zauber seiner Persönlichkeit. K. A. Arnštejn, der Begründer der Kazaner neurohistologischen Schule, schrieb einmal: „Man lernte bei mir gern, weil ich gern lehrte. Um ein guter Hochschullehrer zu sein, genügt es nicht, die Wissenschaft zu lieben, man muß auch den Menschen lieben, der sich mit dieser Wissenschaft beschäftigt.“[21] Unser Zeitgenosse, der bekannte Pathologe, Infektionsspezialist und Theoretiker der Medizin, P. F. Zdradovskij schrieb in einer Grußbotschaft an seinen Lehrer A. V. Višnevskij: „Jetzt, da die Haare bereits grau werden, begreift man besonders deutlich, was die Einstellungen bedeuten, die man in der Jugend bekommt. *Dadurch wird offensichtlich gerade der Wert einer Schule in der Wissenschaft* bestimmt . . .“[22] (Hervorhebung von – N. A. G.).

Das große pädagogische Talent und die außerordentlichen persönlichen Eigenschaften N. O. Kovalevskijs machten ihn zu einem beliebten Lehrer der Studenten. Die Zeitgenossen N. O. Kovalevskijs, seine Kollegen, Schüler und Studenten zeichnen ihn als einen Menschen von hoher Humanität und Feinfühligkeit, idealer Güte, der sich mit den Hoffnungen der jungen Generation zutiefst verbunden fühlte. Die Studenten sahen in ihm ein „lebendiges Ideal, ein leuchtendes Vorbild zur Nachahmung und, was das Wichtigste ist, eine Stütze mit Rat und Tat in schweren Stunden des Lebens . . .“[23] Kovalevskijs Erfolg als Lehrer lag in seiner „Persönlichkeitswirkung“, in den

[21] K. A. Arnštejn: Avtobiografija, in: N. M. Zagoskin: Biografičeskij slovar' professorov i prepodavatelej Kazan'skogo universiteta (1804–1904), Teil II, Kazan 1904, S. 120.

[22] A. V. Višnevskij: In: A. V. Višnevskij, Sobranie trudy, Bd. 1, Moskau 1950, S. 34.

[23] N. A. Mislavskij: N. O. Kovalevskij, a. a. O., S. 10.

„hohen moralischen menschlichen Beziehungen zwischen ihm und seinen Schülern“, in seinem „leidenschaftlichen Wunsch und dem seltenen Können– Liebe einzuflößen, auch in anderen das lebendige Bedürfnis nach Wissen zu wecken“[24]. Ein Student von ihm, P. O. Ostankov, der spätere Professor, sagte: „. . . Solange solche idealen Persönlichkeiten die Jugend leiten, werden die unbegründeten, allgemein üblichen Klagen ‚es fehle an Idealen‘ eine Verleumdung sein. Keinerlei nebelhafte Vorstellungen, hochtrabende Phantasien, die durch die Rücksichtslosigkeit des unmittelbaren Gefühls erzeugt wurden, sondern genau bestimmte ideale Vorbilder prägen sich in unsere Seele von solchen Professoren ein wie Nikolai Osipovič“[25].

Wenn auch die Kazaner Schule der Physiologen eine typische Universitätsschule war, so besaß sie dennoch ihre spezifischen Besonderheiten. Die wichtigste davon ist die organische Verbindung der Physiologie mit der Morphologie. Alle bedeutenden Repräsentanten der Kazaner physiologischen Schule mit Ausnahme von F. V. Ovsjannikov blieben Physiologen und waren gleichzeitig gute Anatomen und Histologen, wie zum Beispiel N. O. Kovalevskij, N. A. Mislavskij, D. V. Polumordvinov und K. M. Bykov. Das war nach den Worten A. A. Uchtomskijs „eine Schule der morphologisch-physiologischen Synthese“[26], die die Traditionen der klassischen Physiologie bis hin in unsere heutigen Tage bewahrt und übermittelt hat.

In der Sečenovschen Schule wurde die Physiologie in enger Verbindung mit den physikalisch-chemischen Wissenschaften entwickelt. Sečenov war der Begründer einer Schule der physikalisch-chemischen Richtung. Für Kovalevskijs Schule war die organische Verbindung mit den medizinischen Wissenschaften und mit der medizinischen Fakultät charakteristisch. Durch sie wurde u. a. die Vivisektionsmethode bedeutend vervollkommnet. Als Untersuchungsobjekt dieser Forschungen dienten Warmblütler – Hunde, Katzen, Kaninchen –, im Laboratorium von Sečenov vor allem Frösche.

Die Untersuchung der Geschichte der Entstehung der Schule Kovalevskijs zeigt, daß Kazan in der zweiten Hälfte des 19. Jahrhunderts das wichtigste Zentrum für die Entwicklung des physiologischen Wissens war und das sich hier parallel zur Sečenovschen Schule die Herausbildung einer weiteren russischen physiologischen Schule vollzog, die eine eigene originelle Richtung und eigene Traditionen besitzt.

Die Kazaner physiologische Schule leistete einen großen Beitrag zur Entwicklung der Physiologie sowohl in Rußland als auch im Weltmaßstab. Die Arbeiten ihrer Begründer und bedeutendsten Vertreter, wie F. V. Ovsjannikov N. O. Kovalevskij, N. A. Mislavskij, A. F. Samojlov, D. V. Polumordvinov,

[24] I. F. Iordanskij: Nikolaj Osipovič Kovalevskij, Kazan 1892, S. 22.

[25] Ebenda, S. 29.

[26] A. A. Uchtomskij: O nervo-gumoral'nych sootnošenijach (1937), in: A. A. Uchtomoskij: Sobranie sočinenia, Bd. 2, Leningrad 1951, S. 138.

K. M. Bykov, I. P. Razenkov, sind in den Wissensfundus der Weltwissenschaft eingegangen. Die von den Kazaner Physiologen erarbeiteten fundamentalen Ideen und Fakten spielten bei der Entwicklung der Physiologie des Blutkreislaufs und der Atmung, des Nerven- und Muskelsystems, in der Elektrophysiologie und Endokrinologie sowie in der Neurohistologie eine hervorragende Rolle. Als bedeutendes Zentrum der Entwicklung der Physiologie hat die Kazaner Universität gleichzeitig mehrere Generationen erstklassiger Physiologen für andere Universitäten und wissenschaftlichen Zentren Rußlands ausgebildet. Die in den Traditionen der fortschrittlichen russischen Universitätsintelligenz erzogenen Kazaner Physiologen genießen auch heute noch hohe wissenschaftliche und gesellschaftliche Autorität.

Jurij Alekseevič Zinevič

Die Entstehung der Schule von E. N. Pavlovskij

Der Beitrag der Schule E. N. Pavlovskijs zur Entwicklung der Biologie und Medizin ist allgemein anerkannt. Die wissenschaftsorganisatorische, pädagogische, gesellschaftspolitische und Forschungstätigkeit dieser Schule und ihres Leiters war außerordentlich vielseitig.

Die Bedeutung, die ihre Ergebnisse auf den verschiedensten Gebieten erlangten, spiegeln sich in den wissenschaftlichen Arbeiten dieser Schule wider. Allein die Bibliographie der Arbeiten Pavlovskijs umfaßt mehr als tausend Titel. Außerdem zeugen über 300 Arbeiten, die im In- und Ausland über ihn – als Leiter und Organisator wissenschaftlicher Einrichtungen, als Begründer einer neuen Konzeption vom Organismus als Lebensmilieu sowie der Lehre über die natürlichen endemischen Zentren von Krankheiten und über seine Schüler – geschrieben wurden, von der internationalen Anerkennung der Arbeiten dieser Schule.[1]

Die wissenschaftlichen Errungenschaften der Schule Pavlovskijs sind in den Wissensfundus der Welt eingegangen[2] und haben ihre Anwendung in der Theorie und Praxis der Tätigkeit der Weltorganisation des Gesundheitswesens und nationaler Organe des Gesundheitswesens vieler Länder gefunden (in der Tschechoslowakei, in Polen, Japan, Indien, Portugal, Iran und anderen Ländern). Pavlovskij selbst wurde durch hohe Auszeichnungen geehrt.[3]

[1] N. G. Olsuf'ev: Akademik E. N. Pavlovskij. K 70-letiju so dnja roždenija i 45-letiju naučnoj, padagogičeskoj i obščestvennoi, dejatel'nosti, in: Voprosy Krajewoj, obščej eksperimentalnoj parazitologii i medicinskoj zoologii, Moskau 1955, Bd. 9, S. 9;
C. O. Vysockaja: Petrovič I. N. Jevgenij Nikanorovič Pavlovskij (K 80-letiju so djna roždenija), in: Izvestija AN SSSR, Moskau 1964, Bd. 4, S. 633;
P. A. Petriščeva: Akademik Jevgenij Nikanorovič Pavlovskij, in: Helminthologia. Acta scientiae internationalia, 1968, XI, S. 633–637;
N. P. Prochorova: Akademik E. N. Pavlovskij, Moskau 1972.

[2] S. Hoare: Handbook of medical protozoology, London 1949.

[3] Im Jahre 1958 erhielt Akademiemitglied Pavlovskij auf dem 15. Weltkongreß für Zoologie in London eine spezielle Medaille als Pionier auf dem Gebiet der Untersuchung der Evolution von parasitären und Infektionskrankheiten von Pflanzen, Tieren und Menschen und als Autor der Lehre über die natürlichen-endemischen Zentren von Krankheiten im Zusammenhang mit Biozönosen.

Bevor einige Besonderheiten des Schaffens von Pavlovskij und seiner Schule dargestellt werden, soll die methodologische Ausgangsposition der Untersuchung charakterisiert werden.

Wir teilen jenen Standpunkt, der bei der Bestimmung der Gesetzmäßigkeiten der Wissenschaftsentwicklung ihren prozessualen Charakter in den Mittelpunkt rückt und demzufolge die Wissenschaft als Tätigkeit zur Produktion von Wissen und nicht nur als System von Erkenntnissen, als fertiges Resultat anzusehen ist. Die Betrachtung der Wissenschaft als Tätigkeit erfordert die Bestimmung eines Objektes für die wissenschaftswissenschaftliche Analyse, daß dieser Tätigkeitsauffassung adäquat, angemessen ist. Ein solches Objekt ist unserer Ansicht nach das Forschungsprogramm der Tätigkeit einer wissenschaftlichen Schule, ihres Begründers und Leiters. Der Begriff „Forschungsprogramm" wird in der wissenschaftlichen Literatur sehr weit gefaßt und durchaus nicht eindeutig verwendet.[4]

Wir legen für unsere Analyse ein Verständnis dieses Begriffes zugrunde, das von M. G. Jaroševskij vorgeschlagen wurde.[5] Gerade weil aus dieser Sicht das Forschungsprogramm dem Inhalt nach eine Einheit dreier Aspekte der Wissenschaft als Tätigkeit darstellt, nämlich des gegenständlich-logischen, wissenschaftlich-sozialen und persönlichkeits-psychologischen Aspekts, ist in ihm ein vollständiges Bild der Entwicklung der Wissenschaft als eines ganzheitlichen Systems gegeben, im Unterschied z. B. zur „Paradigma"-Auffassung von Kuhn[6] oder zum „Forschungsprogramm" von Lakatos. In jeder konkret-historischen Epoche konsolidiert sich die Gemeinschaft der Wissenschaftler, vorangetrieben durch die komplizierte Wechselwirkung wissenschaftslogischer und sozialer Entwicklungsfaktoren in Schulen auf der Grundlage einer Vielzahl entstehender Programme. Man kann sich die Wissenschaft als Wechselwirkung, Wettstreit und Ablösung von Schulen vorstellen, was sich letztlich auf der Basis des gegenseitigen Wettstreites und der Ablösung von Forschungsprogrammen vollzieht. Dann besteht eine der Aufgaben bei der Untersuchung der Wissenschaft und wissenschaftlicher Schulen darin, die Genesis der Entstehung von Programmen aufzudecken, ihre historische „Lebensdauer" und Produktivität zu bestimmen sowie ihre stimulierende Rolle für die Wissenschaftsentwicklung und ihre Bedeutung für das Bestehen und die Dynamik von Schulen nachzuweisen.

Die Bedeutsamkeit von Programmen in der Geschichte von Schulen und der Wissenschaft insgesamt wird von ihrem schöpferischen Wert, von dem Grad, indem sie es ermöglichen, produktives und adäquateres Wissen über

[4] I. Lakatos: History of Science and its Rational Reconstructions, in: Boston Studies in the Philosophy of Science, VIII. 1970.

[5] M. G. Jaroševskij: Struktura naučnoj dejatel'nosti, in: Voprosy filosofii, 1974, Nr. 11.

[6] Th. Kuhn: Die Struktur wissenschaftlicher Revolutionen, Frankfurt/M. 1973.

die Realität zu entwickeln, sowie von den Vorhersagen bestimmt, die das Programm erlaubt, und von dem Bestand an Wissen, das in andere produktivere Programme aufgenommen werden kann.

Der heuristische Wert eines Programms kann durch verschiedene Parameter bestimmt werden. Nach unserer Ansicht haben jedoch die Parameter, die in der Heuristik ausgearbeitet wurden und von verschiedenen Autoren zur Analyse von Programmen vorgeschlagen wurden[7], keine unmittelbare Beziehung zur Logik der Wissenschaftsentwicklung als gesetzmäßiger Bewegung des Wissens.

Wir messen insbesondere den gegenständlich-logischen Faktoren, die organisch in den Kern von Programmen eingehen, Bedeutung für die Tätigkeit einer wissenschaftlichen Schule bei.

Als einen solchen gegenständlich-logischen Kern kann man aus unserer Sicht die originelle Repräsentation des sich entwickelnden kategorialen Apparates der Wissenschaft in einem konkreten Forschungsprogramm ansehen. Der gegenständlich-logische Kern eines Programms, der das Niveau des theoretischen Denkens seines Begründers widerspiegelt, entsteht bekanntlich unabhängig davon, ob diesem das bewußt ist oder nicht. Wenn auch der begriffliche Apparat des Wissenschaftlers im Forschungsprogramm repräsentiert wird, so doch nur in konkret-wissenschaftlichen Formen, da der Forscher vor allem in gegenständlichen Begriffen denkt, ohne daß der eigentliche kategoriale Apparat, der sein gegenständliches Denken bestimmt, expliziert und zum Gegenstand seiner Betrachtung wird. Er expliziert das nicht, *weil* das nicht seine Aufgabe ist – die Aufgabe des Wissenschaftlers oder eines wissenschaftlichen Kollektivs besteht in der Lösung konkreter empirischer und theoretischer Probleme, der Suche nach Forschungsmethoden, der Entwicklung experimenteller Fragestellungen usw. – und *weil* der Wissenschaftler kein Instrument für eine derartige Reflexion besitzt, welches es ihm ermöglichen würde, die kategorialen Grundlagen seines wissenschaftlichen Denkens zu analysieren.

Dazu ist ein bestimmter begrifflicher Apparat erforderlich, dessen Ausarbeitung eine spezielle Aufgabe der Wissenschaftshistoriker und Wissenschaftswissenschaftler ist. Die Auffassung der Wissenschaft als Tätigkeit bietet die Möglichkeit, solche begrifflichen Mittel auszuarbeiten, in dem sie Schulen als besondere Systeme wissenschaftlicher Tätigkeiten betrachtet, deren Grund-

[7] A. Newell, D. Show, H. Simon: Raznovidnost intellektualnogo obučenija „vyčislitelja dlja reščenija zadač obscego tipa", in: Samoorganizujuščijesja Sistemy, Moskau 1964.;

A. Newell, H. A. Simon: Simulation of human processing of information, in: American Mathematical Monthly, 1965, Bd. 72, Nr. 2, S. 2.;

V. N. Puškin: K ponimaniju evrističeskoj dejatel'nosti o kibernetike i psychologii, Moskau 1965, Nr. 1.

lage die jeweiligen Forschungsgprogramme bilden, in denen sich die Einheit der genannten drei Aspekte manifestiert.

Wir nehmen an, daß eine Ursache für den wissenschaftlichen Erfolg von Schulen darin zu sehen ist, welche Perspektive die theoretische Idee eröffnet, die dem Programm zugrunde liegt, und im Kontext des Gesagten durch das Niveau der Entwicklung der kategorialen Struktur des wissenschaftlichen Denkens bestimmt wird, die in das Forschungsprogramm eingeht. Ein positiver Beitrag zur Entwicklung des Wissens findet, vermittelt durch die Vielfalt der vom Wissenschaftler entdeckten Fakten und Gesetzmäßigkeiten der realen Welt, seinen Ausdruck vor allem in Form eines begrifflich-gedanklichen Fortschritts auf einem bestimmten Gebiet der Forschung.

Gleichzeitig jedoch drücken wissenschaftliche Schulen und ihre Forschungsprogramme Bedürfnisse der Wissenschaftsentwicklung aus und entstehen und lösen einander unter dem Einfluß sozialer Faktoren ab. Ohne diese könnten sie nicht begründet und die Programme nicht entwickelt und realisiert werden, auf welch hohem geistigem Niveau des Denkens der sie begründende Wissenschaftler sich auch befinden mag. Letztlich ist das Forschungsprogramm in seiner kategorialen Struktur als Grundlage zur Bildung und Festigung wissenschaftlicher Schulen den Individuen vorgegeben und zunächst in diesem Sinne unabhängig von ihrem Geist und Willen. Gleichzeitig trägt das Programm individuellen Charakter und ist einmalig. In ihm sind das Niveau der Ansprüche und Ziele eines Forschers oder eines Kollektivs fixiert. Diese Ziele haben in bezug auf das einzelne Individuum eine äußere Quelle – die Logik der Wissenschaftsentwicklung und die Bedürfnisse der sozialen Wirklichkeit. Sie finden jedoch ihre Realisierung nur vermittelt über jene Wissenschaftlerpersönlichkeiten, die eine hohe innere Motivation zur Schaffung und Entwicklung solcher Programme haben. Davon ausgehend, wollen wir das Schaffen Pavlovskijs sowie die Bedingungen für die Entstehung seiner Schule analysieren.

Die Grundlage der Tätigkeit von Pavlovskijs Schule bildeten zwei von ihm begründete und ausgearbeitete Forschungsprogramme: das Programm über die Schaffung der Grundlagen der Parasitologie (1921–1934) und das 1939 begonnene Programm zur Untersuchung „der Natur als Quelle der Entstehung einer Reihe von Krankheiten des Menschen“[8], welches dann später die Grundlage für die Tätigkeit vieler sowjetischer und ausländischer Wissenschaftler, von Biologen-Parasitologen und Medizinern, wurde.[9]

Ein komplizierter Komplex von Faktoren bestimmte die Entwicklung dieser Programme. Analysieren wir zunächst das Programm, welches schließlich

[8] E. N. Pavlovskij: Obsčije problemy parasitologii i zoologii. Moskau 1961, S. 160.

[9] I. E. Bychovskaja–Pavlovskaja: Ravitije ekologičeskoj parazitologii v SSSR, in: Parazitologija 1967, Bd. 1, Nr. 5, S. 391.

zur Formulierung der Konzeption über den Organismus als Lebensmilieu führte und das Fundament der Parasitologie wurde. Daß dieses Programm gerade von Pavlovskij entwickelt werden konnte, erklärt sich nicht zuletzt aus seinem wissenschaftlichen Werdegang.

Die wissenschaftliche Tätigkeit und die persönlichen Eigenschaften Pavlovskijs entwickelten sich unter dem Einfluß von N. A. Cholodkovskij (1858–1931), Professor für Zoologie und vergleichende Anatomie an der Militärmedizinischen Akademie, an dessen Lehrstuhl Pavlovskij seit 1903 tätig war. Der wissenschaftliche und persönliche Umgang mit dem Lehrer währte fast 20 Jahre.

In Cholodkovskij fand Pavlovskij nicht nur einen Kenner der Biologie und Zoologie – Cholodkovskij war damals der bedeutendste Spezialist auf dem Gebiet der Parasitologie –, sondern auch einen enzyklopädisch gebildeten Menschen seiner Zeit, mit einem breiten Interessenprofil, der sich auch der Sprachwissenschaft und Literatur mit Leidenschaft verschrieben hatte.[10] Pavlovskij war nicht zufällig am Lehrstuhl für Zoologie und vergleichende Anatomie. Er interessierte sich bereits während der Gymnasialzeit für Zoologie, legte u. a. ein Herbarium an und sammelte Insekten. Beim Lesen einschlägiger Literatur entwickelte er bereits zu jener Zeit intuitiv Fragestellungen, auf die er dann viel später selbst eine Antwort finden sollte. So findet sich z. B. in seinen Notizen zu einer Arbeit von Lejkart folgende Bemerkung von ihm: „Es ist interessant, aber nicht verständlich. Der Mensch steckt sich beim Schwein an und das Schwein beim Menschen. Aber wo ist der Anfang? Wer steckt sich bei wem zuerst an?“[11]

Im Laboratorium von Cholodkovskij erlernte Pavlovskij die Kunst der

[10] Vgl. Russkij turist, St. Petersburg 1903, Nr. 12, S. 372.
Cholodkovskij ist bekannt durch seine Übersetzungen von Goethe, Shakespeare u. a. Wir erinnern in diesem Zusammenhang daran, weil Pavlovskij seinem Lehrer in dem Bestreben, die wissenschaftliche Arbeit mit der literarisch-künstlerischen zu verbinden, folgte. Unter dem Einfluß von Cholodkovskij publizierte er auf der Grundlage von Tagebüchern Essays in der Zeitschrift. Und selbst in Arbeiten, die speziellen Fragen der Parasitologie gewidmet sind, ist er bemüht, die Wiedergabe zutiefst wissenschaftlichen Materials mit der literarischen Darstellung zu verbinden. Die Sprache seiner Arbeiten ist bestechend, in den Berichten über Expeditionen sind künstlerisch fein und beobachtend Flora und Fauna sowie das Leben der Expeditionsteilnehmer beschrieben. Die literarisch-künstlerischen und wissenschaftlichen Neigungen Pavlovskijs erfuhren mit Unterstützung von Cholodkovskij in der folgenden Zeit ihre weitere Ausprägung. 1940 gab Pavlovskij die Arbeit „Parasitologische Motive in der künstlerischen Literatur und im Volksschaffen“ heraus, und 1958 veröffentlichte er das Buch „Poesie, Wissenschaft und Wissenschaftler“. Beide Arbeiten sind von bedeutendem Interesse für Untersuchungen der Beziehungen von Wissenschaft und Kunst in der Gegenwart.

[11] N. P. Prochorova: Akademik E. N. Pavlovskij, a. a. O., S. 12.

Anatomisierung von einfachen Insekten, die virtuose Beherrschung der Techniken der Handpräparation, die juwelierhafte Feinheit von Mikrotomschnitten. Unter der Leitung und auf Vorschlag seines Lehrers begann Pavlovskij mit wissenschaftlichen anatomisch-morphologischen Arbeiten (1905 bis 1909). Diese Forschungen rufen ein wohlwollendes Echo in Rußland und im Ausland hervor. Dazu trug die Hilfe Cholodkovskijs viel bei, der die Arbeiten ins Deutsche übersetzte und sie an verschiedene wissenschaftliche Zeitschriften weiterleitete.

Natürlich gaben die Aneignung der Präparationstechnik und die Gewohnheiten experimenteller Arbeit noch nicht den Anstoß zur Entwicklung seiner Ideen, sondern dienten zunächst als praktische Basis für ihre Entwicklung. Aber der erste Erfolg und das wohlwollende Echo in Fachkreisen auf die Ergebnisse seiner Untersuchungen waren nicht ohne Einfluß auf die nachfolgende, zielstrebige, wissenschaftliche Forschungstätigkeit Pavlovskijs. Er schreibt diesbezüglich: „Wie das nicht selten der Fall ist, bestimmt die erste wissenschaftliche Arbeit des angehenden Forschers die grundlegende Richtung seiner weiteren wissenschaftlichen Tätigkeit. So hat auch in meiner Vergangenheit der Vorschlag meines Lehrers N. A. Cholodkovskijs, mich mit Fragen der Anatomie des Menschen zu beschäftigen, letztlich einen entscheidenden Einfluß auf die Richtung meiner wissenschaftlichen Forschungsarbeit ausgeübt.“[12]

Der Einfluß Cholodkovskijs bestimmte in jener Zeit nur das Forschungsgebiet als solches, erstreckte sich aber nicht auf den Inhalt der zukünftigen Konzeption der Forschungsarbeiten von Pavlovskij.

Seine wissenschaftlichen Kenntnisse und die Festigung seines wissenschaftlichen Standpunktes auf dem Gebiet der theoretischen Biologie entstanden jedoch unter dem unmittelbaren Einfluß von Cholodkovskij, der ein hervorragender Kenner und Verfechter der Evolutionslehre von Ch. Darwin war. Cholodkovskij stützte sich vor allem auch in der Frage über die Ganzheitlichkeit des Organismus auf die Evolutionslehre von Darwin. Der Organismus wird von ihm als Ausgangspunkt der Evolution aufgefaßt, als etwas Ganzheitliches gesehen, das sich aber in morphologischen Begriffen beschreiben läßt. Diese Auffassung war jedoch in sich widersprüchlich. So wurde von ihm bei der Bestimmung der Ursache und des Prozesses der Anpassung des Organismus des Parasiten an den Wirt die Ganzheitlichkeit des Organismus faktisch schon als fertiges Produkt, als Resultat der Evolution angesehen. Das gleiche trifft auch für die Bestimmung der Ursachen von Veränderungen zu, die sich im Organismus selbst in diesem Prozeß vollziehen.

Die Beziehung zwischen Organismus und Milieu als Inhalt und Quelle evolutionärer Veränderungen wird nach Darwin beim morphologischen

[12] E. N. Pavlovskij: Osnovnye resultaty 30-letnej raboty v oblasti parasitologii i učenija o perenoščikach, in: Zoologičeskij žurnal, 1941, Bd. 20. Teil 1.

Herangehen nur angenommen, postuliert, aber im Zusammenhang mit dem Problem der Morphogenese nicht näher bestimmt. Deshalb tritt die evolutionäre Bedingtheit der Anpassungsrichtung morphoanatomischer Veränderungen des Parasiten und des Phänomens des Parasitismus überhaupt als nicht weiter analysierte Voraussetzung auf und bleibt damit selbst außerhalb des Betrachtungsfeldes. So hat z. B. Cholodkovskij angemerkt, daß die parasitäre Lebensweise bestimmte Veränderungen im Organismus der parasitären Organismen selbst hervorruft[13].

Dieser Widerspruch zeigte sich auch in der Tätigkeit Pavlovskijs im Verlauf der Jahre 1906–1921. Bei den morphologisch-anatomischen Untersuchungen des Organismus verschiedener giftiger Tiere und Parasiten läßt er ganz im Sinne Cholodkovskijs die eigentlichen Milieufaktoren, die die Lebenstätigkeit des Organismus determinieren, ihre Morphophysiologie, außer acht. Ein solches wissenschaftliches Herangehen war einerseits bedingt durch die wissenschaftlichen Ideen, die N. A. Cholodkovskij „personifizierte", und durch die Logik der wissenschaftlichen Arbeit eines Zoologen-Morphologen, der die Organismen anatomisch untersucht. Andererseits wurde dieses Herangehen auch bedingt durch soziale Faktoren der Wissenschaft.

Einen wesentlichen Einfluß auf Pavlovskijs Forschungen zu diesem Problem hatte das Zusammentreffen mit dem Direktor des Pasteur-Instituts in Tunis – S. Nikoll. Parasitologen aus vielen Ländern, darunter auch aus Rußland, erhielten an diesem Institut ihre theoretische und praktische Ausbildung. Nikoll selbst beschäftigte sich mit dem Problem der Übertragung von Infektionskrankheiten und mit dem Nachweis der epidemiologischen Bedeutung parasitärer Wechselbeziehungen von Organismen. Aber auch er, der in allgemeinbiologischer Sicht von der Darwinschen Anschauung über die Evolution und den Wechselbeziehungen von Organismen ausging, verblieb genauso wie auch Cholodkovskij bei ihrer Umsetzung in der Parasitologie im Rahmen der vergleichend-anatomisch-morphologischen Interpretation der Darwinschen Evolutionstheorie. In der Parasitologie, ebenso wie in anderen Gebieten der Biologie, war in dieser Zeit der Widerspruch zwischen der vergleichend-anatomisch-morphologischen und der evolutionstheoretischen Herangehensweise bei der Erklärung der biologischen Anpassung im allgemeinen und das Parasitismus im besonderen herangereift und erheischte seine Lösung. Um dieser Lösung näherzukommen, vertiefte Pavlovskij seine wissenschaftlichen Studien auf dem Gebiet der allgemeinen Biologie. So beschäftigte er sich zum Beispiel gründlich mit den Arbeiten solcher bedeutender Biologen wie Lejkart, Braun, Mečnikov, Brandt, Simkevič, Danilevskij, Manson u. a.

[13] N. A. Cholodkovskij: Konspekt lekcij medicinskoj zoologii, Čitannych v vojenno – medicinskoj akademii v 1892–1893, učebnom godu St. Petersburg 1893.

Ungeachtet dessen, daß bereits im Jahre 1883 eine Bestimmung des Parasitismus und parasitärer Lebewesen von dem Parasitologen Braun gegeben wurde, welcher, ausgehend von den allgemeinbiologischen Annahmen Darwins, der die Entstehung des Parasitismus als biologisches Phänomen und die Besonderheiten des Baus von Parasiten als von ihrer Lebensweise abhängig ansah, fuhr die Mehrheit der Forscher fort, das Phänomen des Parasitismus im Kontext anatomisch-morphologischer Besonderheiten des Baus von Lebewesen zu sehen.

Lejkart versuchte auch, in Übereinstimmung mit der Darwinschen Lehre, den Standpunkt durchzusetzen, daß die Entstehung und Entwicklung parasitärer Formen analog der Entstehung und Entwicklung frei lebender Formen ist, deren Grundlage auf dem Einfluß ökologischer Bedingungen beruht.

Noch präziser wurden die Fragen der Entstehung des Parasitismus von Simkevič gestellt (1895), der erklärte, daß der Parasitismus das Resultat einer Modifikation, eine Form des Ausdrucks einer Modifkation von ökologisch-physiologischen Beziehungen zwischen dem Räuber und dem Opfer auf dem Weg der natürlichen Auslese sei.

Danilevskij forderte schon in den 90er Jahren eine Lösung der Fragen der Parasitologie aus allgemeinbiologischer Sicht. Das Hauptproblem der allgemeinen Biologie – die evolutionäre Bedeutung der Wechselbeziehungen von Organismus und Umwelt – diente für ihn als Basis für die Forschungen auf dem Gebiet der Parasitologie. Der Parasitismus und seine Formen wurden von Danilevskij als „*Resultat* (Hervorhebung von – J. A. Z.) historisch entstandener und sich entwickelnder Wechselbeziehungen zwischen Parasit und Wirt auf dem Hintergrund allgemeiner Gesetzmäßigkeiten der phylogenetischen Entwicklung der organischen Welt“[14] betrachtet. Damit wurde von ihm die vergleichende Methode in die Parasitologie eingeführt, welche lange Zeit als Synonym für die Darwinsche Evolutionsmethode angesehen wurde.

Die größte Bedeutung für die Herausbildung der Parasitologie als selbständige Wissenschaftsdisziplin hatte der theoretisch-experimentelle Nachweis der Übertragung von Infektionskrankheiten durch Insekten, den Manson, Ross, Grass und Natoll erbracht hatten, sowie die von Nikoll nachgewiesene Übertragungsnatur von Infektionskrankheiten und die epidemiologische Bedeutung parasitärer Wechselbeziehungen von Organismen überhaupt.

Manson formulierte darüber hinaus noch eine Reihe von Annahmen, die die Entwicklung der Parasitologie beeinflußten. So war für ihn das Phänomen der Übertragung ein natürliches Resultat, es war die ökologische Charakteristik der Wechselbeziehungen von Organismen, deren strukturelle Besonderheiten die Existenz ihrer Gemeinschaften bestimmte.

[14] L. V. Česnova: Problemy obščej entomologii, Moskau 1974, S. 122–123.

Damit erschienen auch die Charakteristika der Beziehungen zwischen den Arten in einem neuen Licht. Sie erschienen damit als ein grundlegender Faktor ihrer Evolution, womit zugleich die wissenschaftlichen Voraussetzungen zur Herausbildung der Parasitologie als selbständige Wissenschaft gegeben waren.

Die Zoologie dieser Periode ging zwar insgesamt von der Evolutionslehre Darwins aus, entwickelte diese jedoch in bezug auf das ökologische Herangehen nicht konsequent, da sie den Systemcharakter der Beziehungen zwischen Organismus und Umwelt nicht voll erkannte. Auch die Anatomen und Morphologen gingen zwar von der Idee der Evolution aus, faßten sie aber nur als Voraussetzung für schon bestehende Formen auf. Das zeigt sich zum Beispiel darin, daß die Umweltfaktoren zur Bestimmung des Inhalts des Prozesses der Morphoorganogenese nicht herangezogen wurden, häufig sogar nur als für diesen Prozeß äußerliche Faktoren bezeichnet wurden. Selbst die bedeutendsten Parasitologen jener Zeit, die völlig zu Recht ihre Aufmerksamkeit auf die Wechselwirkungsrelation zwischen Organismus und Umwelt sowie der Organismen untereinander lenkten und diese als Ursache der evolutionären Beständigkeit oder Veränderlichkeit ansahen, betrachteten die Organismen, ihre parasitären Formen als „Ursprung" der Wechselwirkungsrelation, deren Vektor damit von vornherein vom Organismus zur Relation und nicht umgekehrt gerichtet war.

Tatsächlich ließ das Darwinsche Prinzip der Selbstentwicklung eine Deutung der Beziehungen zwischen Organismus und Umwelt in dem oben beschriebenen Sinne zu. Nach ihm mußte man die Aktivität des Lebenden als etwas ihm immanentes ansehen, jedoch sollten die Charakteristika der Aktivität selbst durch das Milieu bedingt sein. Diese Mehrdeutigkeit trifft auch auf die deduktive Bestimmung des Begriffs der Anpassung zu, die als biologische Zweckmäßigkeit zwar für die Ontogenese von Individuen erkannt wurde, genetisch dabei aber unbestimmt blieb.

Diese Widersprüchlichkeit des Darwinschen Prinzips der Selbstentwicklung, die auf der Unbestimmtheit des Begriffs der natürlichen Auslese als Überleben der Anpassungsfähigkeiten beruhte, ließ die Frage offen: Wird die Anpassungsfähigkeit vom Organismus als dem Träger von Artbesonderheiten bestimmt oder durch das Milieu? Mit der Klärung dieser Frage beschäftigte sich die gesamte Biologie nach Darwin, darunter im Kontext der Spezifik ihrer Probleme auch die Zoologie.[15]

Für Pavlovskij wurden die genannten Schwierigkeiten allgemeintheoretischer Art, die sich in der Parasitologie zeigten und mit der Logik der Entwicklung der Biologie als Wissenschaftsdisziplin zusammenhingen, zu Trieb-

[15] M. B. Turovskij: Nekotorye metodologičeskije problemy sovremennoj biologii, in: Metodologičeskije problemy sovremennoj zoologii i mediciny, Moskau 1974, S. 5–37.

kräften, zu schöpferischen Widersprüchen. Das Sammeln von faktischem Material und die Formulierung erster theoretischer Annahmen fand zu dieser Zeit auf dem Gebiet der Parasitologie und Arachnoentomologie mit den Arbeiten von Braun, Lejkart, Mečnikov, Brandt, Cholodkovskij, Simkevič, Danilevskij, Manson und Nikoll einen relativen Abschluß. Es waren genügend Daten vorhanden, um eine Klassifikation der parasitären Organismen vorzunehmen sowie ihre Wechselbeziehungen mit anderen Lebewesen aufzudecken. Die Wege und Arten der Entstehung des Parasitismus wie auch die charakteristischen Besonderheiten der Struktur der Parasiten selbst waren bestimmt. Jedoch existierte zu dieser Zeit noch keine deterministische und die Parasitologen verbindende Theorie über das Phänomen des Parasitismus.

So führten um das Jahr 1918 einerseits die Entwicklungsprobleme der Parasitologie, die von Pavlovskij klar erkannt wurden, sowie andererseits der praktische Inhalt seiner Forschungen über das Problem der Giftigkeit von Lebewesen ihn zu einer wichtigen Annahme, die sich als überaus bedeutsam für die Wissenschaft erweisen sollte.

Die Giftigkeit erscheint hier als ein Phänomen, welches sowohl bei Tieren als auch bei Menschen auftritt. Es gibt keine Organismen, die für alle Lebewesen gleichermaßen giftig sind. Giftigkeit ist ein biologisches Phänomen ökologischer (biozönoser) Ordnung.[16] Aus dieser Erkenntnis leitet sich der erste Anspruch auf ein eigenes originelles Forschungsprogramm ab. Aber für seine Formulierung mußte das wissenschaftliche Problem noch endgültig reifen. Seine Ausarbeitung wurde in der darauffolgenden Zeit durch die Besonderheiten der sozialen Situation, in der sich die Schule Pavlovskijs bildete, und durch die Ausarbeitung der Ideen zur Lehre über die Biozönose von Sukačev, die einen nachhaltigen Einfluß auf die Formung des biologischen Denkens von Pavlovskij ausübten, stimuliert.

Die Oktoberrevolution stellte dem Gesundheitswesen neue Aufgaben zur Sicherung der Gesundheit der breiten Volksmassen durch die Beseitigung epidemischer, parasitärer und Infektionskrankheiten. Die Notwendigkeit ihrer schnellen Lösung wurde noch dadurch verstärkt, daß, bedingt durch die Intervention, den Bürgerkrieg, die Zerstörungen und den Hunger, sich die epidemiologische Situation im Lande außerordentlich verschlechtert hatte.[17]

Das Volkskommissariat für Gesundheitswesen rief zum Kampf gegen die Epidemien im ganzen Land auf. Pavlovskij nahm als Patriot und Spezialist aktiv an ihm teil. Im Jahre 1919 entwickelte er auf einer der Tagung des Rates der Arbeiterdeputierten im Taurischen Palast ein Programm zur Ausarbeitung von Maßnahmen für den Kampf gegen epidemische Krankheiten.

[16] E. N. Pawlowskij: Gifttiere und ihre Giftigkeit, Jena 1927.

[17] V. I. Lenin: Bericht des Gesamtrussischen Zentralexekutivskommitees und des Rats der Volkskommissare am 5. Dezember, in: Werke, Bd. 30, Berlin 1961, S. 217.

Die neuen Aufgaben, vor denen das Volksgesundheitswesen wegen des ernsten Zustands der epidemiologischen Lage im Land stand, trugen objektiv zur Entwicklung und Herausbildung der Parasitologie als neuer Wissenschaftsdisziplin in Sowjetrußland bei. 1918 erreichten Cholodkovskij und Pavlovskij die Einführung der Parasitologie als Pflichtfach an der Militärmedizinischen Akademie. Zum Leiter dieses Lehrfaches wurde, von Cholodkovskij befürwortet, Pavlovskij berufen.

Pavlovskij schuf mit dem Aufbau dieses Lehrfaches einen für die internationale medizinisch-pädagogische Praxis einmaligen Kurs über die medizinische Parasitologie und erreichte, daß er in die Programme der medizinischen Institute aufgenommen wurde.

Nach dem Tode seines Lehrers und Freundes Cholodkovskij im Jahre 1921 wurde Pavlovskij als verdienter Nachfolger an den Lehrstuhl für Zoologie und vergleichende Anatomie berufen. Bald darauf begann Pavlovskij im Zusammenhang mit den neuen sozialen Anforderungen und entsprechend seinen wissenschaftlichen Bestrebungen die Arbeit des Lehrstuhls auf die Entwicklung der allgemeinen Biologie und der eigentlichen Parasitologie auszurichten.

So bildete sich 1921 das erste Forschungsprogramm heraus, das im Zuge der Entwicklung biologischer Ideen und für die Lösung der Probleme dieser Wissenschaft sowie als Antwort auf die sozialen Anforderungen entsteht. Es stellt die Auffindung der theoretischen Grundlagen der Parasitologie, der Entwicklung der Epidemiologie und der Ausarbeitung von prophylaktischen Maßnahmen für parasitäre und Infektionskrankheiten dar. Seine Entstehung ist nicht unwesentlich mit der Persönlichkeit Pavlovskijs, mit seinem wissenschaftlichen Werdegang verbunden.

Jetzt begann eine neue Etappe, die Etappe der Realisierung des Forschungsprogramms, die zur Entstehung seiner Schule führte.

Der gegenständlich-logische Inhalt dieses Forschungsprogramms ergab sich aus dem längst herangereiften Problem der Wechselbeziehungen von Organismen – zwischen Wirt und Exo- bzw. Endoparasiten. Das Aufgreifen dieses Problems bedeutete eine Veränderung der methodologischen Vorgehensweise der Parasitologie. Die Aufmerksamkeit gilt dabei nicht mehr primär dem Organismus selbst als vielmehr Fragen der Biozönose – den Beziehungen zwischen Organismus und Organismus. Die Fragen der evolutionären Biologie, der Parasitologie, der Vererbung, der Mikrobiologie und der Pathologie stellten sich jetzt unter einem neuen Gesichtspunkt dar. Die Wechselbeziehungen von Organismen, ihr gegenseitiger Einfluß wurden als eine der hauptsächlichen Ursachen für ihre evolutionäre Veränderung erkannt. Der Lehre von der Biozönose war nicht nur die Systemauffassung von Organismen immanent, sondern sie beinhaltete auch zugleich als Resultat den Ausgangspunkt zur Lösung des Problems der Parasitozönosen, nämlich der Wechselbeziehungen von Parasiten, für die sich der Organismus ihres Wirts als Lebensmilieu erwies.

Die Ausarbeitung dieses Programms wurde, wie bereits gesagt, stimuliert durch die sozialen Erfordernisse. Die sozialistische Umgestaltung erforderte die Beseitigung der Ursachen für die Entstehung von Seuchenherden in weiten Teilen des Landes. Die Kolonialpolitik des Zarismus hatte besonders in den Randgebieten Rußlands dazu geführt, daß häufig Epidemien von parasitären und Infektionskrankheiten auftraten. Für das sowjetische Gesundheitswesen war daher die Beseitigung der Ursachen für das Entstehen dieser Krankheiten eine Aufgabe von gesamtstaatlicher Bedeutung. Für ihre Lösung waren Kenntnisse über die epidemiologischen Besonderheiten des ganzen Landes notwendig.

Das Programm trug aber auch die persönliche Handschrift Pavlovskijs und wurde geprägt durch seine vielseitigen Interessen, durch seine hervorstechende Kenntnis der Biologie, durch sein Vermögen, einen großen Problemkreis zu erfassen und ihn komplex zu lösen, was bereits durch die gegenständlich-logische Seite des Programms und die sozialen Erfordernisse bedingt war, die die Breite seines Denkens und den Umfang der wissenschaftlichen Forschungsarbeiten bestimmten.

Für das Verständnis der Genesis und der Besonderheiten der eigentlichen Schule von Pavlovskij ist die Betrachtung der Realisierung dieses Forschungsprogramms wesentlich.

Das erste Forschungsprogramm Pavlovskijs vollzog sich in drei Entwicklungsetappen. Die erste Etappe, die wir bereits beschrieben haben, ist durch die Auffindung der Hypothesen, die von Pavlovskij selbst im Jahre 1921 formuliert wurden, charakterisiert. In der zweiten Etappe begann Pavlovskij mit der Schaffung eines Netzes von neuen Organisationen und wissenschaftlichen Einrichtungen, die an der Verwirklichung des Forschungsprogramms Interesse hatten, und entwickelte die Kontakte seines Lehrstuhls zu bereits existierenden Zentren, die konkretes empirisches Material sammelten und bearbeiteten. Pavlovskij stellte schöpferische und organisatorische Beziehungen seines Lehrstuhls zu theoretischen und klinischen Lehrstühlen an der Militärmedizinischen Akademie, den Gesundheitseinrichtungen von Armee und Flotte, den Militärärzten, zum Volkskommissariat für Gesundheitswesen der UdSSR, der RSFSR und den mittelasiatischen Republiken her.

Im Jahre 1924 organisierte er zusammen mit dem bekannten Entomologen Prof. A. A. Stakelberg eine ständige Kommission zur Untersuchung der Malaria-Mücken und leitete aktiv die Tätigkeit dieser Kommission. Im Institut für angewandte Zoologie und Phytopathologie in Leningrad entstanden unter seiner Mitwirkung ein Lehrstuhl für Parasitologie und ferner eine Fakultät zur Ausbildung von Spezialisten für die Schädlingsbekämpfung in der Tierzucht. Im Institut für Pflanzenschutz an der Lenin-Akademie für Landwirtschaftswissenschaften der UdSSR entstand eine Abteilung zur Schädlingsbekämpfung in der Tierzucht. Im Institut für experimentelle Medizin „A. M. Gorki“ wurde unter dem unmittelbaren Einfluß Pavlovskijs im Jahre 1933 eine Abteilung für Parasitologie gegründet. Seit 1933 leitete er die Tätigkeit des von ihm gegründeten Sektors für Parasitologie der Tadshikischen Abteilung der Akademie der Wissenschaften der UdSSR.

Zur Entwicklung der wissenschaftlichen Forschungsarbeiten in der zweiten Entwicklungsetappe des Programms ergab sich auch die Notwendigkeit der Einführung der Methode komplexer Untersuchungen in Form von Expeditionen in die Praxis der Epidemiologie und Parasitologie.

Im Jahre 1928 leitete Pavlovskij die Arbeit einer Expedition in Mittelasien zur Untersuchung parasitologischer Besonderheiten dieses Gebiets. 1930 bis 1933 wurde unter seiner Leitung eine Expedition in Turkmenien durchgeführt. Er selbst beteiligte sich auch 1932 an der Arbeit von Expeditionen auf der Krim und in Kasachstan. 1934 zeichnete er verantwortlich für die Arbeit einer Expedition im Süden Kasachstans. Es ist dabei wichtig zu betonen, daß Pavlovskij die wissenschaftsorganisatorische Tätigkeit mit der Forschungsarbeit, die inhaltlich durch wissenschaftliche Probleme des Forschungsprogramms bestimmt wurde, verband. Die Lösung dieser Fragen suchte er, wenn er persönlich an Expeditionsarbeiten teilnahm, besonders bei der theoretischen Verallgemeinerung des von den Schülern, Mitarbeitern und Kollegen gewonnenen konkreten empirischen Materials.

Da das Forschungsprogramm dank seiner Aktualität viele bekannte Wissenschaftler interessierte, gelang es Pavlovskij, auf seiner Grundlage schöpferische Kontakte zu entwickeln.

In den Jahren 1921–1922 arbeitete er zusammen mit Prof. A. K. Stein an dem Problem der Wirkung von äußeren Parasiten und giftigen Tieren auf die Haut des Menschen. 1924–1930 untersuchte er zusammen mit dem Biochemiker E. J. Zarinym die Fermente des Verdauungssystems von Bienen, Skorpionen und Spinnen. In der ständigen Kommission zur Untersuchung der Malaria-Mücken arbeitete Pavlovskij mit den Professoren, Entomologen A. S. Moucadskij und A. A. Stakelberg zusammen.

Für die beschleunigte Entwicklung breiter parasitologischer Untersuchungen wurde von ihm ein operativer Informations- und Publikationsdienst gegründet: Pavlovskij gab innerhalb eines kurzen Zeitraums Praktika, Instruktionen, methodische Lehrmaterialien zur Parasitologie heraus und schrieb über die Leitung parasitologischer Untersuchungen.

Ungeachtet der außerordentlich vielseitigen Tätigkeit, war das Forschungsprogramm bei weitem nicht ausgeschöpft. Pavlovskij war es dank der günstigen sozialen Atmosphäre der sozialistischen Gesellschaft und dem gesamtstaatlichen Interesse am Erfolg seines Programms möglich, allseitig den Kreis von Problemen zu erfassen, die mit dessen Realisierung zusammenhingen.

Die Reichweite und der theoretische Gehalt der Ideen, die dem Forschungsprogramm zugrunde lagen, erforderten eine große Anzahl von Mitarbeitern und Schülern, die gewillt waren, den Ansichten des Lehrers zu folgen.

Pavlovskij bemühte sich sehr um die Lösung dieser Aufgabe. Er war der Ansicht, daß für die beste und schnellste Realisierung des Programms im Hinblick auf die Erzielung wissenschaftlich und sozial bedeutsamer Ergebnisse auf dem Gebiet des Gesundheitswesens die Heranbildung eines wissenschaftlichen Nachwuchses notwendig wäre: Dabei vertrat er folgende Meinung: „Ergebnis der wissenschaftlichen Tätigkeit eines Wissenschaftlers ist nicht nur das, was von ihm gedruckt wurde, sind nicht nur die Ideen, die ihre praktische Verwirklichung gefunden haben, sondern auch Schüler und Mitarbeiter; und wenn eine Schule von Nachfolgern geschaffen worden ist, die die begonnenen Wege wissenschaftlicher Arbeit bewerten können und diese weiterverfolgen und entwickeln . . ., so werden dadurch die Kontinuität der Ideen und die lebendige Entwicklung begonnener Richtungen in der Wissenschaft gewährleistet."[18]

Pavlovskij begann, am Lehrstuhl Schüler auszubilden, die später zu seinen Mitarbeitern wurden, und führte gleichzeitig die Expeditionsarbeit weiter, indem er eine größere Anzahl von ihnen zur Mitarbeit an seinem Programm an einzelnen Orten gewann. Objektiv führte das dazu, daß seine Ideen über den Rahmen der Schule hinaus verbreitet wurden und somit die Grundlage für die Entwicklung einer ganzen wissenschaftlichen Richtung entstand.

Von den an seinem Lehrstuhl ausgebildeten Assistenten und Hörern, die ein Praktikum zur Parasitologie unter seiner Leitung durchlaufen hatten, wählte er diejenigen aus, welche erfolgreich das Studium und die wissenschaftliche Arbeit miteinander verbunden hatten. Nach Beendigung der Assistenz verblieben auf diese Weise V. G. Gnezdilov und G. S. Pervomajskij sowie G. G. Smirnov am Lehrstuhl.

Der Lehrstuhl verwandelte sich allmählich in eines der Forschungszentren medizinischer Parasitologie. Im Mittelpunkt der Arbeit stand die Erforschung von Infektions- und Invasionskrankheiten.

Die Schüler und Mitarbeiter Pavlovskijs führten unter seiner Leitung die verschiedenartigsten Forschungen auf dem Gebiet der Parasitologie durch. J. A. Moskvin bestimmte den Überträger des Rückfallfiebers. Die Mitarbeiter Prof. N. I. Lazysev und A. P. Krujkov deckten die natürlichen endemischen Zentren von Protozoenerkrankungen auf.

Im Jahre 1932 beschäftigte sich Pavlovskij zusammen mit den Schülern und Kollegen A. V. Gurčevic, P. P. Perliev, B. J. Podoljan mit der Untersuchung des Moskito-Fiebers auf der Krim.

1923 untersuchte er zusammen mit D. I. Blagoveŝenskij, N. I. Alfejev, B. I. Pomerancev und N. O. Olenev im Verlauf von 5 Jahren in der Knazedvorjanschen landwirtschaftlichen Gebietsstation Erkrankungen von Rin-

[18] E. N. Pavlovskij: Osnovnye resultaty 30-letnej raboty v oblasti parasitologii i učenija o perenoščikach, a. a. O., S. 29.

dern. In den kasachstanischen Expeditionen von 1932–1934 erforschte Pavlovskij zusammen mit D. I. Blagoveščenskij, N. I. Alfejevs, P. S. Ivanov, I. G. Galuso, P. A. Petriščev, N. P. Orlov, G. N. Sorokonmov, N. G. Olsuf'ev und V. E. Tiflov und anderen die parasitären Erkrankungen landwirtschaftlichen Nutzviehs und arbeitete Maßnahmen zu ihrer Bekämpfung aus.

Als Leiter und Organisator wissenschaftlicher Forschungsarbeiten besaß Pavlovskij eine seltene pädagogische Begabung. Er unterstützte auf die verschiedenste Art und Weise die Initiative junger Wissenschaftler, denen er die selbständige Leitung von Expeditionsbrigaden übertrug, in einzelnen Fällen auch die Leitung der gesamten Expedition. Er verstand es, nicht nur günstige Bedingungen für die wissenschaftliche Arbeit aller von ihm gebildeten Einrichtungen zu schaffen, sondern fand auch Zeit, den jungen Wissenschaftlern Konsultationen zu gewähren, sie auf die nötige Literatur hinzuweisen und ihnen Ratschläge für die Arbeit zu geben. Pavlovskij lernte die jungen Wissenschaftler in der Arbeit kennen und achten und verlor sie niemals aus den Augen, wenn sie Hilfe und Unterstützung brauchten, auch im persönlichen Leben.[19] Im Prozeß der Realisierung des Forschungsprogramms führte Pavlovskij die Mitarbeiter seines Kollektivs und gewann neue Mitarbeiter „vor Ort", indem er ihnen half, Pläne für ihre wissenschaftlichen Arbeiten auszuarbeiten, und ihre Arbeiten in wissenschaftlichen Sammelbänden publizierte. Er nahm selbst Einfluß auf die Einstellung unmittelbar mit ihm zusammenarbeitender Mitarbeiter in sein Kollektiv. So bot er z. B. dem späteren Korrespondierendem Mitglied der Akademie der medizinischen Wissenschaften der UdSSR, P. A. Petričševa, an, in seinem Kollektiv zu arbeiten.

1934 war von den Schülern und Mitarbeitern Pavlovskijs ein sehr umfangreiches Faktenmaterial zusammengetragen worden, welches der theoretischen Verallgemeinerung bedurfte. Pavlovskij verfügte damit über zahlreiche Ergebnisse konkreter empirischer Untersuchungen, die er gedanklich verarbeiten konnte.

Sowohl der wissenschaftliche Nachwuchs als auch die Organisationsstruktur der neuen Disziplin – der Parasitologie – waren von ihm geschaffen worden. Aber das, was die Wissenschaft im eigentlichen Sinne ausmacht, d. h. eine entwickelte Theorie dieses Gebiets, war zu dieser Zeit noch nicht erreicht. Es gab noch keine einheitliche Konzeption, auf deren Basis das Faktenmaterial hätte verallgemeinert werden können und die das theoretische Instrument für die weitere Tätigkeit und damit die Grundlage neuer hypothetischer Annahmen hätte sein können. Das hatte verschiedene Ursachen. Einerseits war der theoretische und empirische Inhalt der Parasitologie zum Zeitpunkt der Entstehung des Forschungsprogramms noch ungenügend aus-

[19] N. P. Prochorova: Akademik E. N. Pavlovskij, a. a. O., S. 57.

gearbeitet. Gleichzeitig bedurften die medizinischen, epidemiologischen und prophylaktischen Teile des Programms jedoch der Bereicherung durch konkretes wissenschaftliches Material. Dazu waren sehr zeitaufwendige parasitologische Untersuchungen in bisher unerschlossenen Gebieten des Landes erforderlich. Schließlich mußten die Voraussetzungen zur Lösung des Problems auch in der wissenschaftlichen Gemeinschaft selbst reifen.

Aus den vorhandenen ökologisch ausgerichteten Arbeiten Prof. V. A. Dogel's (1932–1935), aus den Arbeiten zur Helmintologie von Prof. K. I. Skrjabin (des späteren Mitglieds der Akademie der medizinischen Wissenschaften der UdSSR) und seiner vielen Schüler, aus den Arbeiten spezieller Institute über tropische Krankheiten, der Mikrobiologie und anderer entstand eine allgemeine Vorstellung über die Verbreitung des Parasitismus auf der Erde.

Zu ihrer Vervollkommnung trugen auch die auf Materialien verschiedener Expeditionen basierenden Arbeiten des Lehrstuhls für allgemeine Biologie und Parasitologie Pavlovskijs bei. Damit waren die Voraussetzungen für die Entwicklung der Lehre vom Organismus als Lebensmilieu gegeben. Die Entwicklung dieser Konzeption wurde auch stimuliert durch die Bedürfnisse der Praxis der sozialistischen Gesellschaft.

Kurz vor dem 17. Parteitag der KPdSU (B) im Jahre 1934 wandte sich die Akademie der Wissenschaften in der Zeitschrift „Priroda“ an alle Wissenschaftler mit dem Aufruf, solche neuen theoretischen Probleme auszuarbeiten und zur zu Diskussion stellen, die die Verbindung von Wissenschaft und Praxis fördern und deren Ergebnisse ihre Anwendung entsprechend den Bedürfnissen des wirtschaftlichen und kulturellen Aufbaus des Landes finden könnten.

Viele Wissenschaftler, darunter auch Pavlovskij, wurden von der Redaktion direkt aufgefordert, in einer speziellen Artikelserie zu diesen Problemen Stellung zu nehmen.

E. N. Pavlovskij schreibt in seinen Erinnerungen dazu: „Als ich darüber nachgedacht habe, welches Thema dieser Artikel für die ‚Priroda‘ beinhalten sollte, da formten sich bei mir schon früher gedachte Vorstellungen um das originelle Problem – der Organismus als Lebensmilieu.“[20]

Zunächst allerdings noch als Vermutung formuliert: „Offensichtlich gibt es keinen frei lebenden Organismus, in dem kein Parasit vorhanden wäre.“[21] Doch bald gelang es Pavlovskij, seine Vorstellungen theoretisch zu formulieren, indem er seine und die Ideen der Lehre von der Biozönose Sukačevs adäquat bewertete und sie auf den Organismus übertrug, den er als Biosphäre – im Sinne von V. I. Vernadskij (1926) – als Lebenssphäre anderer Organismen und von Parasiten im besonderen, bestimmte.

Damit wurde von ihm zusammen mit der Bestimmung einer allgemeinen

[20] E. N. Pavlovskij: Obščije problemy parasitologii i zoologii, a. a. O., S. 11.
[21] Ebenda, S. 10.

Theorie des Organismus als Lebensmilieu auch die spezielle Theorie über die Parasitozönose formuliert.[22]

Das erste Forschungsprogramm von Pavlovskij fand damit seinen Abschluß. Seine Realisierung hatte die theoretischen Grundlagen der Parasitologie erbracht und war zugleich die Basis für die Formierung seiner Schüler zu einer wissenschaftlichen Schule.

Die Theorie vom Organismus als Lebensmilieu zeigte, daß man die Ganzheitlichkeit des Organismus als System auffassen kann, als Produkt der Wechselwirkung der ihn bildenden Elemente, was auch auf die Biozönosen zutraf.

Die Erkenntnisse, die im Verlauf der Ausarbeitung des ersten Forschungsprogramms gewonnen wurden, waren von so grundlegender Bedeutung, daß sie es gestatteten, auf ihrer Basis weitere Forschungsprogramme zu entwickeln. Sie führten insbesondere zur Entwicklung eines zweiten Forschungsprogramms, welches die Ausarbeitung der Grundlagen für eine Theorie über natürliche endemische Zentren für Krankheiten von Menschen und Tieren beinhaltete. Diese Theorie führte in der Folgezeit zur Entwicklung einer ganzen wissenschaftlichen Richtung, die wir bereits erwähnt haben. Das Forschungsprogramm, welches eine Theorie der Pathologie auf biozönoser Grundlage beinhaltete, entwickelte sich im kategorialen Kontext des ersten Programms.

Die Auffassung von der Wechselwirkung als Basischarakteristik für das ganzheitliche Wirken von Organismen als eines Systems sowie ihrer biozönosen Gemeinschaften führte Pavlovskij notwendig dazu, das Systemprinzip auf die Beziehung von Organismus und Milieu, von Organismus und Natur, als biotischer und antibiotischer Erscheinung anzuwenden und die Beziehungen zwischen Organismus und Milieu oder zwischen Organismus und Natur so zu bestimmen, daß letztere in ihrem klimatisch-geographischen und landschaftlichen Inhalt als Quelle und Ursache der Pathologie des Organismus, als natürliches endemisches Zentrum von Krankheiten auftritt.

Es wurde bereits darauf hingewiesen, daß die Entwicklung eines Forschungsprogramms nicht nur im Zusammenhang mit einer Problemsituation steht, sondern auch den Gesetzmäßigkeiten der Entwicklung wissenschaftlicher Ideen entsprechen muß.

Das läßt sich auch am Beispiel der Entstehung und Entwicklung der von Pavlovskij begründeten Programme nachweisen: Das erste Programm Pavlovskijs wurde 1934 vollendet. Die erfolgreiche Erfüllung der Pläne der ersten 5 Jahre war mit der Erforschung weiter Territorien verbunden, eine Aufgabe, die von der Biologie zu lösen war und die bedeutete, daß Pavlovskij und seine Schule in jener Zeit faktisch den parasitologischen Dienst des

[22] E. N. Pavlovskij: Organism kak sreda obitanija, in: Priroda, Moskau 1934, Nr. 1.

Landes leiteten. Über die Schule Pavlovskijs als organisches Ganzes kann man nur im Zusammenhang mit der theoretischen (dritten) Etappe der Verwirklichung des ersten Forschungsprogramms sprechen. Bis zu diesem Zeitpunkt waren die Schüler und Mitarbeiter lediglich durch die Anerkennung der wissenschaftlichen Vorstellungen ihres Leiters, durch organisatorische oder persönliche Beziehungen verbunden. Die Schaffung eines entwickelten begrifflichen Apparates der Parasitologie dagegen gab den Schülern die Möglichkeit, von begrenzten empirischen Untersuchungen auf verschiedenen Teilgebieten zu theoretischen Verallgemeinerungen und zu Formulierungen neuer hypothetischer Modelle der Wechselwirkung von Organismen überzugehen, welche letztlich bei ihrer Überprüfung zur Formulierung der Theorie über Biogeozönosen zu Zooantroponosen führte. Darin besteht die Besonderheit der ersten Schule Pavlovskijs. Als wissenschaftlicher Leiter und Organisator dieser Schule erfüllte Pavlovskij eine integrierende Funktion bei der Schaffung eines theoretisch begründeten Wissenssystems aus dem von ihm und seinen Schülern und Mitarbeitern erarbeiteten experimentell-empirischen Material, das auf der einheitlichen Vorstellung über die Wechselwirkung als Prozeß basierte.

Das zweite Programm entstand und bildete sich auf der Grundlage der Forschungsarbeiten zu dem ersten Forschungsprogramm heraus und stellte eine Weiterentwicklung dieses Programms dar. Man kann daher sagen, daß Pavlovskij gewissermaßen zwei wissenschaftliche Schulen begründete, die in einem zeitlichen Abstand von 5 Jahren aufeinander folgten, im Verlauf derer sich das alte Forschungsprogramm erschöpfte und auf seiner Grundlage sich das neue entwickelte. Die wissenschaftliche Schule als soziale Erscheinung kann somit offenbar als ein bewegliches dynamisches Gebilde begriffen werden.

Wir haben versucht, die Produktivität eines komplexen Herangehens an die Analyse der Bedingungen für die Entstehung wissenschaftlicher Schulen am Beispiel der Tätigkeit Pavlovskijs, als Leiters einer herausragenden sowjetischen wissenschaftlichen Schule, zu zeigen.

Die Lebensfähigkeit der Schule von Pavlovskij wurde durch den Inhalt und die Dynamik der ihrer Tätigkeit zugrunde liegenden Forschungsprogramme bestimmt. Diese Forschungsprogramme selbst sind einerseits Ausdruck invarianter Entwicklungsgesetzmäßigkeiten des wissenschaftlichen Erkennens und werden zugleich durch persönlichkeitspsychologische Charakteristika ihres Leiters geprägt. Sie entstehen auf dem Hintergrund eines komplizierten Systems sozialer Stimulation und sozialer Kontakte sowie tiefgreifender Umwandlungen im Leben der Gesellschaft.

Klaus Schreiber

Charakteristika wissenschaftlicher Schulen aus der Sicht eines Naturwissenschaftlers

In diesem Beitrag sollen thesenartig einige Gedanken zur Thematik wissenschaftlicher Schulen vorgestellt werden:

1. Eine wissenschaftliche Schule muß nicht unbedingt durch ein theoretisch oder methodisch neues und erweiterungsfähiges Konzept wirksam werden.[1] Es gab und gibt auch solche Schulen, die einen subjektiv bedingten destruktiven Einfluß ausübten und über längere Zeiträume eine progressive Entwicklung der entsprechenden Wissenschaftsgebiete – wenn auch durchweg territorial begrenzt – behinderten.

2. Wissenschaftliche Schulen zeigten in der Vergangenheit in der Regel eine disziplinäre Orientierung und waren nicht, wie die meisten heutigen, insbesondere auch die naturwissenschaftlichen Kollektive, interdisziplinär zusammengesetzt. Dies schließt nicht aus, daß der Einfluß dieser Schulen auch früher oftmals weit über das enge Fachgebiet hinausging, die jeweilige gesellschaftliche Situation widerspiegelte und zur Befriedigung gesellschaftlicher Bedürfnisse beitrug.

3. Eine wissenschaftliche Schule erfordert zu ihrer Entwicklung und Ausprägung die dialektische Einheit von Forschung, Lehre und Ausbildung, von fachlichem und persönlichem Engagement für sowohl wissenschaftliche als auch gesellschaftliche Zielstellungen und ist durch Einflüsse der Bildung, Erziehung und Persönlichkeitsentwicklung gekennzeichnet.

4. Wissenschaftliche Schulen sind im allgemeinen sowohl vergangenheits- als auch zukunftsorientiert und damit zugleich sowohl dem Traditionellen als auch dem Fortschrittlichen verpflichtet. Sie verfolgen das Ziel, aus der Vergangenheit lernend, die Gegenwart zu meistern und in ihr vorausschauend auch die Zukunft aktiv mitzugestalten, also das Gewesene mit dem Werdenden, das Alte mit dem Neuen zu verknüpfen.

Dies bedeutet zugleich, daß kein Vorgang, kein Ereignis einen tatsächlich bestimmbaren Anfang und ein festabzugrenzendes Ende hat. Betrachten wir zum Beispiel eine wissenschaftliche Entdeckung oder auch ein musikali-

[1] Vgl. H. Steiner: Soziale und kognitive Bedingungen wissenschaftlicher Schulen in Geschichte und Gegenwart, in: Wissenschaftliche Schulen, Bd. 1, Berlin 1977, S. 89.

sches Meisterwerk. Beide nehmen ganz sicher nicht mit dem prioritätsbestimmenden Datum ihrer Veröffentlichung oder dem ihrer Uraufführung ihren Anfang. Beide sind, der Weltöffentlichkeit zwar noch verborgen, bereits vorher da. Wann der erste spontane Gedanke, die erste entscheidende Beobachtung und die am Ende verifizierte Konzeption erstmals vorhanden waren, kann im allgemeinen kaum mit Sicherheit angegeben werden, denn auch sie sind nicht aus dem Nichts entstanden, sondern sie haben ihre Vorgänger, basieren auf dem Wissen und schöpfen aus dem Geist ihrer Zeit.

So liegt hier ein immerwährendes dialektisches Wechselspiel vor. Einerseits prägt die jeweilige gesellschaftliche Situation die Entwicklung des Menschen, eines Wissenschaftlers, einer wissenschaftlichen Schule, die andererseits wiederum selbst Träger und Wegbereiter dieser Gesellschaft und ihrer Entwicklung sind.

In besonderem Maße gilt dies für das Verhältnis einer bedeutenden wissenschaftlichen Schule zu dem von ihr vertretenen Wissenschaftszweig. Die Geschichte einer solchen Schule ist durchweg mehr als die historisch-beschreibbare Darstellung ihrer Entwicklung. Sie ist in vielen Fällen ein zeitgeschichtliches Dokument, durch das zahlreiche entwicklungsbestimmende Ereignisse eines ganzen Fachgebietes, einer ganzen Epoche widergespiegelt werden.

5. Wir stehen heute, ebenso wie die Wissenschaftler früherer Generationen, vor der notwendigen, aber auch schwierigen Aufgabe, den uns anvertrauten jungen Mitarbeitern nicht nur Wissen und Fertigkeiten, sondern außerdem gesellschaftlich und geistig richtiges Verhalten, das heißt also Grundvoraussetzungen dafür, daß sie im Leben und in der Wissenschaft erfolgreich tätig sein können, zu vermitteln.

Bei der Beurteilung eines hervorragenden Forschers und Lehrers, einer erfolgreichen wissenschaftlichen Schule, die durch eine solche Persönlichkeit geprägt ist, wird deshalb nicht nur die Frage nach dem „Was" im Mittelpunkt stehen, die Frage nach den jeweiligen Ergebnissen und Erfolgen sondern auch die Frage nach dem „Wie", das heißt, auf welche Weise diese Ergebnisse und Erfolge erzielt werden konnten, also nach dem „Gewußtwie", dem „know how" des wissenschaftlichen Erfolges. Technische Fertigkeiten kann man von vielen Lehrern lernen.

Sie sind natürlich genauso wie ein solides Wissen Voraussetzung für erfolgreiches Forschen. Worauf es jedoch im wesentlichen ankommt, sind ihre richtige Anwendung, die richtige Einschätzung ihrer Möglichkeiten und Grenzen. Besonders wichtig ist zu lernen, wie in der Forschung Fragen richtig zu stellen sind, wobei man diejenigen, welche ein schnelles Ergebnis versprechen, vermeiden und sich auf jene konzentrieren sollte, mit denen zu befassen es sich wirklich lohnt.[2] Eine gute Fragestellung ist nicht nur die Vorbedingung,

[2] Vgl. H. Krebs: The Making of a Scientist, in: Nature, 215 (1967) 5109, S. 1441–1445.

sondern sogar der erste, entscheidende Schritt zur erfolgreichen Lösung einer Aufgabe. Goethe hat einmal sehr treffend gesagt: „Die Wissenschaft wird dadurch sehr zurückgehalten, daß man sich abgibt mit dem, was nicht wissenswert, und mit dem, was nicht wißbar ist.“[3]

Der englische Biochemiker und Nobelpreisträger Sir Hans Krebs hat in einem bemerkenswerten Aufsatz in der Zeitschrift „Nature“ mit analytischer Genauigkeit dargelegt, welche Eigenschaften einen hervorragenden Forscher bzw. ein erfolgreiches Laboratorium auszeichnen und was man von Lehrern besonderen Ranges lernen kann. Er meinte: „Wir messen alle Dinge, uns selbst eingeschlossen, durch Vergleiche. Und wenn niemand mit hervorragender Befähigung vorhanden ist, besteht die Gefahr, daß wir leicht in den Glauben verfallen, wir seien selbst ausgezeichnet und viel besser als unser Nächster. Mittelmäßige Leute mögen sich selbst (und anderen) groß erscheinen, wenn sie von kleinen Verhältnissen umgeben sind. Desgleichen kommen sich große Menschen in Gegenwart von Riesen wie Zwerge vor, und dies ist ein höchst nützliches Gefühl. Was uns also die Riesen der Wissenschaft lehren, ist, uns selbst mit Bescheidenheit zu betrachten und nicht zu überschätzen.“[4]

Um erfolgreiche Wissenschaftlerkollektive oder hervorragende Wissenschaftlerpersönlichkeiten zu entwickeln, ist es also notwendig zu lernen,

wie man gewählte Probleme experimentell durch Entwicklung neuer origineller Methoden bearbeitet, denn ein Fortschritt in der Methodik ist eine Voraussetzung für den wissenschaftlichen Fortschritt schlechthin,

wie unbarmherzig man in der Selbstkritik sein muß und keine Mühen scheuen darf, Versuchsresultate zu überprüfen,

wie man seine Ergebnisse und Ideen klar und prägnant formuliert,

wie man in einer Diskussion, im wissenschaftlichen Streitgespräch, Resultate und Ansichten verteidigt, aber auch bereit sein muß, diese auf Grund besserer Argumente zu korrigieren,

wie man mit Ausdauer und Geduld, mit großem Fleiß und körperlich-geistiger Anstrengung in harter Arbeit unermüdlich tätig ist,

wie man insgesamt sein Leben auf echte Werte ausrichtet und die persönlichen Zielstellungen mit den gesellschaftlichen in Einklang bringt.

Justus von Liebig soll einmal zu seinem Schüler August Kekulé gesagt haben: „Wenn Sie Chemiker werden wollen, so müssen Sie sich Ihre Gesundheit ruinieren; wer sich nicht durch Studieren die Gesundheit ruiniert, bringt es heutzutage in der Chemie zu nichts.“[5] Das ist sicher übertrieben, jedoch

[3] J. W. v. Goethe: Sprüche in Prosa (Nachträgliches), Vollständige Ausgabe in 6 Bänden, Bd. 1, Stuttgart 1866, S. 299.

[4] H. Krebs: The Making of a Scientist, a. a. O., S. 1442f.

[5] Dies berichtete Kekulé auf einer Feier der Deutschen Chemischen Gesellschaft, die ihm zu Ehren stattfand. Berichte der Deutschen Chemischen Gesellschaft, Bd. 23, 1890, S. 1308.

ist der Grundgedanke von Liebig richtig: Man muß mit seiner ganzen Person hinter der Aufgabe stehen, man muß seine wissenschaftliche und zugleich gesellschaftliche Berufung zu seinem ureigensten Bedürfnis machen, man darf keine Anstrengung scheuen, denn eine enorme Arbeitsleistung ist Voraussetzung für den wissenschaftlichen Erfolg. Eine solche Leistungsbereitschaft bei seinen Schülern zu wecken sollte ein Hauptanliegen eines guten Lehrers sein, wobei die persönliche Begeisterungsfähigkeit sicherlich als eine der Quellen intensiver schöpferischer Arbeit angesehen werden kann.

6. Als Begründer und Träger einer wissenschaftlichen Schule sollte ein hervorragender Forscher und Lehrer aber auch ein richtiges Gefühl für das Wesentliche haben, einen Blick für die jeweils aktuellsten Entwicklungstendenzen besitzen, über eine Gabe verfügen, die schöpferische Phantasie dem wissenschaftlichen Fortschritt dienstbar zu machen. „Unzählige Keime des geistigen Lebens erfüllen den Weltraum", sagte einst Justus von Liebig, „aber nur in einzelnen seltenen Geistern finden sie den Boden zu ihrer Entwicklung; in ihnen wird die Idee in der schaffenden Tat lebendig."[6] Diese etwas mystische und elitäre Formulierung Liebigs enthält die beachtenswerte Aussage, daß, wenn die erfolgreiche Lösung bestimmter wissenschaftlicher Probleme jeweils herangereift ist und die richtigen Antworten nahezu „in der Luft liegen", es immer der befähigsten Forscher bedarf, diese zu erkennen, sie zu formulieren und in die Tat umzusetzen.

Besonders eingehend hat sich mit einer damit unmittelbar verbundenen Frage, der Bedeutung der Intuition für den wissenschaftlichen Fortschritt, kein geringerer als Jacobus Henricus van't Hoff beschäftigt, ein Schüler von August Kekulé und damit Angehöriger auch der Liebigschen Schule, späteres Ordentliches Mitglied der ehemals Preußischen Akademie der Wissenschaften und 1901 erster Nobelpreisträger für Chemie. Vor nunmehr 100 Jahren veröffentlichte van't Hoff 1874 noch vor seiner Promotion auf nur elf Seiten seine weltberühmte Arbeit über einen „Vorschlag für die Entwicklung einer dreidimensionalen chemischen Strukturformel"[7], mit der er etwa gleichzeitig mit Joseph Achille Le Bel[8] und unabhängig von diesem das Konzept von der tetraedrischen Struktur des Kohlenstoffatoms entwickelte und damit die künftige Stereochemie begründete.

[6] E. Cohen: Jacobus Henricus van't Hoff. Sein Leben und Wirken, Leipzig 1912, S. 385.

[7] J. H. van't Hoff: Voorstel tot uitbreiding der tegenwoordig in de scheikunde gerbuikte strctuurformules in de ruimte, benevens een daarmee samenhangende opmerkingomtrent het verband tusschen optisch actief vermogen en chemische constitutie van organische verbindingen, Utrecht 5. September 1874; franz. Übers.: J. H. van't Hoff: La chimie dans l'espace, Rotterdam 1874.

[8] Vgl. J. A. Le Bel: Sur les relations qui existent entre les formules atomiques des corps organiques et le pouvoir rotatoire de leurs dissolutions, in: Bulletin Societé chimique (2) 22, Nov. 1874, S. 337.

Diese Arbeit fand jedoch nicht nur Anerkennung, sondern stieß auch auf heftigen Widerspruch.[9] Als Entgegnung auf diese Angriffe gab van't Hoff, sechsundzwanzigjährig an den Lehrstuhl für Chemie, Mineralogie und Geologie der Universität Amsterdam berufen, seiner dortigen Antrittsvorlesung am 11. Oktober 1878 den ungewöhnlichen Titel: „Die Phantasie in der Wissenschaft“[10], wobei er Vorstellungen und Erkenntnisse auch der Liebig-Kekuléschen Schule reflektierte.

Auf der Grundlage eines sorgfältigen Studiums der Biographien von über 200 bedeutenden Wissenschaftlern kam van't Hoff in dieser Antrittsvorlesung zu dem Schluß, daß der Phantasie, der Intuition eines Forschers eine überragende Bedeutung innerhalb seiner schöpferischen Tätigkeit zukommt. Nach einer ausführlichen Analyse, für welche Tätigkeiten Phantasie notwendig ist und wie ein Mangel an Phantasie häufig auszugleichen versucht wird, schloß van't Hoff seine Vorlesung mit einem Zitat von G. Cuvier, der zwei große Chemiker, L.-N. Vauquelin und H. Davy, einmal mit folgenden Worten miteinander verglichen hat: „Ungeachtet seiner zahllosen Untersuchungen, ungeachtet der wichtigen, merkwürdigen Entdeckungen, mit denen Vauquelin die Wissenschaft bereicherte, läßt er sich nicht mit Davy auf eine Linie stellen. Jener setzte seinen Namen in die Paragraphen, dieser in die Titel jeglicher Kapitel. Jener beobachtete mit einer Laterne in aller Anspruchslosigkeit die geringsten Verborgenheiten und drang bis in die dunkelsten Winkel, dieser stieg auf wie ein Adler und beleuchtete das große Gebiet der Physik und Chemie mit einer brennenden Fackel.“[11]

[9] Vgl. H. Kolbe: Zeichen der Zeit II, in: Journal für Chemie, Bd. 15, 1877, S. 473.

[10] J. H. van't Hoff: De Verbeeldingskracht in de Wetenschap, Redevoering by de aanvaarding van het hoogleeraarsambt aan de Universiteit te Amsterdam, uitgesproken den 11den Oktober 1878, Rotterdam 1878.

[11] Vgl. E. Cohen: Jacobus Henricus van't Hoff, a. a. O., S. 164.

Personenregister

Sachregister (Band 1 und Band 2)

Zum Unterschied vom üblichen kompletten Stichwortverzeichnis enthält das nachfolgende Register im wesentlichen nur solche Begriffe, die dem Leser den Zugang zur wissenschaftlichen Schulen-Problematik erleichtern.

In diesem Sinne wurde bei der Gruppierung der Begriffe weniger die verschiedenen wissenschaftlichen Standpunkte und methodischen Vorgehensweisen der einzelnen Autoren berücksichtigt, sondern es wurde dem theoretischen Zusammenhang der Termini Rechnung getragen.

Die fettgedruckten Seitenangaben verweisen auf Band 2.

Autorenverzeichnis

BOJARSKIJ, PETR VASILEVIČ
Institut für Geschichte der Naturwissenschaft und Technik, Akademie der Wissenschaften der UdSSR, Moskau

BYKOV, GEORGIJ VLADIMIROVIČ
Institut für Geschichte der Naturwissenschaft und Technik, Akademie der Wissenschaften der UdSSR, Moskau

ČESNOKOVA, SOFIA ALEKSANDROVNA
Lehrstuhl für Physiologie, Universität der Völkerfreundschaft „P. Lumumba", Moskau

GAVRJUŠIN, NIKOLAJ KONSTANTINOVIČ
Institut für Geschichte der Naturwissenschaft und Technik, Akademie der Wissenschaften der UdSSR, Moskau

GRIGORJAN, NORA ANDREEVNA
Institut für Geschichte der Naturwissenschaft und Technik, Akademie der Wissenschaften der UdSSR, Moskau

GUTINA, VERA NIKOLAEVNA
Institut für Geschichte der Naturwissenschaft und Technik, Akademie der Wissenschaften der UdSSR, Moskau

HEINIG, Karl
Sektion Wissenschaftstheorie und -organisation, Humboldt-Universität, Berlin

KARCEV, VLADIMIR PETROVIČ
Institut für Geschichte der Naturwissenschaft und Technik, Akademie der Wissenschaften der UdSSR, Moskau

KLEMM, VOLKER
Sektion Pflanzenproduktion, Humboldt-Universität, Berlin

KRIVOMAZOV, ALEKSANDR NIKOLAEVIČ
Institut für Geschichte der Naturwissenschaft und Technik, Akademie der Wissenschaften der UdSSR, Moskau

Läsker, Lothar
Institut für Theorie, Geschichte und Organisation der Wissenschaft, Akademie der Wissenschaften der DDR, Berlin

Lindemann, Marianne
Sektion Medizin, Humboldt-Universität, Berlin

Makarenja, Aleksandr Aleksandrovič
Museum „D. I. Mendeleev", Leningrad

Mozžuchin, Aleksandr Sergeevič
Lehrstuhl für Physiologie, Militärmedizinische Akademie „S. M. Kirov", Leningrad

Schreiber, Klaus
Institut für Biochemie der Pflanzen, Akademie der Wissenschaften der DDR, Halle

Treder, Hans-Jürgen
Zentralinstitut für Astrophysik, Akademie der Wissenschaften der DDR, Potsdam-Babelsberg

Zinevič, Jurij Alekseevič
Institut für Geschichte der Naturwissenschaft und Technik, Akademie der Wissenschaften der UdSSR, Moskau

Inhaltsverzeichnis: Wissenschaftliche Schulen, Band 1

FSC
www.fsc.org
MIX
Papier | Fördert
gute Waldnutzung
FSC® C083411

Kolibri 360 GmbH
Ferdinand-Jühlke-Straße 7
99095 Erfurt, Deutschland
produktsicherheit@kolibri360.de